本书是国家社会科学基金青年项目（08CZX029）研究成果

人类安全观的演变及其伦理建构

Renlei Anquanguan De Yanbian Jiqi Lunli Jiangou

林国治　著

中国社会科学出版社

图书在版编目（CIP）数据

人类安全观的演变及其伦理建构/林国治著．—北京：中国社会科学出版社，2015. 10

ISBN 978 - 7 - 5161 - 7039 - 7

Ⅰ. ①人…　Ⅱ. ①林…　Ⅲ. ①安全科学—研究　Ⅳ. ①X9

中国版本图书馆 CIP 数据核字(2015)第 262672 号

出 版 人	赵剑英
责任编辑	卢小生
特约编辑	林　木
责任校对	周晓东
责任印制	王　超

出　　版	中国社会科学出版社
社　　址	北京鼓楼西大街甲 158 号
邮　　编	100720
网　　址	http：//www. csspw. cn
发 行 部	010 - 84083685
门 市 部	010 - 84029450
经　　销	新华书店及其他书店

印刷装订	三河市君旺印务有限公司
版　　次	2015 年 10 月第 1 版
印　　次	2015 年 10 月第 1 次印刷

开　　本	710 × 1000　1/16
印　　张	14. 5
插　　页	2
字　　数	245 千字
定　　价	56. 00 元

凡购买中国社会科学出版社图书，如有质量问题请与本社营销中心联系调换

电话：010 - 84083683

目 录

第一章　绪论

一　安全问题研究概况

安全是人类存在与发展的一种永恒追求。因而，安全问题也就成为人类最为关注的根本性问题。安全研究既是人类安全状况以及人类文明进程的重要反映，也是指导人类更好维护自身生存与发展的重要途径。

巴里·布赞认为，有关安全（国际安全）方面的研究，自1945年以来呈现三种特点：第一，把安全而不是防御（或战争）作为核心概念，概念的转换带来了更为广泛的政治议题，如凸显了社会凝聚力、军事与非军事威胁的关系以及社会脆弱性（对安全）的重要性；第二，核武器之类的新问题导致国家发生了从战争到避免战争的转变；第三，研究重心从重视早期的军事与战略转向重视企业公民，并引入物理学家、经济学家、社会学家和心理学家等文职专家参与研究。① 显然，在巴里·布赞看来，第二次世界大战后，西方对安全方面的研究由以军事（战争）为中心逐渐转向非军事领域里的各种威胁，从重视国家安全为中心转向以社会和个人等安全为中心。安全（国际安全）研究的领域在进一步拓展和深化。

此外，巴里·布赞还根据不同研究视角出现时间的差异，将国际安全研究划分为11项：（1）战略研究；（2）和平研究；（3）早期扩展派；（4）女性主义安全研究；（5）后结构主义安全研究；（6）哥本哈根学派；（7）批判安全研究；（8）后殖民安全研究；（9）人的安全；（10）常规建构主义；（11）批判建构主义。② 这表明，第二次世界大战后，西方对安

---

① ［英］巴里·布赞：《论非传统安全研究的理论架构》，《世界经济与政治》2010年第1期。

② 同上。

全（国际安全）的研究从单纯的传统安全领域向传统安全和非传统安全领域并举的局面转变，安全研究方法和手段亦呈现多元化和复杂化。

从研究内容看，巴里·布赞认为，战略研究主题限定在政治—军事领域，聚焦于军事的驱动力，也包括它的次领域如战争、核扩散、威慑理论、军备竞赛与控制等；和平研究力求减少或消除武力在国际关系中的使用，强调和批评存在于军事战略特别是核战略中的危险，批评把个体安全置于一边，或者无视个体安全，或者过度强调国家安全的做法；早期扩展派的主要努力是超越军事领域来扩展安全议程，进入经济与环境部门，但仍然以国家为安全载体；女性主义安全研究认为，虽说男性角色主导军国主义的安全政策，但女性具有履行国家安全政策方面的能力；后结构主义安全研究认为国家中心主义规制了其他安全客体的可能性，主权和安全仅仅是由政治实践产生；哥本哈根学派强调安全研究要拓展威胁来源及指涉对象，尤其要注重安全的地区层次性研究；批判安全研究认为，个体安全与国家安全相比较而言，前者要高于后者；人的安全研究认为，安全研究的主要对象应当是人类安全，故此应将国际安全与发展统合起来；后殖民安全研究反对将国际安全研究的对象仅限于西方，而应该拓展到非西方世界以及第三世界国家等；常规建构主义认为，人类的诸如文化、信仰、理念和认同等思想观念因素对安全的维护起着决定性的作用；批判建构主义主要着重对军事安全和除国家行为体以外的其他集体行为体的安全方面的研究。[①] 显然，有关第二次世界大战后西方学者对安全方面的研究，巴里·布赞教授的阐述具有较强的代表性和完整性，虽说他是基于国际安全视角，但他不仅指出了西方学者对安全研究的流派、内容、方法及其特点等，而且还指明了未来安全研究（国际安全研究）的方向与趋势，认为安全研究领域将不断扩展和深化，安全研究的劳动分工将有助于从不同视角来理解安全问题，也正因为如此，安全研究领域将会有更多的争议出现。

由此可见，第二次世界大战结束以来，西方学者对安全方面的研究尽管复杂多样，但最终都可以归结为传统安全与非传统安全研究两个层面。除建构主义外，其他更多的是从国际关系、国际安全的视角，从安全本身去研究安全问题，而从伦理和价值视角研究安全问题不明显，也不够

① ［英］巴里·布赞：《论非传统安全研究的理论架构》，《世界经济与政治》2010年第1期。

充分。

实质上，学界有关传统安全与非传统安全的研究，在具体层面上主要表现为时间与内容上的差异性与交叉性，以及在不同时代背景下的影响力、受关注度和重要性的不同。

传统安全主要表现为以国家为中心，以军事、政治安全为重点，其需要借助（军事）技术手段应对安全的挑战，要解决的是战争与和平问题。这样，作为安全主体的国家必然会通过提升军事威慑力或者借助战争来确保自身的安全，但这种安全的获取显然是对峙性和暂时性的，其最终会陷入“战争—和平—不可持续安全—战争”的怪圈。①

当然，有关传统安全的研究，从理论与实践关系看来，可以追溯到国家产生后人类社会发展的整个过程。也就是说，自从有了国家，也就有了维护国家安全的相关实践与理论。“一直到20世纪90年代初，人类历史上几千年来关于安全的概念是清楚明确的，也是没有根本变化的。安全的主体是国家，既不是超国家，也不是次国家，安全总是同国家相联系，只不过是在近代民族国家出现前，国家是朝廷国家。安全的内容是国家领土和主权完整，不受侵犯，更高的内容是包括不受威胁。”② 这些涉及国家安全方面的思想主要体现在古今中外政治家、思想家等的政治思想与著作之中。比如，中国先秦时期的诸子百家的政治思想，秦汉隋唐时期的秦始皇、汉武帝、唐太宗、贾谊、王符、董仲舒、韩愈、柳宗元等的政治思想，宋明时期的李觏、王安石、程亮、叶适、张载、程颢、程颐、朱熹、王守仁等的政治思想，明末清初时期的黄宗羲、顾炎武、王夫之、唐甄等的政治思想，近代以来的林则徐、魏源、康有为、梁启超、严复、邹容、章太炎、孙中山等的政治思想。新中国成立以来，以毛泽东、邓小平、江泽民、胡锦涛、习近平等为代表的中央领导集体的政治思想中，亦隐含着丰富的传统安全思想。国外有：修昔底德、柏拉图、亚里士多德、西塞罗、奥古斯丁、阿尔法拉比、阿奎那、马基雅维利、马丁·路德、格志秀斯、霍布斯、约翰·弥尔顿、斯宾诺莎、洛克、孟德斯鸠、休谟、卢梭、康德、亚当·斯密、黑格尔、托克维尔、马克思、恩格斯、尼采、杜威、罗尔斯等的政治思想。此外，有关国家安全、军事安全等思想也体现在诸

---

① 余潇枫、林国治：《论“非传统安全”的实质及其伦理向度》，《浙江大学学报》（人文社会科学版）2006年第6期。

② 楚树龙：《国际关系基本理论》，清华大学出版社2003年版，第291页。

多军事著作中。中国有：《孙子兵法》、《孙膑兵法》、《吴子》、《六韬》、《司马法》、《三略》、《尉缭子》、《李卫公问对》、《太白阴经》、《虎钤经》、《纪效新书》、《百战奇略》、《鬼谷子》、《将苑》、《三十六计》以及近代以来诸多军事家们的军事思想与著作等。国外比较著名的有：克劳塞维茨的《战争论》、马汉的《海权对历史的影响》、利德尔·哈特的《战略论》、若米尼的《战争艺术概论》、索科洛夫斯基的《军事战略》、杜黑的《制空权》、苏沃洛夫的《制胜的科学》等。显然，有关传统安全思想、理论和观点在古今中外确实浩如烟海，但这些都无一例外地将其关注的重心置于国家安全和军事安全之上。如何更好维护国家安全、军事安全等问题是国家出现以来必然要关注的核心问题。国家的产生尤其是主权理论的形成，为传统安全研究及其理论发展提供了广阔理论基础与现实需求。

主权理论主要是产生和形成于资本主义经济、政治形态形成与发展的16—19世纪时期，其主要代表人物有布丹、霍布斯、格老秀斯、洛克、卢梭以及黑格尔等。1576年，布丹发表了《国家六论》，由此成为西方政治思想史中系统论述国家主权学说的第一人。布丹认为，主权是授予国家绝对的、永恒的权力，是国家所固有的特性和主要标志，其对内具有至高无上的权力，对外具有独立平等的权力。第一，主权不属于个人，而属于国家；主权不是哪个个人的私有财产，而是国家的某种特性。第二，主权是永恒的，它是授予国家的特性，原则上不受个人来去的影响。第三，主权是绝对的。它是无条件的、恒定不变的，是国家所有权力和权威的最终来源。主权是一个国家固有的、绝对的、无限的、排他的与不可分割性的最高权力，主权神圣不可侵犯。主权的一个引人注目的标志是，它在任何情况下都不能屈从其他权威的命令，只有它自己才能制定法律、修改法律、废除法律，其他权威必须服从它。[①] 此外，主权具有平等性。不经主权国家同意，不允许其他政治实体“对其领土制定或行使它们自己的准则”，主权国家有“不干涉其他国家内部事务或破坏其领土完整的义务”，国家有平等权利和义务而无论其在人口、经济或战略环境上有什么

① ［挪威］托布约尔·克努成：《国际关系理论史导论》，余万里、何宗强译，天津人民出版社2004年版，第76—78页。

不同。[①]

国家的出现，主权理论的形成以及民族国家的产生，客观上为传统安全理论体系的形成提供了必要前提条件。传统安全观主要是以传统现实主义为理论基础。传统现实主义认为，主权国家的安全威胁主要来自外部其他国家的军事行动，但在国际社会无政府状态下，主权国家的安全又是“自助式”的。因而，通过强化军事手段，提高军事优势与威慑力来维护国家安全理所当然成为主权国家的首选。20 世纪以来比较有影响力的国际关系理论如现实主义、理想主义、新自由主义和构建主义（有关现实主义、新自由主义、建构主义的详尽论述，见本书第三章）等，很大程度上依然是为了有效应对主权国家间的传统安全威胁而生的国际关系与安全理论。无论现实主义、新自由主义还是建构主义，都无法绕开国家安全、军事安全这个传统安全所关注的核心问题。“冷战”后的国际安全研究包含两大趋势：一是以军事为主要内容的新“传统主义”；二是将安全概念进行扩展和深化到女性主义、后殖民主义、建构主义等非传统视角。[②] 但无论如何，其都避不开传统安全这个核心问题。研究“安全”最好的方式是固守传统的安全内涵（国家安全），同时需要拓展它的含义。有关安全的内涵不仅包括国家间的，也包括国际政治的和各种次国家行为体的。其中，国家是安全内涵的重心，其他行为体不具备这种条件。[③] 比如，巴里·布赞和琳娜·汉森在他们的合著（《人、国家与恐惧——后“冷战”时代的国际安全研究议程》）中，重点论述了传统安全（国家安全）问题，同时也探讨了对国家安全起重要作用的非传统安全诸如经济安全、国际安全等问题。他们认为，在无政府状态下安全问题的核心是，国家必须为本国的福利及政治与社会价值的延续负责。若国家不能成功地照顾自己，轻则可能丧失权力，重则可能失去独立地位，有时甚至会危及国家的生存。但是，当所有国家都在一个缺乏规制的环境里为寻求自己的优势而相互竞争时，采取措施预防这些风险又会导致与其他国家发生冲突

① ［澳大利亚］约瑟夫·A. 凯米莱里、吉米·福尔克：《主权的终结》，李东燕译，浙江人民出版社 2002 年版，第 34 页。

② ［英］巴里·布赞、［丹麦］琳娜·汉森：《国际安全研究的演化》，余潇枫译，浙江大学出版社 2011 年版，总序第 1 页。

③ ［加］阿米塔夫·阿查亚：《人的安全：概念及应用》，李佳译，浙江大学出版社 2010 年版，总序第 1 页。

的危险。为寻求自己的权力和安全，国家极易威胁到其他国家的权力和安全渴望。如果说防御困境来自被军事手段本性所激发的对战争的恐惧，实力—安全困境则来自掌握在他人手中的军事手段被动用的可能性所激发的对失败的恐惧。[①] 在他们看来，防御困境（由军事技术进步所引发的安全困境）有助于缓解“实力—安全困境”，但是，“防御困境在逻辑上不会产生实力—安全困境暗含的那种世界末日般的战争预言（armageddon），而是指向一个僵持着的国际体系，在其中，主要的军事力量除了确保不被使用而存在外，并没有其他作用。”[②] 此外，他们还认为，由技术等手段导致的军事透明度以及政治经济透明度等的增加，也有助于缓解“实力—安全困境”。但所有这些都得归结于一个更成熟的无政府状态的形成。“只要无政府状态在政治结构中尚存，实力—安全困境就会一直潜伏并伺机而动。但是当无政府状态趋于成熟，它在安全上的积极效应将会逐渐超过其负面效应，它在国际关系中的作用也将不断被削弱。”[③] 成熟的无政府状态需要成熟的国家和成熟的社会。也就是国家必须稳定并且足够开放，从而能在自己的决策中兼顾邻邦的利益。国家安全的获取不可能是孤立的，国家安全政策的制定无论其有多大吸引力，如果无视其他国家的利益与安全需求，必然会大打折扣。国内领域的重要性在于，只有各国、各个社会都从根本上变得不那么狭隘，国际社会才能发展。而打破这一绝境的可能途径是制定涵盖了所有层次个人、国家、地区和体系的安全政策。[④]

这表明，传统安全作为国家产生后的安全理论，其重要性不言而喻。随着全球化进程的加快以及非传统安全问题的日益凸显，传统安全问题的研究也应随着时代的发展和新安全问题的出现而不断拓展与深化。如何面对因技术进步、国际形势等的变化而有效消解传统安全威胁，需要在传统安全研究的理论、方法、手段以及实践层面上不断创新，同时也需要突破传统安全理论固有的局限。一方面，从它所固有的特性上看，传统安全是以国家安全、军事安全、政治安全等为核心的安全。传统安全理论存在的

---

① ［英］巴里·布赞：《人、国家与恐惧——后“冷战”时代的国际安全研究议程》，闫健、李剑译，中央编译出版社 2009 年版，第 283—284 页。

② 同上书，第 310 页。

③ 同上书，第 312—313 页。

④ 同上书，第 342—343 页。

主要问题在于：安全具有可分离性、竞争性、狭窄性和相对性；安全是一种“自助式”单边行为，是一种“零和”式的“竞争游戏”；它主要体现在军事领域，而且安全主体安全感的获取往往需要将对手彻底击垮；这种传统安全理念势必会使国家采取遏制与威慑方式，追求军事优势最大化，促使国际局势紧张化，进而导致“安全困境”局面的形成，最终无法实现国家以及人类社会的安全。① 也就是说，传统安全无论从方法还是手段都无法有效解决人类面临的“安全困境”。另一方面，我们要有效应对非传统安全领域内的诸如流行性疾病、粮食安全、人口安全、经济与信息安全等安全问题，按照传统安全的理念去践行显然无法达到预期的目的。为此，我们仍迫切需要拓展和深化安全问题的研究。

在全球化时代以及风险社会条件下，作为稀缺资源和全球“公共产品”的安全愈加成为人们关注的焦点。“冷战”后，人们对安全问题的研究开始从传统安全转向非传统安全领域，对安全内容的关注日益由原有的军事安全、领土主权安全和政治安全向人口安全、经济安全、能源安全、文化安全、信息安全和社会公共安全等转变。联合国从20世纪50年代起最早关注非传统安全问题并提出了“人的安全”理念，而此后一些国家和地区又相继提出了“社会安全”、“综合安全”、“共同安全”、“新安全”和“协商安全”等非传统安全或者半传统半非传统安全的安全理念。②

有关非传统安全的研究，国外始于1972年麻省理工学院丹尼·斯米都斯等撰写的《增长的极限：罗马俱乐部关于人类困境的报告》一书，该书对人口、资源、工农业生产等方面的发展给人类的生存与发展带来的各种威胁进行了论述。但国外对非传统安全研究的普遍重视则始于20世纪80年代，相关论著有巴里·布赞的《人、国家与恐惧——后“冷战”时代的国际安全研究议程》、泰瑞·特里夫的《当代安全问题研究》以及南洋理工大学国防与战略研究所的《南亚非传统安全问题》、彼得·辛格的《一个世界——全球化伦理》、萨米尔·阿明的《世界一体化的挑战》、伊恩·莱塞等的《反新恐怖主义》、约翰·斯坦布鲁纳的《全球安全原则》、巴里·布赞与琳娜·汉森的《国际安全研究的演化》、扎克与科菲

① 参见周丕启《安全观、安全机制和“冷战”后亚太的地区安全》，《世界经济与政治》1998年第2期。

② ［英］巴里·布赞、［丹麦］琳娜·汉森：《国际安全研究的演化》，余潇枫译，浙江大学出版社2011年版，导读第7页。

普的《因病相连：卫生治理与全球政治》、阿米塔夫·阿查亚的《人的安全：概念及应用》、梅利·卡拉贝若－安东尼和拉尔夫·埃莫斯及阿米塔夫·阿查亚的《安全化困境：亚洲的视角》等。这些著作把非传统安全研究的内容拓展到生态、经济、能源、文化、信息安全和国际社会公共安全等领域。[①] 国内有关非传统安全研究主要始于20世纪90年代，相关的论著有赵英的《战争之外的对抗与选择：新的国家安全面》、王逸舟的《全球化时代的国际安全》、王伟等的《生存与发展——地球伦理学》、张家栋的《全球化时代的恐怖主义及其治理》、吴玉红的《论合作安全》、徐华炳的《危机与治理：中国非传统安全问题研究与战略选择》、子彬的《国家的选择与安全：全球化进程中国家安全观的演变与重构》、余潇枫等的《非传统安全概论》和《非传统安全研究报告（2012）》以及由浙江大学出版社出版的《非传统安全与现实中国丛书》等。"非传统安全研究于20世纪90年代中期引起我国一些学者重视，之后进入决策界视域（我国政府从2001年起正式使用'非传统安全'一词）。无论是中国新安全观的形成，对共同安全、合作安全的倡导和支持，抑或提出'用更广阔的视野审视安全'，非传统安全问题正在上升为我国国家方略构建的重要内容……可以说，非传统安全是基于人类面临的诸多安全问题萌生的安全理想，任何负责任的国家、政府和相关机构、组织，甚至包括个体，必须面对这一安全现实而有所思考和行动。"[②] 综上所述，国内外学者大多认为，非传统安全研究的主要特点是"非战争"现象。非传统安全更强调通过价值来应对对安全的威胁与挑战，遵循"发展—和平—可持续安全—可持续发展"的安全模式。故此，非传统安全观所要关注的是"和平与发展"的问题。

从20世纪90年代至今，学者们（国内）对非传统安全研究更加活跃，涉及面不断扩大，研究的深度和广度也不断加强，当然，其中也存在着一定的争议，主要表现为以下两个层面。

第一个层面是对非传统安全的概念与特征等的界定。一般而言，所谓非传统安全主要是指相对于传统安全的"新"安全理论。非传统安全在研究对象、安全伦理价值取向等方面与传统安全区别开来，认为传统安全

---

① 余潇枫等：《非传统安全概论》，浙江大学出版社2006年版，第47—51页。

② ［英］巴里·布赞、［丹麦］琳娜·汉森：《国际安全研究的演化》，余潇枫译，浙江大学出版社2011年版，总序第1—2页。

将安全的内容仅限于国家安全、领土主权安全和政治安全显然无法有效应对现有的安全挑战。非传统安全理论在核心概念与理论逻辑等方面又各不相同，组成了一个多元化、松散性的理论聚合体；在指涉对象上强调非国家安全，在主导价值上强调非军事与政治安全；现实主义是传统安全理论中最突出的代表，而哥本哈根学派、批判安全、人的安全研究，以及女性主义安全研究等属于典型的非传统安全理论，因为它们将关注对象从国家层次移开，关注更多层次特别是人的安全；它们更加侧重于经济安全、环境安全、社会安全、人的解放、女性安全等这些不同于军事与政治安全的领域。① 与这种观点类似的还有将非传统安全看作是在以政治和军事领域为主的传统安全领域之外的经济、文化、科技、社会和环境等各个领域的综合性安全，包括经济安全、金融安全、文化安全、信息安全、能源安全、粮食安全、生态安全、公共卫生安全、社会安全等多种安全概念。②

由此可见，非传统安全的界定及其与传统安全的区别，以上观点基本为学界所认同。但是，这种对非传统安全的界定显然过于宽泛，在实际操作中容易使非传统安全问题研究泛化，使非传统安全研究的领域、范围、边界不断扩展，进而使人们感到现实生活中除了国家安全、军事安全和政治安全之外的一切安全问题都可以归结为非传统安全问题。故此，有必要从两方面着手应对这些问题：一是非传统安全研究在研究议题上需要科学拓展和深化。二是通过多元主义方式在非传统安全概念的界定上寻求实现安全手段上达成新的认知与共识。

第二个层面是对非传统安全研究内容的确定。按学界对非传统安全界定所达成的共识理解，非传统安全研究的内容也相当广泛。就目前而言，有学者将其归结为金融安全、环境安全、信息安全、流行疾病、人口安全和民族分裂主义六大方面。③ 此外，有学者还将非传统安全的议题归结为两个方面：一是非国家行为体对国家主权与领土完整构成的军事或非军事威胁；二是涉及“人的安全”的议题，应该对“人的安全”涉及的问题

① 李开盛、薛力：《非传统安全理论：概念、流派与特征》，《国际政治研究》（季刊）2012 年第 2 期。

② 黄昭宇、高咏梅：《非传统安全问题生成当代世界的发展困境》，《江南社会学院学报》2010 年第 6 期。

③ 《趋利避害化风险　中国面临非传统安全的六大挑战》，http：//news. xinhuanet. com/newscenter/2004 -08/10/content_ 1751945. htm。

分出主次，按照问题的严重程度、影响程度及国家的应对能力，分为经济性问题（处于必须最优先考虑的“人的安全”方面的议题，比如资源匮乏）和社会性问题（在一般条件下不属于最优先考虑，但特殊条件下属于紧急应对议题，比如公共健康、跨国犯罪、环境与生态问题）。[①] 张曦、余潇枫主编的《非传统安全与现实中国丛书》（共10部）则将非传统安全研究内容概括为：粮食安全、文化安全、产业安全、人口安全、信息安全、食品安全、公共安全、能源安全和金融安全。当然，有的学者还将非传统安全问题与国家利益结合起来加以考虑，将非传统安全研究的内容归结为三个方面：

（1）事关国家安全的核心利益，对国家主权和领土完整新威胁的非传统安全问题。比如分裂势力（如“藏独”、“疆独”、“台独”）、宗教极端势力与恐怖主义等。

（2）涉及国家的重要利益，影响社会正常运转的新威胁——非传统安全，主要集中于社会领域，即社会安全领域。社会安全威胁多半不是发生在国家之间，而是更多植根于社会体制、发作于国家内部，有着深刻的体制性、结构性根源。它是对既有结构和安排的惩罚，甚至是对落后的饮食习惯和生活方式的某种惩罚。

（3）是指“人的安全”问题。主要指影响公民个体人身安全和健康的各种非传统安全问题。[②]

此外，陆忠伟在《非传统安全论》一书中将非传统安全归结为17项议题，即经济、人口、金融、信息、能源、环境、文化和水资源安全、宗教极端主义、恐怖主义、民族分裂主义、武器扩散、流行疾病、毒品走私、非法移民、海盗和洗钱[③]，这基本上涵盖了国内非传统安全研究所涉及的各个领域。

可见，对于非传统安全研究的内容，目前国内学界还有一定争议，各自强调的重点也有所不同。“中国非传统安全研究存在以下特点和问题：一是中国学界对非传统安全的共识大多依赖于学者间的‘默契’，对非传统安全的诸多定义可操作性较差；二是中国非传统安全研究的问题意识不足，学术成果多以描述性研究为主；三是科学研究方法在非传统安全领域

---

① 任娜：《中国非传统安全问题的层次性与应对》，《当代亚太》2010年第5期。

② 同上。

③ 陆忠伟：《非传统安全论》，时事出版社2003年版。

的应用不多，目前非传统安全研究仍处于较低水平，还未提出一个普遍适用的研究范式，距学科成熟仍有一定距离。”① 张蕴岭教授指出，“非传统安全在全球、地区和国家三个层面遇到挑战，而应对挑战需要合作，尤其是在全球性问题层面。在所有挑战中，可持续发展是人类所共同面对的最严峻挑战，全球各国应通力合作创建新的可持续发展模式。”② 显然，有关非传统安全内容的探究，有一点可以肯定，那就是这些非传统安全问题内容的确定基本遵循了这样一个原则，即这些安全问题的内容不属于传统安全领域，但已成为当今以及将来我们必须面对、较为迫切且需要各国共同合作才能得到有效解决。

由此可见，无论在传统安全领域还是在非传统安全领域，国内外学者都做了相当详尽的论述，尤其是在传统安全领域。有关两者的联系与区别，主要表现为：传统安全的安全理念为“危态对抗”，主体为国家行为体，安全中心为国家安全，安全领域为军事、政治领域，安全侵害表现为有确定的敌人，安全性质为免于军事武力威胁，安全威胁来源基本确定，安全价值中心为领土和主权；非传统安全的安全理念为“优态共存”，主体为国家行为体和非国家行为体，安全中心为人的安全、社会安全、国家安全，安全领域为一切非军事的安全领域，安全侵害表现为无确定的敌人，安全性质为免于非军事武力威胁与贫困，安全威胁来源基本不确定，安全价值中心为民生和民权。③ 此外，还有人将其归结为五个方面：行为主体由单一到多元；安全内容由国家安全到人类安全；维护安全的手段由军事到复合；安全威胁的影响由单一到全面；应对手段由自助到合作。④ 显然，当今以及未来我们不得不面对的事实是：传统安全与非传统安全的交织凸显，传统安全作为安全的主导性地位依然没有改变，但非传统安全作用却在不断凸显并告诫人们，传统安全理论中“零和”博弈将不利于维护人类利益与安全。也就是说，我们在维护自身的利益与安全时，不能单纯从传统安全视角出发，当然也不能单纯从非传统安全视角出发，而需

---

① 张伟玉等：《中国非传统安全研究——兼与其他国家和地区比较》，《国际政治科学》2013 年第 2 期。

② 本刊记者：《2012 年亚洲非传统安全研究年度会议综述》，《当代世界》2012 年第 8 期。

③ 余潇枫：《非传统安全与公共危机治理》，浙江大学出版社 2007 年版，第 26—36 页。

④ 陈建光：《非传统安全与传统安全研究中需要厘清的问题》，《湖北第二师范学院学报》2013 年第 1 期。

要将两者统合起来加以综合研究，方能制定出正确的安全政策、策略，有效解决安全及其所面临的伦理问题，即从整体安全的视角出发去看待和解决人类的安全及其伦理问题。实质上，以巴里·布赞为代表的哥本哈根学派在试图拓展安全研究的议程时，就提出了一种整体安全观，即认为国家安全问题涉及军事、政治、经济、社会和生态（环境）等领域。其中，军事安全包含传统安全中的核心命题，即国家武装进攻和防御能力同国家对彼此意图的感知之间的互动；政治安全关系国家、政府系统和意识形态的稳定性；经济安全是指获取资源、资金和市场的能力，以维持国家的福利水平和权力；社会安全是指语言、文化、宗教、民族认同和习俗的传统模式不仅具有可持续性，而且具备进一步发展的条件；环境安全则关系地区和全球的生态系统的维持。① 显然，哥本哈根学派提出的整体安全观很有创新性，但其强调从国家安全所涉及的问题出发去把握安全问题，不利于将传统安全与非传统安全有效区别开来，进而不利于安全问题的有效解决。此外，不管传统安全还是非传统安全，它们都不可避免地涉及安全的价值问题，但无论是中国学者还是外国学者，显然，缺少从安全及其伦理价值角度去探讨安全的问题。正因为如此，我们需要将安全的议题从以国家安全为重心向以人和社会的安全为重心转移，并由此带来的对安全的认知从技术层面向价值层面提升，以及将安全及其伦理价值取向从国家中心主义向全球中心主义，乃至人的“类”中心主义转变。这种转变使得一种新的安全及其伦理观——“类安全”及其伦理观的产生成为可能与必需。“类安全”指人作为一种“类存在体”所具有的建立在个体、国家等的安全基础之上，并超越个体、国家等的安全，它关系到包括传统安全与非传统安全在内的整个人类的生存与发展的整体安全。“类安全”及其伦理观表明，在全球化以及风险社会的条件下，人类的利益具有高度的一致性与共存性；维护人类的共同安全应成为人类社会伦理中的“第一伦理”。“安全会主导经济，核心理由在于生存是每一个国家的首要目标。安全必须凌驾于其他所有目标之上。这一点适用于中国，也适用于美国、日本、越南、新加坡等每一个国家。”② 为此，从安全及其伦理价值视角探究人类安全观的演变，尤其是从“类安全”及其伦理观视角探究人类

---

① 任娜：《中国非传统安全问题的层次性与应对》，《当代亚太》2010 年第 5 期。

② 米尔斯海默：《安全竞争留下中美热战隐患》，http://opinion.huanqiu.com/dialogue/2013-12/4622699.html。

的安全及其伦理问题，进而有效化解人类面临的“安全困境”，尤为必要和迫切。

二　本书概述

（一）本书的显著意义和价值

本书的显著意义和价值有四个方面。

第一，有利于我们更加清楚地了解人类安全观及其伦理建构的历史发展及其现实状况。从安全及其伦理价值的角度，探讨人类安全观的演变及其伦理建构，我们可以把握住人类安全观及其伦理建构的发展规律及其对人类生存与发展的影响，尤其在全球化、风险社会以及人类单凭物质与技术手段仍无法解决其所面临的“安全困境”的现实条件下，强化从价值层面探讨人类面临的安全及其伦理问题，形成并践行共同的安全认同观——“类安全”及其伦理观，无疑是解决人类“安全困境”问题的重要途径。

第二，有利于我们更好制定和理解国家的安全与发展战略。在现实的国家、国际生活中，我们对国家的安全与发展战略的制定不能只局限于对传统安全及其伦理问题的关注，而是要把传统安全及其伦理问题与非传统安全及其伦理问题客观、有效地统合起来，即要从“类安全”及其伦理观的视角去研究人类的整体性安全。毕竟，传统安全及其伦理问题与非传统安全及其伦理问题两者有时是交织在一起并在特定条件下相互转化，而且非传统安全及其伦理问题也会随着时代发展而不断地变化，如单纯地从传统安全或非传统安全的视角出发，显然已无法有效应对当前以及未来所面临的安全及其伦理问题的新挑战。

第三，有利于实现中华民族的伟大复兴，建设持久和平、共同繁荣的和谐世界。实现中华民族的伟大复兴，建设“持久和平、共同繁荣的和谐世界”内在地包含了对传统安全及其伦理问题与非传统安全及其伦理问题的共同关注与重视。在传统安全及其伦理观已根深蒂固以及非传统安全及其伦理问题凸显的新的历史条件下，原有的安全及其伦理观受到了相应冲击与挑战。有必要重新审视原有安全及其伦理观当中，哪些是适应时代要求或者可以转化为世界发展的和谐因素的，哪些是需要重新评价的等，并在此基础上形成并践行新的致力于实现世界各国和谐共处、全球经济共同繁荣、不同文明共同进步的“类安全”及其伦理观，最终实现中华民族伟大复兴的中国梦，达到建设一个持久和平、共同繁荣的和谐世界的目的。

第四，本书可为国家相关决策部门提供必要参考，也有助于加深人们对安全及其伦理问题的关注与了解，进而能够更加客观、公正地看待当前以及未来我们所面临的安全及其伦理问题，科学、有效地应对我们所面临的诸多安全及其伦理问题的挑战，并坚信通过人类的共同努力，我们倡导的建设一个共同繁荣、持久和平的和谐世界目标一定能够实现。

（二）本书主要内容、创新之处、基本思路、重点难点与方法

本书主要从安全及其伦理价值视角，探讨人类安全观的形成、发展及其伦理建构。人类的共同安全是人类社会存在与发展的“第一伦理”，为实现中华民族伟大复兴，建设持久和平、共同繁荣的和谐世界，本书试作一个科学的理论论证。

第一，着重考察人类安全及其伦理观的产生——“族群”安全及其伦理观。通过对人类安全及其伦理观形成的根源性探寻可知，早期人类社会[①]人们的安全及其伦理观仅停留在个体、家庭以及群体（血缘关系）安全的范围之内，此时的安全及其伦理观实质上是以狭隘的血缘群体为本位，即“族群”安全及其伦理观。[②] 这种狭隘的安全及其伦理观使得早期人类易于进行血族仇杀和发动战争，最终陷入“生存恐慌”的安全危机中。

第二，着重考察人类安全及其伦理观的抽象性发展——传统安全及其

① 除特别说明外，本书研究中的早期人类社会特指原始社会。

② “族群”的安全及其伦理观，即以氏族群体为主要特性的安全与伦理观，是特指处在人类社会早期（原始社会）的安全及其伦理观仅停留在比较简单、直接甚至是“野蛮”状态，即是一种狭隘的群体的安全及其伦理观的直接表现。人类社会早期生产力发展水平的制约使得早期人类社会中的“个体”过着“朝不保夕”的生活。为此，“个体”很大程度被“捆绑”在其所属的以血缘关系为基础或相联系的家庭、氏族、部落、部落联盟之内，也就是“个体”从一开始就因“自然联系等使其成为一定的狭隘人群的附属物”。显然，此时的“个体”并非完全意义上的独立“个体”，而是完全从属于群体的“个体”，即狭隘、简单地以家庭为基本单位、以血缘为基本纽带的“族群”中的“个体”。因而，此时所形成的安全与伦理观念具有典型的“个体”与群体浑然一体的“韵味”，即“个体”服从于群体，而群体很大程度亦受制于“个体”，或者说此时的群体行为就是一个扩大了的“个体”行为。鉴于早期人类社会中“个体”的安全一旦受到伤害势必引起其所属群体的群起报复与血族仇杀这种普遍现象的发生，本书将此种安全与伦理现象概括为以“族群”安全为中心的安全与伦理观，以强调早期人类群体的安全观及其伦理观念具有明显的“族群性”、“血缘性”与“狭隘性”特征。除特指外，本书的“族群”安全及其伦理观指的是早期人类社会的安全及其伦理观。

伦理观。指出以国家领土和主权安全、军事安全和政治安全为重点和主要内容的传统安全及其伦理观，无法最终解决人类面临的“安全困境”。国家的形成与发展以及主权理论的产生，为人类安全及其伦理观的抽象性发展提供了坚实理论与现实基础，使得人类的安全及其伦理观进入传统安全及其伦理观发展阶段。然而，这种过于注重国家领土与主权安全、军事安全与政治安全的传统安全及其伦理观，割裂了人们对人类整体利益与安全的关注，使得国家与国家之间为了各自的利益与安全而相互竞争、对抗甚至是兵戎相见，进而损害的不仅是国家与国家之间的利益与安全，而且也损害了人类整体性利益与安全。因而，过分强调以国家领土和主权安全、军事安全和政治安全为重点与主要内容的传统安全及其伦理观势必使人类陷入“危态对抗”的“安全困境”中。

第三，着重考察人类安全及其伦理观的转型——非传统安全及其伦理观。在全球化以及风险社会背景下，人们对安全的关注日益从原有的以军事安全、政治安全等为重点与主要内容的传统安全，转向以能源安全、生态安全、文化安全、社会公共卫生安全、信息安全和经济安全等为内容的非传统安全。但当今国际安全境况中的传统安全与非传统安全的交替凸显表明：要解决好人类的安全及其伦理问题，单纯地从非传统安全及其伦理观的视角出发亦难以奏效。

第四，重点论述人类安全及其伦理观的突破与创新——“类安全”及其伦理观。全球化以及风险社会的到来，使人类面临的诸多安全与风险威胁具有全球性。在传统安全及其伦理问题与非传统安全及其伦理问题交织凸显情况下，传统安全及其伦理问题会直接带来非传统安全及其伦理问题，非传统安全及其伦理问题的恶化也会直接导致国家间冲突，甚至诉诸武力和战争。此外，人类文明多样性与共生性表明，世界范围内的各区域性的文明并不是孤立存在的，也不是水火不相容的，而是在相互交流与撞击中共同融会与发展。这要求我们必须尊重每一文明特性及其存在与发展，要平等看待和尊重每一类文明，从而更好地维护人类的生存与发展。为此，我们必须形成和践行“类安全”及其伦理观应对这个挑战。实质上，只有形成并践行“类安全”及其伦理观，把人类可持续安全与可持续发展作为人类寻求安全的根本出发点与归宿，才能有效解决人类的安全及其伦理问题，最终实现人类社会的“优态共存”与“和谐发展”。

第五，阐述人类安全及其伦理观面临的主要“挑战”。人类安全观的演变及其伦理建构过程实质是一个由简单到复杂、由单一到多样的历史发展过程。随着人类生产力与科学技术水平的快速发展，信息社会的到来以及全球化进程的加快，人类面临的安全风险与挑战比以往任何时候都大。人类安全及其伦理观所面临的“挑战”从现实层面上表现为风险社会的到来，从理论层面上则表现为非人类中心主义的兴起与快速传播。

第六，在既有的基础之上，论证中国安全与发展战略构建的合规律性与合目的性，指出实现中华民族的伟大复兴，建设持久和平、共同繁荣的和谐世界，既是中国人民和中华民族的理想与追求，也是世界人民共同的理想与追求，是我们人类的安全及其伦理观发展的必然选择与最终目的。

总而言之，人类安全观的演变经历了“族群”安全、传统安全和非传统安全三个阶段并需向“类安全”阶段迈进，人类安全观的伦理建构也由维护血缘“族群”安全的正义性、国家安全的正义性、全球安全的正义性向维护人作为“类存在体”的“类安全”正义性转变。它们之间既有区别又相互联系，内在统一于人类的共同安全这个人类生存与发展的“第一伦理”之上。

本书的创新之处主要有以下三点。

第一，从安全及其伦理价值的视角，探讨人类安全观演变及其伦理建构的规律性，指出中国安全战略构建的合规律性与合目的性，中国倡导和践行建设一个共同繁荣、持久和平的和谐世界的科学性、先进性与前瞻性。

第二，提出新的安全及其伦理观——“类安全”及其伦理观。突破原有对安全及其伦理问题研究模式的局限性，即单纯从传统安全及其伦理观或非传统安全及其伦理观视角研究安全及其伦理问题，从人类安全及其伦理观整体性上，即从“类安全”及其伦理观的视角去把握和研究人类的安全及其伦理问题，对“类安全”及其伦理观进行准确把握与系统阐释，为人类走出其所面临的“安全困境”，实现持久和平、共同繁荣的和谐世界提供新的思路。

第三，提出人类的共同安全是人类生存与发展的“第一伦理”的构想。指出在事关人类生存与发展的诸多因素之中，人类的共同安全无疑是最基本、最重要的因素，因而也是人类社会伦理中的“第一伦理”。

本书将沿着人类安全观及其伦理建构的孕育与展开、人类安全观及其伦理建构的抽象性发展、人类安全观及其伦理建构的转型和人类安全观及其伦理建构的突破与创新为主要思路，探讨人类安全观及其伦理建构的有机构成、发展过程及其在不同历史时期的具体情况、内在联系及其面临的“挑战”，并与中国当前所面临的国内、国际安全中的热点与难点问题相结合进行研究，由此探讨人类安全观的演变及其伦理建构的规律性，尤其是重点探讨“类安全”及其伦理观的践行途径及其对中国现实安全战略构建的影响。

本书的难点就是要着力或试图突破已有的传统安全或非传统安全研究的局限，通过对人类安全观及其伦理建构的系统梳理与论证，从人类安全及其伦理观整体性即从“类安全”及其伦理观视角去把握和研究安全问题，将传统安全与非传统安全统合在“类安全”之内进行研究，重点论证在全球化和风险社会背景下形成并践行“类安全”及其伦理观的必要性与可行性，力图对“类安全”及其伦理观有一个准确的把握与阐释。

本书主要以理论研究为主，充分利用包括伦理学、政治学、社会学以及国际关系理论等在内的其他学科的研究成果，以马克思主义为指导，以人类安全及其伦理观发展为主线，从多学科视角出发，采用历史的方法、比较分析法、理论联系实际的方法等进行研究。

三 安全内涵与安全认同

在人类漫长的历史长河中，安全问题自始至终是人类关注的最为根本性问题，自始至终是人类各种伦理道德、法律法规以及各种规章制度存废的根本依据。实质上，从古至今，人们一直在谋求自身安全与发展中不断面对来自自然界和人类社会自身的各种挑战。时至今日，尽管人类文明已经发展到特定高度，人类面临的各种旧的安全威胁也在部分地逐步得以克服。如在“冷战”时期，两大集团的军事对峙以及核战争给人类带来毁灭性的安全威胁已随着两极的解体而有所降低，人类面临的一些致命性的疾病、瘟疫等也随着人类科学技术的进步而得以根除；但是，人类所面临的诸多新的风险与安全威胁仍在不断涌现，甚至在局部地区和特定历史时期还十分严峻。如霸权主义与强权政治依然存在，全球化进程中所带来的诸如环境恶化、人口增长、贫富差距扩大、移民问题、毒品走私及国际恐怖主义，危及人类健康的疾病如艾滋病、疯牛病、甲型H1N1或H7N9流感病毒等在地区以及全球范围内的肆虐等。这些表明，作为人类最为根本性的安全问题依然没有得以完全解决，安全及其伦理问题依然是人们当今以及未来必须关注的焦点。

（一）安全内涵

“安全在客观意义上表现为已获得的价值不存在威胁；在主观意义上则表明不存在一种恐惧——这一价值受到攻击的恐惧。”① 有关安全的界定，因审视者的视角、层面等不同而有所差异。比如“状态论”认为，安全是一种状态，即客观存在的危险程度能够为人们普遍接受的一种状态；“条件论”则认为，安全是一种条件，即没有引起死亡、伤害、病痛、损失、恐惧或环境危害等的条件。

从字面上理解，“安”即是安定、满足、平安、无危险，也就是“无危为安”；“全”即是保全、完备，使完整无缺，也就是“无损为全”。因而“安全”就是安定、满足、没有威胁，不受伤害或损失。

从词源上理解，《现代汉语词典》把“安全”看作是“没有危险；不受威胁；不出事故”。② 英语中的“安全”主要有“safety”和“security”，其中前者主要的含义是指处于平安或没有危险、不受威胁的状态；后者主要指自由，或受保护、保障，免于伤害或担忧。③

由此可见，有关安全的界定是一个具有多样性而又颇具争议性的问题。泰瑞·特里夫（Terry Terriff）把学界对安全的界定概括为三类：一是认为安全属于争议性概念，具有不可定义性，是一种给出性的条件，是没有任何精确意义的模糊符号；二是认为安全问题过于复杂、层次过多而不能一概而论，只能根据不同层次或范围给安全作出不同的定义；三是认为

① ［丹麦］阿诺德·沃尔弗斯：《作为模糊符号的国家安全》，转引自琳娜·汉森《非传统安全研究的概念和方法：话语分析的启示》，《世界经济与政治》2010年第3期。

② 中国社会科学院语言研究所词典编辑室编：《现代汉语词典》，商务印书馆1984年版，第6页。

③ 《牛津高阶英汉双解词典》（第四版增补本），商务印书馆、牛津大学出版社2002年版，第1324、1357页。

安全可以作简约化理解与描述，具有可定义性，如安全就是“获得价值时威胁的不存在”和安全就是“摆脱战争的相对自由”等。[①]

显然，有关安全的界定从某种程度上讲是一件不太容易的事情。王逸舟教授认为，安全指的是行为主体（不论是个人或国家或其他集团）在自己生活工作和对外交往的各个方面能够得到或保持一种不受侵害、免于恐惧、有保障的状态。[②] 巴里·布赞认为，政治、经济、军事、社会和环境是影响安全的五个主要因素，安全主要是关于人类群体的命运和对免受威胁的自由的追求。其底线是关乎生存，但它也包括对于安身立命的环境的广泛关注。[③]

基于以上的论述，对于安全，可以看作是作为行为主体的人以及由其组成的各类组织、机构、集团、民族甚至国家等，在自由追寻或获取自身利益与价值时，其自身的生存与发展不受来自自然界、社会自身或环境等的威胁、侵害以及由此所达到的一种安定、平和、满足和免于恐惧与担忧的和谐状态。故此，“安全”应具有如下几个特性。

第一，从安全主体及其所涉及层面看，安全的主体只能是作为行为主体的人或者是由其所组成的各类组织、团体、集团、民族、国家以及国家联盟、全球等。因此，主体的安全囊括个体安全、组织安全、团体安全、民族安全、国家安全、国家联盟安全以及全球安全等。实质上，无论安全研究所涉及的主体如何复杂，也无论这些安全主体处于何种层面，安全问题终究还得归结到人类自身生存与发展这个最为核心的根本点之上，脱离作为主体的人类自身的利益与价值去谈安全及其伦理问题显然没有任何意义可言。

第二，从安全及其伦理问题产生层面看，安全及其伦理问题是由作为主体的人、组织等之间及其与外在客观存在条件间的相互作用与相互影响，使作为主体的人或组织等感到、预见到、认识到将要或正在经历或是已经对自身利益与价值造成特定的伤害、损失，并由此引起的恐惧与担忧等。就安全及其伦理问题产生而言，它只能是主客观条件相互影响、相互作用的一个结果，因而它会随着主客体、时代、环境等的变化而使它所涉

① 余潇枫等：《非传统安全概论》，浙江大学出版社 2006 年版，第 9 页。

② 王逸舟：《论综合安全》，《世界经济与政治》1998 年第 4 期。

③ Barry Buzan, People, States and Fear: An Agenda for International Security Studies in the Post - Cold War Era. Lynne Rienner, 1991.

及的内容与范围也在不断地发展和变化。显然，安全及其伦理问题实质上是一个动态发展的过程。

第三，从安全涉及的内容看，安全的内容包括政治安全、经济安全、共同体安全、文化安全、社会安全、信息安全、环境安全、人口安全等，其涉及面涵盖了人类社会生活的各个层面。联合国发展署在1994年发布的《人类发展报告》中指出：人类安全包含两大方面的内容，一是危及人类生存的基本安全威胁如饥饿与疾病等（生存安全）；二是外在社会环境对人类的伤害（发展安全）。该报告把人类安全概括为环境安全、经济安全、人身安全、健康安全、粮食安全、共同体安全和政治安全七个部分。[①] 实质上，该报告涉及的安全内容，得到了人们较为一致的认可。安全的内容应该包括：人类能够获取基本的生活资料和稳定的收入来源，获得清新的空气、清洁的水源和确保自然环境的可持续发展，免受暴力、犯罪、恐怖主义、流行性传染疾病和大规模移民等的威胁，享有基本的人权、文化权利和政治自由等。

第四，从安全指向的范围大小以及人们对安全认知程度的深浅看，安全又可以分为作为“族群”安全（以血缘“族群”的安全为中心，包括个体、家庭、氏族、部落和部落联盟的安全）、传统安全（以国家安全为中心，以政治、军事安全为主要突出点的安全）、非传统安全（传统安全以外的其他危及人类生存与发展的安全）和“类安全”（以人作为“类存在体”安全为中心的安全）。

显然，有关安全内涵界定的多样性与复杂性源自安全本身所具有的特殊性及其所涉及范围的多样性与复杂性。通过对安全的界定及其特性的分析，我们可以且有必要打破长期以来将安全或安全问题仅限于以国家安全为中心的传统安全以及全球化条件下的非传统安全之内的局限，有必要对安全及其伦理问题的关注与研究作进一步拓展，进而更好地把握人类安全及其伦理问题的存在及其发展规律，为创建美好、和谐的人类社会生活服务。联合国发展署在《人类发展报告》（1994）中指出：安全不能仅限于领土安全、国家安全或全球安全，安全理应包括对人类自身利益的保护，

① United Nations Human Development Report, 1994, New York: United Nations Development Programme, 1994.

比如使人类不受饥饿、疾病、失业、犯罪和社会冲突等的伤害。[①] 总而言之，对安全及其伦理问题的研究，应该是系统、全面而又深入的研究。

（二）安全认同

安全尽管可以界定为行为主体的人以及由其组成的各类组织、机构、集团、民族甚至国家等，在自由追寻或获取自身价值与利益时，其自身的生存与发展不受来自自然界、社会自身或环境等威胁、侵害以及由此达到的一种安定、平和、满足和免于恐惧与担忧的和谐状态，但是，不同行为主体因各自的文化背景、生存条件、个体特性以及所处政治社会制度、意识形态等差异，造成其在安全及其伦理价值取向认同上产生了诸多不同甚至是对立等问题。这就是安全认同问题。

与安全问题一样，安全认同问题实质同样也是一个迄今为止较为复杂而又难以解决的问题。安全认同内在包含了人们对安全的认知、认可以及由此引发的用以维护其安全的行为与方法。安全认同实质上是安全行为主体在与客体的相互作用过程中所形成的一个较为复杂的心理过程，同时也是安全行为主体在与客体相互作用过程中产生与发展的社会实践过程。

弗洛伊德认为，认同实质上是主体与客体（客观对象）间所形成的最初情感联系形式，是主体的一个心理过程。[②] 因此，安全认同首先是一个复杂的心理过程，是人们对安全的认知、认可并由此在情感和意识上对安全产生的心理感受与认同，以及在内心达到的一种安定、平和、满足和免于恐惧与担忧的和谐状态。也就是说，安全行为主体对“何为安全”以及“如何安全”在心理上的认知与理解，它是安全行为主体在特定社会生活中对安全所形成的一个较为复杂的心理过程和心理状态。同时，安全认同也是一个复杂的社会实践活动过程，它是安全行为主体在对安全认知与理解基础上，通过相互合作所实施的用以维护其安全的共同行为方式、措施，并使它们在此过程中获取安全和感到威胁被消除的各种社会实践活动。

实质上，人们对安全的认知以及相应的安全理念与安全认同观的形

---

① United Nations Human Development Report, New York: United Nations Development Programme, 1994.

② Sigmund Freud, Group Psychology and the Analysis of the Ego, in J. Strachey, ed., The Standard Edition of *the Complete Psychological Works of Sigmund Freud*, London: Hogarth Press, Vol. 18, 1921, pp. 107-108.

成，是基于对生存利益需要获取之上的，在对其他包括自然界在内客体主动干预的过程中，逐渐产生并形成的何为安全以及如何安全的安全观念。人们的利益需求尤其是对生存的利益需求从主观上造就了其对自身安全的关注；满足人类社会生活的各种资源的相对短缺以及外在恶劣的生存环境则从客观上促成人们对安全问题的关注与重视。然而，由于人们对自身安全认知与认同的差异性、对立性乃至冲突性，使得它们必须采取有效的措施或手段来维护自身的安全，其中，战争无疑是人们较为常用的一种方式。

人类自公元前3500年甚至更早的时候便出现氏族、部落间的争斗与仇杀，以及定居民族与游牧民族为争夺生存空间——土地和水源等进行的各种战争。威胁人类安全的战争自此便伴随着人类成长的轨迹：从古代的“冷兵器”到近代的“热兵器”，再到现当代以及未来的原子武器、高科技、信息战等；从国内战争、地区冲突到国家间的战争乃至世界范围的大战；从小规模的几十人上百人的死亡到一天之内横尸几万人的战役，再到20世纪上半叶毁灭性的两次世界大战中所导致的约5000万人丧生的悲剧。为什么会发生这些冲突呢？在21世纪里它们还会再度爆发吗？抑或日益增强的经济和生态互相依赖、跨国制度和国际制度的发展、民主价值观念的传播会带来一个新的世界秩序吗？在这个新的世纪里，全球化和信息革命又将如何影响国际政治呢？在小约瑟夫·奈看来，没有一个好老师可以准确地解答这些问题。①

在有关战争与冲突的起源问题上，伊迪丝·汉密尔顿（Edith Hamilton）在对修昔底德的《伯罗奔尼撒战争史》中作了较为透彻的分析：雅典人与斯巴达人之间爆发战争的原因，不在于它们政治制度的不同或冲突，而在于它们的贪婪、狂热的权力欲和占有欲，即在于它们想拥有更大的权力与财富这个共性。显然，我们并不否认战争与冲突的根源性与人类对权力与财富的贪婪与占有欲相关，但是，人们为何要对权力与财富等如此“钟爱”与贪婪？实质上这与人们对于安全认知与安全认同的差异性无不密切关联，或者说在很大程度上是根源于人们的安全认同危机。

安全认同危机是指行为体在安全认同中表现出来的差异性与冲突性。

① ［美］小约瑟夫·奈：《理解国际冲突：理论与历史》，张小明译，上海世纪出版集团2005年版，前言。

它是安全行为体因各自生存背景、地区、文化传统等差异而产生的不一致的安全认知观念、安全认同标准，以及不能做到一方所采取的安全行为、措施等对另一方来说也认为是安全的或是真正的安全；或者是一行为体所追求安全的独立行为或方式会导致其他所有行为体更加不安全。这样，就使得行为体之间最终陷入“危态对抗”的“安全困境”之中。要解决人们之间的安全认同危机问题，使人们从“危态对抗”的“安全困境”中解脱出来，人们之间就必须达成一致的安全认同观，也就是人们对于何为安全以及如何安全方面达成较为一致的认知与认同，并在此基础上通过相互协调、合作等方式达到彼此的安全。这是人们有效解决安全认同危机，摆脱“安全困境”以及做到和谐共处的必要条件。

由此可见，安全认同的实质就是行为体之间如何摒弃或克服因各自生存背景、地区、文化传统等差异性，在维护自身安全利益方面做到彼此间的求同存异、相互合作，进而在安全认同的伦理价值取向以及用以维护各自安全的行为与方法等方面形成比较一致的意见和行动，以确保行为体之间的“优态共存”与和谐共处。实质上，人类安全观的演变及其伦理建构过程，就是人们对何为安全、如何获取安全以及安全获取的道德性等问题在思想观念上的形成与发展历程，是人们在安全认同及其伦理价值取向问题上的直接体现。

四　安全观与安全伦理观

如前所述，安全是作为行为主体的人以及由其所组成的各类组织、机构、集团、民族甚至国家等，在自由追寻或获取自身的价值与利益时，其自身的生存与发展不受来自自然界、社会或环境等的威胁、侵害以及由此达到的一种安定、平和、满足和免于恐惧与担忧的和谐状态。安全内在包含了安全的主客体，安全利益和安全的内容、手段、方法，以及安全的心理状态、价值诉求和道德判断。故此，安全观可以看作是人们基于特定的血缘关系（原始社会）、阶级和利益基础之上，对于何为安全、如何安全以及安全获取的正当性与否等的理论与观点，是人们对安全的总体看法与基本观点。

从安全观主体视角看，安全观可以分为个体的人的安全观、特定的组织或团体的安全观、民族或国家的安全观、国家集团或国家联盟的安全观以及联合国集体安全观或世界主义安全观。个体的人的安全观主要表现为个体基于自身利益需求，在其面临的社会安全境遇过程中形成的有关安全的理论与观点。个体的人的安全观会因作为主体的个体所面临的安全境遇的不同、个性的差异等会有所不同或相反。一般而言，个体的安全观受其所处社会安全环境，尤其是国家安全环境的变化而变化。若其所处的社会安全环境、国家安全环境以及国际安全环境比较好，个体的安全感也就比较强，个体的安全观与其他社会成员、组织、国家的安全观更有可能趋向一致。比如在原始社会的条件下，个体的安全观与以建立在血缘关系为基础之上的氏族、部落、部落联盟的安全观在很大程度上趋于一致。进入阶级社会以来，作为被统治阶级中个体的安全观往往跟国家的安全观相背离。特定的组织或团体的安全观是指处于特定组织内一群人对于安全所形成的基本观点与总体看法。在特定的组织和团体内，个体的安全观与其所属的组织或团体安全观基本趋于一致。民族或国家的安全观比特定组织或团体的安全观要复杂得多，尽管它是建立在其所涵盖的国土或民族范围内的个体、各类组织安全观基础之上，但是，国家安全观超越了个体和各类组织的安全观，甚至在特定的条件下，同个体或特定的组织或团体的安全观不大一致或相背离。国家集团或国家联盟的安全观主要是指国家间因共同的安全价值取向与安全利益需求，并以此为安全价值导向去应对其他国家联盟的安全挑战。联合国集体安全观或世界主义安全观是指以尊重和捍卫地球上（世界上）每一个成员（主权国家）应有的安全为前提的安全观，强调作为个体的人的安全和作为整体的人类的安全同等重要，并以集体（整体）的方式去应对各种安全威胁。有关这一点，哈贝马斯有过阐述。他认为，要维护好人类的安全，即使没有一个世界性国家对暴力的垄断，没有一个世界性政府，也可以做到。但至少需要有一个功能更强大而且正常运转的安理会，一个有约束力的国际刑事法庭和作为各政府代表参加的联合国大会补充形式的世界公民这个“第二层面”的代表。①

此外，从安全观发展历程及其类型看，安全观可以分为“族群”安全观、传统安全观、非传统安全观和“类安全”观。这也是本书着重研

① Jürgen Habermas, Bestiality and Humanity: A War on the Border between Law and Morality. Die Zeit, April, 1999.

究并力图对其特性等进行详尽阐述的内容。

"族群"安全观是指早期人类社会中特定的血缘群体及其成员基于血缘关系基础之上形成的关于安全的原始、简单和最基本的认知，包括由此所形成的有关安全的心理状态、价值诉求和道德判断等的观点（详见第二章）。

传统安全观是指国家产生后人们对如何维护以国家领土和主权安全、军事安全和政治安全为主要内容所形成的理论、观点与道德判断（详见第三章）。

非传统安全观是人们对区别于传统安全（即国家领土和主权安全、军事安全与政治安全）之外的由其他方面威胁所导致的安全问题，即对"一切免于由非军事武力所造成的生存性威胁的自由"思考所形成的理论与观点（详见第四章）。

"类安全"观是指具有不同文化、价值背景等的人们在相互尊重、"和而不同"以及"求同存异"基础上，把人的安全作为"类存在体"的安全来加以考察，在观照作为个体人的安全基础之上，又超越个体安全地关乎整个人类生存与发展的安全理论与观点（详见第五章）。

显然，安全观和安全伦理观从概念上讲是两个不同的概念，它们之间有区别，内容和指向也不大一样。但是，无论是从安全观的主体视角还是从安全观发展的历程和类型上看，安全观都内在地包含了安全的价值向度与道德判断等价值层面上的内容。也就是说，安全观内在地涵盖了安全伦理观的全部内容。安全伦理观指的是安全行为主体在获取或维护自身安全过程中或结果时，所形成的"如何实现安全"等在方法与手段各个层面上做出善和恶，或者是正义与非正义的价值判断，其中也包括特定安全主体对其他安全主体在安全获取或维护行为或结果做出善与恶、正义与非正义等方面的价值评价。安全主体这种在安全价值上的善与恶、正义与非正义的判断，理所当然地属于安全观的重要内容。此外，本书涉及的"族群"安全观与"族群"安全伦理观、传统安全观与传统安全伦理观、非传统安全观与非传统安全伦理观以及"类安全"观与"类安全"伦理观等，同样也可以看作是属种关系，与安全观和安全伦理观所体现出来的两者关系相一致。鉴于此，本书在论述人类安全观的演变及其伦理建构的过程中，在涉及安全与安全伦理观（包括"族群"安全观与"族群"安全伦理观、传统安全观与传统安全伦理观、非传统安全观与非传统安全伦理观以及“类安全”观与“类安全”伦理观等）的阐述时，没有将两者加以明显区分开来单独论述。但在阐述安全观（包括“族群”安全观、传统安全观、非传统安全观以及“类安全”观）的同时，会着重探讨其中所体现出来的道德性与正义性等问题，即安全伦理观（包括“族群”安全伦理观、传统安全伦理观、非传统安全伦理观以及“类安全”伦理观）的问题。此外，由于本书在阐述的过程中会多次出现并使用“某某安全及其伦理观”这个词组，为了避免歧义和混乱，除特别说明外，本书中的“某某安全及其伦理观”特指“某某安全（观）和某某安全伦理观”。

五　人类安全观演变及其伦理建构的历史过程

安全（观）与安全伦理观作为社会存在的反映，会随着人类生活条件的改变、社会关系的变迁、国家政权的变更以及国际政治与经济环境等改变而改变。人类安全观的演变及其伦理建构，实质也遵循其应有的发展轨迹，受社会历史条件以及国际关系等方面影响而呈现出不同特性与伦理价值取向。也就是说，人类安全及其伦理观的基本特性受制于特定生产力与生产关系，是特定历史时期生产力与生产关系的产物，并随着生产力与生产关系的进步而不断发展和完善。

人类安全观的演变及其伦理建构过程可以分为四个阶段：（1）“族群”安全及其伦理观——人类安全及其伦理观的形成；（2）传统安全及其伦理观——人类安全及其伦理观的发展；（3）非传统安全及其伦理观——人类安全及其伦理观的转型；（4）“类安全”及其伦理观——人类安全及其伦理观的突破与创新。正因为如此，人类安全观的演变及其伦理构建亦经历了“形成”、“发展”和“转型”三个阶段，并正向“突破与创新”阶段迈进。

人类安全观演变的轨迹及其伦理价值的基本建构表明，人类在维护自身生存与发展安全方面，经历了从立足于维护血缘“族群”安全、传统安全与非传统安全的漫长历史过程，并正向把人安全看作是“类存在体”的安全考量的“类安全”过渡。其中，每一阶段的安全观所关注的重点不大一样，其所呈现出来的安全伦理价值取向亦有所不同。

（一）人类安全观演变及其伦理建构的形成

从早期人类的“族群”安全及其伦理观的形成及其特性看来，早期人类的安全及其伦理观带有较强的血缘性、原始本能性、直接性和狭隘性。人们对自身安全的维护主要是基于一种较为直观和本能的反应。因此，血缘就成了维护早期人类安全的重要纽带，各种安全及其伦理制度的建立和有效运作，主要也是借助血缘关系来维系。“个体”的安全完全融合于血缘群体或“族群”安全之中，维护血缘群体或“个体”安全可以说是当时安全伦理观的“正当”诉求。正因如此，早期人类社会中不同血缘群体间在处理各自安全问题时，往往易于陷入原始“血族复仇”式的“生存恐慌”状态。故此，早期血缘群体或“族群”安全难以得到有效保障，它们要么被另一血缘群体或“族群”野蛮地消灭，要么被险恶的自然灾难所毁灭。因而，生存安全在很大程度上既是早期人类的本质需要和生活上的理想追求，也是道德上的“至善”。

处于这个阶段的人类安全及其伦理观的主要特性表现在：作为血缘“个体”的安全与血缘“族群”的安全具有高度的一致性。血缘“族群”安全的重点在于将“个体”的人的安全获取与维护寓于血缘“族群”之中。“个体”的人的安全与血缘“族群”的安全具有较为直接的同一性与单一性，即“个体”的人的安全与血缘“族群”的安全是同一的，处于一“损”俱“损”，一“安”俱“安”的态势。此外，血缘“族群”安全观所呈现出来的伦理特性表现为较强的“血缘正义”性，采取各种手段用以维护血缘“个体”或“族群”的安全属于道德上的“善”，具有“正义性”。

尽管早期人类“族群”安全及其伦理观带有血缘性、原始性、本能性、直接性和狭隘性，但其以不可争辩的事实告诉人们，安全是人所以为人的最基本需求，也是人的本能性需求的直接体现。任何社会制度的存在与建构，理应更加有效地维护人类的安全方可具有生命力和存在的合理性。任何社会制度一旦失去了保障人的生命安全尤其社会中绝大多数人的生命安全的功能和作用，其必将由此也就丧失了其存在的合理性与合法性，进而必然要退出人类社会历史的舞台。

（二）人类安全观演变及其伦理建构的发展

从传统安全及其伦理观形成及其特性上看，国家的产生就其本质而言是生产力与生产关系发展的必然结果。国家产生的主要作用在于确保其疆域内各成员的利益与安全，尤其是确保统治者利益与安全。国家的产生意味着传统安全及其伦理观的产生。显然，较之早期人类借以维护自身安全的氏族、部落以及部落联盟制度而言，国家及其相关制度的建立，从理论和实践上确实更加有效地保护其疆域内各成员的利益与安全。按照社会契约论者的理论推断，国家的产生是社会各成员参与制定契约的结果，国家只能因维护社会各成员的利益与安全而存在。事实上，国家产生后所面临的一个极为重要而且延续至今尚未解决的问题，就是如何应对战争威胁，维护和平以确保国家及其疆域内各成员的利益与安全。在现实社会生活中，国家作为维护人类安全主体的功能，出现了一定程度上的“异化”。一方面，国家要维护社会及其成员的利益与安全，同时也要维护国家自身的利益与安全，维护国家领土和主权安全、军事安全和政治安全（传统安全），而且是以维护国家的安全作为核心内容，把维护国家的安全看作是最高安全和道德上的至善。另一方面，在有阶级压迫与阶级剥削的社会中，维护国家安全实质上主要是维护国家中占统治地位的统治者的安全，广大人民的安全则随时可以根据统治者利益与安全需要而遭到践踏和损害。因此，在有阶级压迫与阶级剥削的社会中，国家在行使维护安全职责时会出现一定程度上的“异化”。

传统安全的重点在于将个体以及其他社会组织的安全置于国家安全之中，但个体以及其他社会组织的安全与国家安全并非完全一致，个体以及其他社会组织中的人的安全与国家安全的关系存在“异化”的情况。这主要表现为国家作为阶级利益的集中体现，其在很大程度上只能是代表统治阶级的利益和意志，因而国家安全在很大程度上所体现的往往只是统治阶级的利益与安全，其他阶级的利益与安全则可随统治阶级的利益与安全实现与否而受到保护或遭受损害。当然，从传统安全伦理价值取向看，其所体现的恰恰就是“国家正义”，即国家通过各种方式维护自身安全在道德上是正义的，符合道德上的应有诉求。传统安全及其伦理观作为国家中心主义的安全与安全伦理观，其本质上是以是否有利于或有损于国家的利益、主权和领土安全、政治安全和军事安全作为判断道德上善与恶的根本标准，至于国家利益以外的其他法律、道德规范与国际关系准则等则可以置之不顾甚至公然践踏，这在当今依然推行霸权主义和强权政治的国家中仍表现得十分突出。在国际社会无政府状态以及国家安全获取“自助式”条件下，国家或国家联盟在维护自身利益、寻求和增强自身安全的同时势必会增加其他国家或国家联盟的不安全（感），进而引发国家以及国家同盟间的军备竞赛，最终导致“安全困境”局面的出现。因而，过分强调以军事安全和政治安全为核心的传统安全及其伦理观，势必使人类陷入“危态对抗”的“安全困境”之中。国家产生后，人类包括个体或群体的主要安全和利益既受到国家保护，又受到国家的威胁。时至今日，人类面临安全威胁的行为主体不仅仅是国家，还有国家之外的诸如恐怖主义者、极端民族主义者、跨国贩毒者和人口贩卖者等非国家行为体；人类面临安全问题也不仅仅是传统安全问题，而是涉及生态安全、经济安全、信息安全、流行性疾病等非传统安全领域。这些非传统安全领域里的安全与安全伦理问题，不是单凭一个国家行为体就能自行解决，也不可能完全依靠国家行为体，而是需要更多的非国家行为体甚至是全人类共同参与。

故此，在以维护国家安全为核心的传统安全及其伦理观指导下的人类用以维护自身安全与发展的方式，显然有其自身无法克服的片面性与局限性，不可能从根本上达到有效维护国家安全的目的，无法从根本上维护国家内个体以及其他主体的安全，也无法完全体现其对自身安全维护的正义性。随着社会的不断发展以及全球化水平的不断提升，仅从传统安全视角出发寻求人类安全与发展问题的解决，显然已不能够也不可能使人类最终摆脱固有的“安全困境”。这就需要不断拓宽寻求人类安全途径的视域，尤其是需要从非传统安全的视角，去探寻人类安全及其伦理问题解决的新途径。

（三）人类安全观演变及其伦理建构的转型

非传统安全及其伦理观显然是较之于传统安全及其伦理观而言的，它是人类对有关安全及其伦理问题解决途径所做的又一个重要考量。第二次世界大战后，尤其是“冷战”的结束以及全球化等的迅速发展，非传统安全及其伦理问题日益凸显，并已成为当今国际社会必须面对并亟待解决的安全问题。这表明当今世界人类面临的安全及其伦理问题进一步多元化、复杂化和全球化，安全及其伦理问题不再只是限于国家安全之内的问题，人类面临的安全及其伦理问题也并非仅依靠国家就能够有效解决。正如有的学者所言，非传统安全问题提出了对传统安全理论的挑战与质疑，暴露了国家中心论的缺失和现实主义国际体系论的缺陷。但是，不能因此过分夸大非传统安全问题对整个国际关系理论的冲击程度，它并未从根本上否定基本国际关系理论，特别是国家安全理论的解释力。[①] 实质上，不管是传统安全及其伦理观，还是非传统安全及其伦理观；也不管是从理论上还是实践上，都有各自不足与局限性。也就是说，单纯依靠任何一方去应对当今我们所面临的安全及其伦理问题，都难以达到应有的效果和既定的目的。然而，非传统安全及其伦理问题的凸显表明，人类所面临的安全环境发生了重大变化，人类正面临着前所未有的安全"挑战"。非传统安全及其伦理观"表现为较强的全球中心主义色彩"。它实质上也是一种警示，它告诫人类需要不断寻求摆脱"安全困境"的有效途径，为人类最终获取自身的安全与和谐发展带来新的希望。

实质上，非传统安全较之于传统安全而言，其所体现出来的是人类安全观的发展在某种程度上的"回归"。这种"回归"主要表现在安全内容上所强调的"全球主义"而非"国家中心主义"。它要求人们在关注安全时，并非传统安全所强调的国家安全与利益的至上性与至善性，而是要更加关注国家安全以外的个体与组织等非国家行为体的安全与正义。非传统安全作为由非军事武力造成的生存安全威胁，其将传统安全之外的经济安全、人口安全、信息安全、社会安全、文化安全与环境安全等纳入其范围，并使安全层次多元化与复杂化，将全球安全、地区安全、团体安全、公民安全等置于其考量范围。显然，非传统安全的伦理价值取向具有较强的"全球中心主义"特性，强调从全球视角看待安全及其伦理问题，其所追求的是"全球正义"。然而，非传统安全并非把个体或特定组织中的人的安全视为唯一的观照对象，而更多的是把国家安全之外的其他的各类安全威胁作为其主要的应对对象，比如经济安全、信息安全、能源安全等。非传统安全所强调的安全所涉及的安全视域更加广阔，解决的方式与途径更加"全球化"，其实质上是对传统安全及其伦理观一定程度上的"修正"和"弥补"。由于非传统安全问题亦会引发传统安全问题，非传统安全与传统安全的这种"你中有我，我中有你"关系，使得非传统安全仍无法做到个体人的安全与组织的安全、国家的安全等具有完全直接的同一性。故此，非传统安全及其伦理观实质上只是人类安全观演变及其伦理建构过程中的一个"转型"期，还需要向更高层面推进。

---

① 潘忠岐：《非传统安全问题的理论冲击与困惑》，《世界经济与政治》2004 年第 3 期。

(四) 人类安全观演变及其伦理建构的突破与创新

"类安全"及其伦理观主要是针对当前人类有关安全理论与实践不足，尤其是针对当前仍处于主导性地位的传统安全及其伦理观与非传统安全及其伦理观理论与实践的局限与困境而提出的力图用以解决人类面临的诸多安全及其伦理困境的安全理论。基于原有单纯以血缘安全、国家安全和国家安全外的其他方面的安全为核心的安全理论的缺陷与不足，"类安全"及其伦理观强调要更好维护和解决人类所面临的安全问题，摆脱当前的"安全困境"，需要把安全及其伦理关注的核心放在"人"这个作为"类"的整体之上，也就是只有从"类"的视角审视人类的安全及其伦理问题，才能最终较为有效地解决人类面临的"安全困境"。

把人的安全看作是"类存在体"的安全加以考量的"类安全"，其重点在于把安全视为人与人之间不再有"人"的分别的安全，除个性不同外，人普遍存在于每一个体之中，他们的个性充分自由，他们的人格完全平等。故此，"类安全"实质上把一切个体的人从本质统一为整体的"类存在"的"人"的安全，其祈求的伦理价值表现为对人作为"类"的生命价值的尊重与观照，其所寻求的是"'类'的正义"。这样，人类以"类安全"及其伦理观为维护其安全的行动指南，实质上就是做到：人并不把自己局限于脆弱的生命，而是有着超越生命的永恒本质；人是个体存在，人也不以狭隘的个体形态为满足，人还有着超个体的无限存在形态；人以自我为中心，人并不封闭自己孤立的自我牢笼，人同时融合了广阔的自我天地。[①] 因此，"类安全"及其伦理观是对以往的安全及其伦理观的突破与超越，它强调"类"的安全与作为个体或其他组织中的人的安全具有直接同一性。"类安全"观表明，人类对有关自身安全考量所形成的安全理论需要摆脱原有的以血缘关系为中心、以族群为本位的"族群"安全观和以国家为核心、以个体为本位的传统安全观等的局限性，进入以人之为人的"类存在体"为核心、以作为一个整体的"类"的安全为本位的发展阶段，同时也表明人们对安全伦理观的认识需要超越狭隘的以血缘族群生命安全为核心的伦理关怀和单纯地以"异化"的国家安全为核心等的伦理关怀，转向以人之为人的"类生命"与"类价值"为核心的

① 高清海等：《人的"类生命"与"类哲学"》，吉林人民出版社 1998 年版，第 242、245 页。

伦理关怀。

不可否认，人类社会发展到今天，其所面临的安全及其伦理问题已经发展到“发展”与“转型”的阶段，即传统安全及其伦理问题与非传统安全及其伦理问题共存的阶段。这也表明，人类所面临的安全及其伦理问题迄今尚未得到有效、彻底解决，传统安全威胁与非传统安全威胁仍是人类必须面对的客观事实。正因如此，这也为人类安全及其伦理观的进一步发展——“类安全”及其伦理观的到来与践行提供了新的机遇。

（五）小结

在事关人类生存与发展的诸多因素之中，人类的共同安全无疑是最基本、最重要的因素，也是人类面临的诸多伦理问题中的“第一伦理”问题。人类安全及其伦理问题的有效解决，必须把捍卫人的生命安全、尊重人的生存尊严和确保人的发展作为根本出发点和归宿。任何一种社会的安全及其伦理制度的建构，任何一种安全理论的产生及其有效践行，任何一种安全伦理价值的取舍，理应更加有利于上述目标的实现。只有不断接近和满足上述目标，建立和完善维护社会以及人类安全及其伦理制度，才能更好地维护人类生存与发展，才能从道德上称为善或正义。事实上，只要有人类存在，生存与发展问题就是其必须面对的永恒主题，由此引发的有关人类安全及其伦理问题也会伴随其始终。从早期“族群”安全、传统安全、非传统安全再到“类安全”，人类面临的安全及其伦理问题，以及其解决方式也日趋多元化与复杂化；人类对安全问题的伦理关注也由以血缘族群安全为核心、以国家安全为核心、以全球安全为核心再到以人的“类生命”和“类价值”安全为核心进行拓展与建构。这既符合事物发展规律，具有客观必然性，也是人的理性与智慧发展的必然结果。

人类安全观的演变过程，实质也是其安全伦理观的不断推进、扬弃和建构历程。与早期人类社会的“族群”安全观、传统安全观、非传统安全观和“类安全”观相对应，人类安全伦理观实质也经历了“族群”安全伦理观、传统安全伦理观、非传统安全伦理观以及必将步入的“类安全”伦理观。这不仅体现了人类在维护自身安全与发展问题上孜孜以求的顽强精神，而且也表明了人类对和平与正义的美好幸福生活的无限向往。人类安全观的演变及其伦理建构表明，人类一直以来都在为之努力和奋斗的安全问题至今依然没有得到完全解决，人类面临的“安全困境”仍需集中人类全体智慧和理性去继续探寻和努力破解。然而，无论如何，人类安全及其伦理观的发展轨迹已经清晰地表明，人类安全及其伦理观的发展已显示出其固有的特点与规律性。这就是我们一方面要大力发展社会生产力，不断推进科学技术的进步，借此创造出巨大社会物质财富，来消解人们因物质财富匮乏所引发的诸多安全甚至战争等问题。同时，通过科学技术的进步，人们可以借助科技手段去提升抵御各种安全威胁的能力，最大限度地维护人类自身的安全与发展。另一方面就是要强化安全伦理的价值建构，在以往安全伦理价值基础之上，在全球范围内达成并践行“类安全”及其伦理观，进而对人类各种行为进行有效规约，对新的社会状况进行有机整合，从而实现人类安全的进一步发展和完善。

最后，本书以“人类安全观的演变及其伦理建构”为题，在阐述过程中，一方面是要揭示人类安全观演变内在逻辑性及其规律性；另一方面是要探索人类安全伦理观的自我生长运动、发展与建构的规律性。并以此凸显安全价值与安全伦理在人类安全的维护与发展中具有无可替代的重要作用，它是我们未来解决安全问题的重要抓手。

第二章　“族群”安全及其伦理观

在早期人类社会中，人们形成的安全及其伦理观还处于一种较为直接、狭隘和相对简单的状态，人们的安全及其伦理观还仅仅停留在以血缘亲属关系为纽带的“个体”①、群体和部落安全即“族群”安全之内。因此，早期人类对安全的考量、安全伦理价值的判断以及相关安全制度的建立，亦仅限于以维护血缘亲属为主要特性的“族群”安全范围之内，血缘亲属关系在维系早期人类之间的关系，尤其是“个体”与他人之间的安全关系起着不可替代的重要作用。这也是早期人类为何易于进行相互间的“血族复仇”，最终陷入“生存恐慌”安全危机中的重要原因。

一　“族群”安全及其伦理观的产生

“个体”，这个处于人类社会早期的构成人类社会最小单位的要素，一开始就因“自然联系等等使他成为一定的狭隘人群的附属物”。②“我们越往前追溯历史，个人，从而也是进行生产的个人，就越表现为不独立，从属于一个较大的整体；最初还是十分自然地在家庭和扩大成为氏族的家庭中；后来是在由氏族间的冲突和融合而产生的各种形式的公社中。”③因而，早期人类的安全及其伦理观，显然涵盖了“个体”、家庭、氏族、部落以及部落联盟在内的所有血缘群体的安全及其伦理观，即内在地包含于“族群”安全及其伦理观之内。

---

① 此处所指的“个体”并非完整意义上的个体，即其尚未具备现代意义上的独立、自主的个体，而是依附于“族群”之中、受制于血缘“族群”并成为其附属物的“个体”。

② 《马克思恩格斯选集》第2卷，人民出版社1995年版，第1—2页。

③ 同上书，第2页。

（一）“族群”安全及其伦理观产生的基本条件

在早期人类社会中，以狭隘群体为表现形式的“族群”安全及其伦理观的产生，显然是由“族群”所面临的自然与社会环境，以及其自身固有特性等相互影响与作用的必然结果。

恩格斯对摩尔根史前文化阶段，即蒙昧时代、野蛮时代和文明时代的划分给予充分肯定，认为“在没有大量增加的资料认为需要改变以前，无疑依旧是有效的”。[①] 这也是早期人类社会面临的最基本的自然与社会环境，是以狭隘群体安全为表现形式的“族群”安全及其伦理观形成的客观条件。

蒙昧时代的人类正好是处于人类发展的幼年期，人类主要依附于自然，其获取的物品也以现成的天然产物为主，他们把人工产品（石器、棍棒等）作为辅助工具用以帮助自己获取天然物品。这个时期的概况正如人类学家所描述的那样：人类以采集现成的天然果实、坚果，挖掘、煨烤淀粉质的根和块茎，捕捉鱼类和猎取动物等为食物。人类开始制造和使用未加磨制的石器、棍棒、标枪和磨制石器等，开始制造和使用弓箭与掌握摩擦取火等的技术，并能够制造独木舟。此时的人类也开始有了萌芽状态的、相对的村落。

野蛮时代，人类的发展进入了畜牧业和农业的时期，人类学会了通过自身劳动来增加天然产物的生产。这个时期，人们掌握了制陶术，学会了铜、青铜和铁的冶炼，手工艺金属加工得到发展，人们能够制造货车和战车，用圆木和木板造船，已出现了带有艺术性的建筑的萌芽。农业与畜牧业都得到一定程度的发展，人口也有了显著增加，稠密居住在不大地域，出现了由带有塔楼和雉堞的城墙围绕起来的城市。随之而来的是人类开始学会对天然物品进行加工的文明时代。

可见，早期人类社会生产力还处于较低的发展水平，人们高度依赖自然环境，人们的生产活动以及其他社会实践活动，在很大程度上受制于自然环境并在较为狭小的范围内进行。这是早期人类安全及其伦理观产生和形成的客观现实条件。

此外，早期人类社会中“个体”意识在一定程度上的发展是“族群”安全及其伦理观产生和形成的先决条件。“根据唯物主义观点，历史中的

① 《马克思恩格斯选集》第4卷，人民出版社1995年版，第18页。

决定性因素，归根结蒂是直接生活的生产和再生产。但是，生产本身又有两种。一方面是生活资料即事物、衣服、住房以及为此所必需的工具的生产；另一方面是人自身的生产，即种的蕃衍。一定历史时代和一定地区内的人们生活于其下的社会制度，受着两种生产的制约：一方面受劳动的发展阶段的制约，另一方面受家庭的发展阶段的制约。"[①] 质言之，物质资料生产既是人类社会存在与发展的先决条件，也是早期社会中人之所以为人的根本，即劳动创造了人以及人类社会本身。因而，早期人类社会物质资料的生产方式，从根本上决定了人类的生产关系状况，也决定了人类的社会意识状况。毕竟，"意识一开始就是社会的产物，而且只要人们存在着，它就仍然是这种产物。当然，意识起初只是对直接的可感知的环境的一种意识，是对处于开始意识到自身的个人之外的其他人和其他事物的狭隘联系的一种意识"。[②]

显然，早期人类社会的生产力水平决定了生活于其中单个成员的意识还只能停留在较为简单的状态，但其已经具备了某种程度上的相对独立性，"个体"已具有较为一般的生命意识，即具有能够分辨出自己与他人利害关系等最为基本的意识。尽管这个时期的"个体"的意识很大程度还处在知其然而不知其所以然阶段，即处于尚未完全独立的阶段，但这足以成为"族群"安全及其伦理观产生和形成的先决条件。"个体"意识，首先应该是维持自身生存条件的意识，它伴随着"个体"有限生命活动始终。由于早期人类社会的生产力水平极其低下，严重的食物短缺和险恶的自然环境等致使危及人类生存安全，甚至是死亡的各种不确定性因素较多。因而，如何维护自身的生存安全，几乎成了早期社会中"个体"及其所属群体各种实践活动的全部。鉴于这种险恶的生存环境，早期社会中的"个体"要想生存，就必须依靠集体的力量，即血缘亲属关系的集体力量。而且这种集体的力量也只能是限于以血缘亲属关系为纽带的家庭、氏族、部落以及部落同盟之内。维护以血缘亲属关系为纽带的"个体"及其"族群"的安全，无疑成了此阶段人类安全及其伦理观的重要内容和主要表现形式。正如恩格斯所言："亲属关系在一切蒙昧民族和野蛮民族的社会制度中起着决定作用……父亲、子女、兄弟、姊妹等称呼，并不

① 《马克思恩格斯选集》第4卷，人民出版社1995年版，第2页。

② 《马克思恩格斯选集》第1卷，人民出版社1995年版，第81页。

是单纯的荣誉称号，而是一种代表完全确定的、异常郑重的互相义务，这些义务的总和构成这些民族的社会制度的实质部分。"① 也就是说，早期人类社会中的亲属关系反映的不仅仅是血缘关系，而且也是一种维护"个体"以及"族群"生存与发展的社会安全制度，是早期人类安全及其伦理观的重要体现。

由此可见，早期人类社会的现实条件决定了"族群"安全及其伦理观所涵盖的范围，仅限于具有血缘亲属关系的家庭、氏族、部落与部落联盟之内，即限于"族群"之内。它所体现的是一种原始的、简单的和最基本的，以维护和满足自身生存需要为根本目的的安全与安全伦理观。

（二）"族群"安全及其伦理观的主要表现形式

早期人类社会极其低下的生产力水平，决定了生活其中的成员的安全及其伦理观也具有独特的表现形式。就早期社会中的人而言，由于自身具有的认识和改造自然能力的低下，求生的本能以及险恶的自然环境，促使他们对强大的自然力量产生恐惧，进而萌发了对自身安全的渴求与考量。这种对强大自然力量的本能恐惧以及对自身安全的渴求与考量，最早主要是通过图腾与禁忌方式表现出来的。

"图腾"（totem）一词，源于北美印第安人阿尔昆琴部落的方言"totem"，意指"我的亲属"，后引申为祖先或保护神的某种物象。图腾发生的原因：求安。原始人的求生需要使他们对外界事物从功利角度产生了种种感情，这种感情就成为他们选择图腾物的次生动力。所以原始人把某种有生物或无生物作为自己的亲属或祖先，主要基于与求安有关的三方面的感情：因威胁而恐惧，因受益而感激，因惊叹而羡慕。② "图腾就是原始人以迷信的方式来看待的某类物质性对象，他们相信自己与此类对象的每一个成员之间存在着一种密切的，而且总是特殊的关系……一个原始人与其图腾之间的关系是互利的；图腾保护着这个人，而此人则以各种方式来表达他对图腾的敬意。"③ 因而，图腾可以看作是早期人类对自身安全的初步认知与认同，并在心理和行动上用以维护自身安全的最早表现形式，其具有两个主要特性。

一是代表性（象征性）与秩序性。图腾是早期社会特定群体意志的

---

① 《马克思恩格斯选集》第4卷，人民出版社1995年版，第25页。

② 何星亮：《图腾的起源》，《中国社会科学》1989年第5期。

③ ［奥］弗洛伊德：《图腾与禁忌》，赵立玮译，上海人民出版社2005年版，第126页。

集中体现，是特定群体意志或欲求指涉的对象性表现形式，因而具有代表性或象征性特性。与此同时，这种对象性的表现形式，实质又是早期社会特定群体对维护其自身安全的特定社会秩序的祈求与认同。早期人类社会中几乎所有群体都有图腾崇拜，尽管他们的图腾可以不同，但并不影响图腾作为维护早期人类安全与秩序的主要作用。原始人正是通过图腾方式，把众多“个体”凝聚成为一个持久、坚固的“族群”共同体，以维护和实现彼此间的安全与发展。在 A. R. 拉德克利夫·布朗看来，一个像氏族这样的社会群体如果要团结、延绵下去，它就必须是其成员心怀情感的对象。然而，欲维持这种情怀，就必须使它得到相应的集体表达。而所有有规则的社会情感的集体表达都倾向于采取一种仪式形式，即图腾。[①] 毕竟，在原始社会恶劣的自然与社会条件下，巩固、团结、稳定的“族群”共同体，既是“个体”生存和获得安全的前提，也是群体存在与发展的条件。图腾无疑较大程度起到了这样的作用。

二是利益性与依存性。早期社会成员与图腾之间是一种利益性与依存性的统一体。一方面，成员通过各种虔诚方式来表达其对图腾的敬意与崇拜；另一方面，又祈求和坚信图腾能够保护其自身的利益与安全。毕竟，“原始人相信：通过把每一种有用的动物或植物作为本团体的图腾，通过树立种种偶像、象征和进行模仿的舞蹈，可使各种动物大量繁衍、食物来源丰盛；只要严格遵守图腾的种种规定，他们的团体就能壮大，食物的来源就能确保”。[②] 两者之间相互作用，彼此依存。实质上，图腾已拥有或具备文明社会中上帝的角色与功能，它是早期社会中“个体”及其“族群”所借以维护其利益与安全的精神力量，也是“族群”安全及其伦理观的重要表现形式。

禁忌（taboo），则是由波利尼西亚语“tabu”派生出来的，意为“神圣的”、“神秘的”或者为“禁止”。谢苗诺夫认为，禁忌“是从外部强加于集体及其成员的一切行为规范”，而且“这种禁规无论怎样也不可论证。只有一点是清楚的——违反了禁忌就会发生危险，而且往往会威胁到违反禁忌者所在的整个集体，但这种危险性如何，为什么违反了禁忌会有

① ［英］A. R. 拉德克利夫·布朗：《原始社会的结构与功能》，潘蛟、王贤海等译，中央民族大学出版社 1999 年版，第 137 页。

② ［美］斯塔夫里阿诺斯：《全球通史 1500 年以前的世界》，吴象婴、梁赤民译，上海社会科学院出版社 1999 年版，第 71 页。

危险，则是不清楚的”。[1] 弗洛伊德指出：“禁忌本身是一个矛盾情感的字眼，一件能够强烈激发人们被禁止的欲望，必然也是一件人人想做的事件”，“一个具有能够激发人们被禁止的欲望，或使他们的矛盾情感觉醒的人，即使本人没有触犯，它也将永远或暂时的成为禁忌”。[2] 可见，在人类社会早期，禁忌既具有惩戒的功能，又拥有约束和导向功用。它是人类在相互交往以及同自然打交道过程中形成的最早用以调节和规范人类行为关系与维护人类安全的准则。它规定了人们能够做什么或不能做什么，或者做什么和不做什么对他们而言是安全的。这实质也是在告诉人们应该如何维护和实现自身安全，是人们对何为安全以及如何安全的进一步认知与理解，是人们最早用以维护自身利益与安全的行为规范与安全准则，也是早期人类安全及其伦理观的直接体现。

禁忌作为早期人类原初的行为规范、安全准则和道德规范，具有两个较为明显的特性。

一是神秘性与趋利性。自然界起初是作为一种完全异己的、有无限威力和不可制服的力量与人们对立的，人们同它的关系完全像动物同它的关系一样，人们就像牲畜一样服从它的权力，因而，这是对自然界的一种纯粹动物式的意识。在人类社会早期，人们把所有涉及自身利益的吉凶祸福和一切疑虑现象都归因于一种令人恐惧和敬畏的“超自然”力量，认为正是这种“超自然”力量在主宰着他们的安危与福祸，掌控着他们自身利益的损益。因而，他们便产生了对这种能够影响甚至危及自身利益与安全的“超自然”力量的笃信与敬畏。他们为了能够获取这种“超自然”力量的庇护，进而制定了某些特定禁忌规则，并通过烦琐复杂的仪式使得这种禁忌规则神秘化、权威化，共同规约着人们的行为。实质上，这些禁忌所体现的最终恰恰是早期人类对自身利益和安全的高度关注与认知，是早期人类趋利避害、寻求自身安全的一种必要方式。

二是全民性与认同性。禁忌一旦形成或者被认同后，就会对特定范围内所有成员产生约束，并要求所有成员必须遵守。这种禁忌主要通过两种方式作用于人们：其一是神圣化和权威化并最终转化为权力或权威；其二是世俗化并最终转化为特定风俗习惯和道德规范。两者共同作用并规约着

---

① ［苏］谢苗诺夫：《婚姻与家庭的起源》，蔡俊生译，科学出版社 1983 年版，第 70 页。

② ［奥］弗洛伊德：《图腾与禁忌》，杨庸一译，中国民间文艺出版社 1986 年版，第 162 页。

人们的行为，确保人们社会生活的秩序化和规范化，维护人类的利益与安全，进而维系着早期人类社会的生存与发展。

可见，人类最早对自身安全与利益的考量与认知，主要是通过图腾与禁忌方式表现出来。图腾与禁忌实质已成为早期人类的一种安全信仰与道德原则。每个群体只有举行了宗教仪式和遵守特定图腾与禁忌后，才能得以确保与图腾相关的动植物（包括群体在内）的生存与繁盛，才有可能为每一族群的生存与发展提供经济福祉和安全保障。因而，图腾与禁忌也就成了早期人们共同的安全认同观和安全伦理准则。正因如此，使得图腾与禁忌具有同源性。它们均源自人们对自身利益与安全的需要。“一切人类生存的第一个前提，也就是一切历史的第一个前提，这个前提是：人们为了能够‘创造历史’，必须能够生活。但是为了生活，首先就需要吃喝住穿以及其他东西。”[①]“任何人如果不同时为了自己的某种需要和为了这种需要的器官做事，他就什么也不能做。”故此，人类的利益需要（尤其是安全利益需要）人类存在与发展的内在驱动力。为了满足自身的利益需要（安全利益的需要），人类才结成人与人、人与社会以及人与自然之间的关系，形成较早用以协调人与人、人与社会和人与自然关系的图腾与禁忌，建立各种用以维护自身利益与安全的组织、机构、规章制度等。

事实上，图腾、禁忌以及用以维护人类自身利益与安全的各种准则、规章、制度、行为方式与手段等，因而人们对自身利益与安全的认知与认同的差异而不同，甚至会相去甚远。也就是说，因人们各自的生存境遇的不同而形成不同的安全观和道德判断，使得人们用以消解、消除来自各方面威胁与恐惧的方式和手段也不尽相同。

二 “族群”安全及其伦理观基本特性

摩尔根认为，在人类发展历史进程中，层出不穷的发明与发现，从少数原始思想幼苗中发展出来并与人类永恒需要密切相关的各种社会制度，是人类顺序相承的各个进步阶段的标志。[②]因此，从某种意义上看，早期

① 《马克思恩格斯选集》第1卷，人民出版社1995年版，第78—79页。

② ［美］路易斯·亨利·摩尔根：《古代社会》，杨东莼、马雍等译，中央编译出版社2007年版，第2页。

人类社会的安全及其伦理观（"族群"安全及其伦理观）的产生，同样也与人类的永恒需要密切相连，孕育于这个人类初始的社会发展过程的始终，其根本特性也在此"顺序相承"过程之中得以体现。

（一）"族群"安全及其伦理观的原始性与本能性

早期人类社会极其低下的生产力水平，以及受制于生产力发展水平的"个体"意识发展的状况，决定了"族群"安全及其伦理观还停留在较为"原始"的状态。毕竟，早期人类由为求生存的本能冲动所萌发出来的安全及其伦理观，带有特定的原始韵味和本能性的印记，即具有明显的原始性与本能性。这种安全及其伦理观的原始性与本能性主要表现为两个方面。

其一，摄取食物以谋求生存与生命安全，几乎成为早期人类各种实践活动的全部。人类形成之初，由于生产力水平的制约使得他们面临食物短缺、险恶的自然环境等因素的威胁。因此，维护自身的安全，尤其是摄取食物以谋求生存的安全便成了早期人类活动的首要任务。"蒙昧阶段是人类的形成阶段。刚开始的时候，毫无知识，毫无经验，没有火，没有音节分明的语言，没有任何技术，处于蒙昧阶段的祖先们就在这种状态下着手进行伟大的战斗，首先是图生存，然后是求进步，直到他们免于猛兽之害而获得生命安全以及获得固定的食物为止。"① 显然，人类社会早期，不管是摩尔根所说的蒙昧阶段，还是野蛮阶段，其主要情况亦都大体如此，即每一位个体成员都在艰难地为摄取食物以谋求自身的生存与生命安全而奋斗。事实足以说明，当一个社会几乎所有的人都如动物般地为摄取食物"本能"地奋力拼搏时，他们所进行的社会实践，不管是物质生活实践还是精神实践，不能不说是原始的和本能的。毕竟，"人高于动物，但仍然是动物，受本能支配。恐怕人类越原始，则本能对他们的支配力量就越大"。② 在人类社会早期，原始人正是在生存与生命安全的本能驱使之下，不得不关注自己周围的一切事物，而食物无疑成为其中最为重要的关注与思考对象。"原始人认为，在他们生活的天地里，食物最重要；食物的来源能否充裕，他们能否无病无灾，交上好运，全受某些神力的支配。"③

① ［美］路易斯·亨利·摩尔根：《古代社会》，杨东莼、马雍等译，中央编译出版社 2007 年版，第 27 页。

② 赵国华：《生殖崇拜文化论》，中国社会科学出版社 1990 年版，第 9 页。

③ ［美］斯塔夫里阿诺斯：《全球通史 1500 年以前的世界》，吴象婴、梁赤民译，上海社会科学院出版社 1999 年版，第 7 页。

故此，早期人类的安全及其伦理观的萌发与形成，是同他们的生存条件，尤其是食物的摄取与补给息息相关。

由此可见，早期人类社会所形成的安全及其伦理观，及其借以表现的形式——图腾与禁忌，很大程度上是发端于人类谋生存的本能性欲望，具有原始性与本能性。

其二，以简单、形象、象征为主要特性的原始安全思维，是早期人类共有的安全思维方式。

早期人类的安全思维还处于较为原始的状态。在孟德斯鸠看来，“当人还在自然状态的时候，他应当是只有获得知识的能力，而知识却是不多的。显然，他最初的思想绝不会是推理的思想。他应当是先想如何保存自己的生命，然后才能再去推究他的生命的起源。”① 也就是说，早期人类的安全思维具有简单、形象和象征性等特性。“象征一般是直接呈现于感性观照的一种现成的外在事物，对这种外在事物并不直接就它本身来看，而是就它所暗示的一种较广泛较普遍的意义来看。因此，我们在象征里应该分出两个因素，一是意义，二是这意义的表现。意义就是一种观念或对象，不管它的内容是什么，表现是一种感性存在或一种形象。”② 早期人类的安全思维一方面很大程度上还是对感性存在物的直观反映而具有简单性；另一方面这种感性存在物亦不仅仅是其自身内容的反映，还在一定程度代表了与其内容相关的某种神秘力量的反映而具有形象性与象征性。处于这个阶段的早期人类尚未将“个体”与群体以及自然界完全区分开来，他们的安全意识很大程度还处在“个体”、群体甚至是与自然界混为一体的状态。

这种混为一体的状态一方面主要表现为“个体”的安全意识尚未完全独立，而是依附于群体或“族群”的意志。就原始人而言，“部落始终是人们的界限，无论对别一部落来说或者对他们自己来说都是如此：部落、氏族及其制度，都是神圣而不可侵犯的，都是自然所赋予的最高权力，个人在情感、思想和行动上始终是无条件服从的。”③ “我们发现自我感与一定的神话——宗教群体感直接融为一体。只有当自我把自身认作某群体的一员，懂得自己与其他人组成家庭、部落、社会组织之统一体时，

① ［法］孟德斯鸠：《论法的精神》，商务印书馆 1959 年版，第 4 页。
② ［德］黑格尔：《美学》第 2 卷，商务印书馆 1979 年版，第 10 页。
③ 《马克思恩格斯全集》第 4 卷，人民出版社 1995 年版，第 96 页。

他才感受和认识到自身。只有处身于和通过这样的社会组织，他才拥有自身；他本身的个人生存和生命的每一体现都关联着环绕着他的整体生命，尽管这种关联要凭借若干不可见的神秘纽带。”① 显然，早期人类社会中“个体”的安全思维主要通过“群体”方式加以表现，而“群体”的安全思维也仅仅处于较为原始与感性的阶段，还尚未达到高度抽象的阶段。另一方面则表现为人与外在自然关系上也同样处于混沌不分的状态。休谟认为，人类有一种普遍的倾向，即像设想他们自己一样设想一切存在物，并把他们熟知和真切意识到的那些品质移植到每一个对象上。……人类处于这样一个对原因无知的状态之中，同时又对未来的命运感到非常焦虑，于是乎，他们直接承认自己对拥有情感和理智的不可见力量的依赖也就不足为怪了。那些不断引发他们思考的未知的原因，由于总是以同一种模样出现，也就都被理解为属于同一类型了。为了使它们与我们自己更近似，我们把理性和激情，有时甚至是人的四肢外形赋予它们，这也就是水到渠成的事情了。②

故此，早期人类按照自己的思维方式，本能地将外在的其他事物或自然界赋予和自身一样的灵性或特性，即通过借助外界自然的某一物种来比附、解释和表达未来的发展趋势，赋予其同人类般有意识的人格，认为“万物皆有灵”。“野蛮人的世界观就是给一切现象凭空加上无所不在的人格化的神灵的任性作用。……古代的野蛮人让这些幻想来塞满自己的住宅，周围的环境，广大的地面和天空”，“世界是充满神灵的，与此相同，神灵的物质造型——偶像，在家中，在街隅，在每个高处，在每座岩崖，到处可见。”③ 可见，早期人类正是通过这种原始性的安全思维，借助特定的仪式、歌舞、绘画、雕刻以及图腾与崇拜等形式，将对有关其自身安全问题的感知本能表现出来，并通过特定方式加以实践，进而祈求达到维护自身及其所属群体安全的目的。

（二）“族群”安全及其伦理观的血缘性与狭隘性

早期人类社会中“族群”安全及其伦理观的另一个主要特性就是血

---

① ［德］恩斯特·卡西尔：《神话思维》，中国社会科学出版社 1992 年版，第 195—196 页。

② ［英］大卫·休谟：《宗教的自然史》，徐晓宏译，上海人民出版社 2003 年版，第 17—19 页。转引自王曰美《原始社会人的主体意识之觉醒》，《华东师范大学学报》（哲学社会科学版）2008 年第 2 期。

③ ［英］爱德华·泰勒：《原始文化》，连树声译，广西师范大学出版社 2005 年版，第 542 页。

缘性与狭隘性。以婚姻为基础、以血缘关系为纽带的社会组织，决定了早期人类安全及其伦理观的血缘性与狭隘性。

婚姻与血缘关系从某种程度在早期人类社会中起着决定性的作用，早期人类社会中各类社会组织的产生大都与此相关。“关于婚姻的意义在于，与非人类的灵长类动物中所发生的交配行为不同，婚姻在两个空间分隔家族之间建立起持久的联系。非人类灵长类动物为了交配也许会加入另一个队群，但是，不会与先前的队群保持联系。相比之下，采猎群中的婚姻建立了两个家族之间的血缘联盟。所以婚姻不仅具有政治、经济意义，而且具有社会意义。这是因为它有利于把来自不同队群的家族连接在一起。”①

在摩尔根看来，“以亲属为基础所组成的氏族是古代社会的一种古老的组织；但是，还有一种比氏族更早、更古老的组织，即以性为基础的婚级，却需要我们首先予以注意。并不是因为这种组织在人类经验中显得很奇特，而是由于更深刻的原因，那就是因为氏族的胚体看来即孕育在这种组织之中。”② 因此，要了解早期人类安全及其伦理观的特性，以亲属（婚姻与血缘关系）为基础的早期社会组织形成过程，无疑是一把重要的钥匙。

恩格斯在根据摩尔根对原始状态中杂乱的性关系的描述中，概括出人类社会中最基本的社会组织——家庭的产生及其发展过程与规律性。在恩格斯看来，早期人类社会中的家庭发展大概经历四个阶段，即血缘家庭、普那路亚家庭、对偶制家庭和专偶制家庭。③

其中，血缘家庭是第一个阶段，其主要特点是婚姻集团是按照辈分划分，即在家庭范围内处于同一辈分的人之间互为夫妻，而处于不同辈分的人之间的性关系是不允许的。

第二个阶段是普那路亚家庭，其主要特点是在维持第一个阶段所具有特点的基础之上，排除一切兄弟姊妹相互间的性关系，并逐渐发展到连母方最远的旁系亲属间的性关系也都遭到禁止。这样，人类社会的另一个重

① ［英］巴里·布赞、理查德·利特尔：《世界历史中的国际关系——国际关系研究的再建构》，高等教育出版社2004年版，第111页。

② ［美］路易斯·亨利·摩尔根：《古代社会》，杨东莼、马雍等译，中央编译出版社2007年版，第35页。

③ 《马克思恩格斯选集》第4卷，人民出版社1995年版，第33—82页。

要而崭新的组织——母系氏族，即有一个确定的、彼此不能结婚的女系血缘亲属集团而宣告诞生。恩格斯进而指出：“我们既然看到氏族不仅是必然地，而且简直是自然而然地从普那路亚家庭发展起来的，那么我们就有理由认定，在氏族制度可得到证实的一切民族中，即差不多在一切野蛮人和一切文明民族中，几乎毫无疑问地都曾经存在过这种家庭形式。”①

第三个阶段是对偶制家庭。在恩格斯看来，对偶制家庭取代群婚是婚姻禁规日益错综复杂的必然结果。对偶制家庭的主要特性在于婚姻与性关系定格在成对的男女之间，尽管此时的对偶制家庭的婚姻还处于较为不稳定的状态，多妻和偶尔的通奸仍然是男子的权力。

第四个阶段是专偶制家庭。恩格斯认为，专偶制产生于野蛮时代的中、高级阶段交替时期的对偶制家庭之中，它的最后胜利乃是文明时代开始的标志之一。“专偶制是不以自然条件为基础，而以经济条件为基础，即以私有制对原始的自然产生的公有制的胜利为基础的第一个家庭形式。丈夫在家庭中居于统治地位，以及生育只可能是他自己的并且应当能继承他的财产的子女”。②

总而言之，恩格斯认为，以上的婚姻家庭形式的变迁实际是与人类发展的三个主要阶段相适应。“群婚制是与蒙昧时代相适应的，对偶制是与野蛮时代相适应的，以通奸和卖淫为补充的专偶制是与文明时代相适应的。”③ 这些早期人类社会最基本的社会组织家庭的变迁，不仅仅反映早期人类的婚姻家庭关系，而且更为重要的是，伴随这些婚姻家庭关系变迁而生的相应社会组织的发展以及相应社会制度的变迁，引发了早期人类思想观念的形成与发展，尤其是有关自身安全的思想观念的形成与发展。

从恩格斯有关早期人类社会婚姻家庭状况的分析可以得知，早期人类社会组织（家庭、氏族、部落与部落联盟）的构成，在很大程度上是以性为基础，基于血缘关系而建立的“血缘共同体”。这些早期“血缘共同体”无非是“家”的进一步“扩展”。处于“血缘共同体”中的每一位“个体”或成员，则根据自身所属血缘关系享有在不同阶段所赋予的性、婚姻、家庭、财产以及参与管理公共事务的各项权利，并履行维护其“血缘共同体”以及其自身的安全与发展的各项义务，任何对其自身以及

① 《马克思恩格斯选集》第4卷，人民出版社1995年版，第39页。
② 同上书，第62—63页。
③ 同上书，第73页。

所属“血缘共同体”的安全威胁，势必引起整个“血缘共同体”的群起反击。“它的全体成员都是自由人，都有相互保卫自由的义务；在个人权利方面平等，不论酋长或酋帅都不能要求任何优越权；他们是由血亲纽带结合起来的同胞。自由、平等、博爱，虽然从来没有明确表达出来，却是氏族的根本原则”。① 实质上，早期人类社会“血缘共同体”中所形成的血缘平等、血缘互助和血缘团结等观念，反映了“血缘共同体”内的“个体”或成员彼此间一种近乎本能性的关爱，所展示的是早期人类社会最为基本的安全与道德理念。它既是早期人类社会“族群”安全观的直接体现，也是其安全伦理价值的灵魂。

显然，早期人类社会中“血缘共同体”的安全及其伦理观所奉行的是以性为基础，以血缘关系为纽带断“善恶”和定“敌友”的安全原则。对于血缘内的成员，只要能够遵守“血缘共同体”的习俗规范，便是“友”是“善”，是“兄弟姊妹”，彼此间便能做到“和谐”相处与“平等”相待。这有点像《礼记·礼运篇》中所描述的大同世界：“大道之行也，天下为公。选贤与能，讲信修睦。故人不独亲其亲，不独子其子，使老有所终，壮有所用，幼有所长，鳏寡孤独废疾者皆有所养。男有分，女有归。货恶其弃于地也，不必藏于己，力恶其不出于身也，不必为己。是故谋闭而不兴，盗窃乱贼而不作，故外户而不闭，是谓大同。”反之，对于血缘外的其他“个体”或“血缘共同体”往往是“敌”的关系，取而代之的往往是用“血族复仇”等敌对方式来解决和处理彼此之间的矛盾与冲突。由此可见，这种以性为基础、以血缘关系为纽带的“血缘共同体”的安全及其伦理观，具有“排他性”。这表明早期人类的安全及其伦理观具有明显的血缘性。

维护“个体”以及“族群”安全的主要方式——“血族复仇”，决定了早期人类安全及其伦理观明显的狭隘性。

作为脱胎于动物界的早期社会中的人类，无论是“个体”还是群体，都不可避免地具有同其他动物一样的自然本能性，即获取食物的本能、性本能和自我防卫本能等。一旦他们的利益受到威胁，即他们的利益与生存安全受到威胁，势必激起他们群体自卫的本能，并采取一系列的方式来消除这些方面的安全威胁，其中“血族复仇”是其中最为常见和最主要的

① 《马克思恩格斯选集》第4卷，人民出版社1995年版，第87页。

一种方式。

处于早期社会中的人类，由于生产力水平发展的限制，使得每一个“血缘共同体”的发展处于一种相对封闭的状态，不同的“血缘共同体”之间几乎也是处于一种相互隔绝的状态。这样，对于同一个“血缘共同体”内的成员或“个体”而言，他们之间的利益关系可以通过群体内的风俗习惯、规定，或通过议事机构如氏族会议、部落会议等方式协调和解决。这样，整个“血缘共同体”就能够正常运转，它的利益和安全也受到了应有的保障。然而，就某“血缘共同体”与其他“血缘共同体”之间的关系而言，由于缺少一个外在的凌驾于它们之上的权威力量或机构来协调和解决它们之间的矛盾与冲突，因而不同的“血缘共同体”之间一旦发生矛盾与冲突，往往会采取较为极端的“血族复仇”方式来解决。

“血族复仇”是早期人类社会中人们用以维护自身利益与安全的一种较为常见的行为方式和社会现象。其产生的根本原因在于共同的社会经济利益和血缘关系把每个成员个人命运与氏族紧紧联系在一起，因此氏族成员将互相援助，保护和“血族复仇”被视为天经地义的职责，一旦氏族成员遭受他人攻击，其他氏族成员立即会做出强烈的反应。① 这主要表现为当某“血缘共同体”的成员遭受“血缘共同体”外其他“血缘共同体”或成员侵害时，受害者所属的“血缘共同体”就把这种行为看作是对其整体性的侵犯和伤害，并对肇事者甚至其所属的“血缘共同体”进行群体性报复，进而达到维护其“血缘共同体”利益与安全的目的。在恩格斯看来，“同氏族人必须相互援助、保护，特别是在受到外族人伤害时，要帮助报仇。个人依靠氏族来保护自己的安全，而且也能到这一点；凡伤害个人的，便是伤害了整个氏族。……假使一个氏族成员被外族人杀害了，那么被害者的全氏族就有义务实行血族复仇。起初是试行调解；行凶者的氏族议事会开会，大抵用道歉与赠送厚礼的方式，向被害者的氏族议事会提议和平了结事件。如果提议被接受，事情就算解决了。否则，受害的氏族就指定一个或几个复仇者，他们的义务就是去追寻行凶者，把他杀死。如果这样做了，行凶者的氏族也没有诉怨的权利，事情就算了结了。”② 这种“血族复仇”方式在很大程度足以说明，早期人类社会中人

---

① 王斯德：《世界通史》，华东师范大学出版社2001年版，第12页。

② 《马克思恩格斯选集》第4卷，人民出版社1995年版，第85页。

们的安全及其伦理观是建立在以性为基础、以血缘为纽带的基础之上的。这反映了早期人类安全及其伦理观的血缘性与狭隘性。事实上，正是这种血缘性所导致的狭隘性，使得不管是“个体”还是群体，都变成了不可分割的整体。一旦这样的“血缘共同体”或其中的“个体”遭到外界安全方面的威胁，便会引起“血族复仇”。

综上所述，血缘性与狭隘性是早期人类安全及其伦理观的显著特性。“血缘共同体”内部“个体”或成员之间的平等、团结、互助，甚至是义务性的“血族复仇”。一方面基于外在恶劣生存环境的压力。“为了在发展过程中脱离动物状态，实现自然界中的最伟大的进步，还需要一种因素：以群的联合力量和集体行动来弥补个体自卫能力的不足。”[①] 另一方面基于他们间的以性为基础、以血缘关系为纽带的亲属关系。正如斯塔夫里阿诺斯所言的那样，“一个典型的部落成员，每年的工作时间比现代人要少，而且工作对他来说是件愉快的事。其根本原因就在于，他是以社会一员的资格，以丈夫、父亲、兄弟或村社成员身份进行劳动或从事生产活动。工作对他来说，不是为了谋生而必须忍受的一种不幸；相反，是亲属关系和村社关系的伴随物。一个人帮助他的兄弟干农活，不是为了对方也许会给他一篮甘薯，而是出于亲属关系”。[②] 质言之，这是基于血缘亲属关系的义务。

（三）“族群”安全及其伦理观的渐进性与有序性

渐进性与有序性是早期人类安全及其伦理观（“族群”安全及其伦理观）的另一个特性。发端并出现于早期人类社会发展进程中的各种纷繁复杂的社会现象，就其本质而言，都遵循人类社会发展的基本规律，并受其制约。早期人类社会发展进程中各种纷繁复杂的社会现象，是按照生产关系一定要适应生产力发展，受生产力发展状况制约，并由低级向高级发展，进而呈现出渐进性与有序性。故此，作为观念形态存在于早期人类社会中的“族群”安全及其伦理观，同样具有渐进性与有序性。

早期人类安全及其伦理观的产生、形成与发展的渐进性，是指人自成为人的那一刻起，便开始脱离纯粹生物意义上的自然属性，开始步人“人的依赖关系”这个人的发展“三阶段”中的第一个阶段。人的依赖关

① 《马克思恩格斯选集》第4卷，人民出版社1995年版，第30—31页。

② ［美］斯塔夫里阿诺斯：《全球通史——1500年以前的世界》，吴象婴、梁赤民译，上海社会科学院出版社1999年版，第96页。

系（起初是完全自然发生的）是最初的社会形态，在这种形态下，人的生产能力只是在狭隘范围内和孤立地点上发展着。[①] 因此，就初始步入这个阶段的早期人类而言，极其低下的生产力水平和险恶的自然环境，使得他们当中的任何“个体”都不可能凭借自身力量单独生存，他们只能以血缘关系为基础，通过相互团结与合作，依靠作为“族群”（家庭、氏族、部落以及部落联盟等）的力量，方能战胜危险并获得安全与发展。个人可能表现为伟大的人物。但是，在这里无论是个人还是社会，都不能想象会有自由而充分的发展，因为这样的发展是同（个人和社会之间的）原始关系相矛盾的。[②] 这使得早期社会中人们的社会与交往活动，仅限于狭小的范围之内，在单独的地域内孤立地进行。即人们的社会活动与交往，仅仅在由家庭、氏族、部落以及部落联盟等所组成的社会组织中在较小的区域内渐次展开。这在客观上促成了早期人类社会中“族群”安全及其伦理观形成的渐进性与有序性。也就是说，早期人类的安全及其伦理观是由维护“个体”和家庭成员之间的安全，渐次向维护氏族、部落以及部落联盟安全范围不断扩展的。

尽管处于“人的依赖关系”阶段的早期社会中的人们，很大程度还受制于外在的自然环境，“个体”也从属于原始的“血缘共同体”——“族群”并成为其附属物，但人的出现以及人之为人的关键在于，其能够不断地根据自身的需求，主观能动地作用于外在的环境，使之变成为我之物。“人的出现改变了生命的存在方式，由原来依赖环境的生存方式，变成依赖自身活动的生存方式，由原来生命属于环境的组成部分，转变为环境属于生命的存在部分。”[③] 这样，在早期人类社会人们正是通过发挥自己的主观能动性，积极主动改变和适应恶劣的外在生存环境，维护和促进自身的安全与发展。尽管这个过程十分艰难与漫长，但正是在这漫长的历程中，人们不仅创造了使自身得以生存与发展的物质财富，而且也在社会实践中，通过对自身以及自身与外在环境关系等的理解，逐渐而有序地形成其特有的安全与安全伦理观。

（四）“族群”安全及其伦理观的正义性与稳定性

正义（justice）具有丰富含义，在不同人看来也略有不同。柏拉图认

---

① 《马克思恩格斯全集》第46卷上，人民出版社1979年版，第104页。
② 同上书，第485页。
③ 高清海等：《人的“类生命”与“类哲学”》，吉林人民出版社1998年版，第221页。

为，正义处于社会有机体的和谐关系里，是人们按照自己的本性和所处的等级做应当做的事，在其所属的地位上履行自己的义务。正义是事物之间所保持的一种平衡、稳定的秩序或状态，人或社会只要保持这种状态或秩序，那就是正义的，也是道德上的善。亚里士多德认为，正义的重心是平等①，正义寓于某种平等之中，是相同的人应得到相同的待遇，也就是无歧视原则。

有关正义，美国思想家罗尔斯主要从平等和自由两个方面来阐述。“第一个原则：每个人对与其他人所拥有的最广泛的基本自由体系相容的类似自由体系都应有一种平等的权利。第二个原则：社会的和经济的不平等应这样安排，使它们被合理地期望适合于每一个人的利益；并且依系于地位和职务向所有人开放。”② 在阐述自由原则时，罗尔斯也意识到由此带来的不平等现象，但他认为只要这种不平等能够安排得有利于扩大每个人的自由，这种不平等就是合理的。而且，他也要求社会和经济的不平等必须与职位相连，而职位在公平机会均等条件下对所有的人开放。

可见，正义可以看作是统摄了诸如自由、民主、公正、合理等道德原则，是人们的思想、行为或者社会各种关系符合道德上的标准或要求，是对人与人、人与社会之间各种关系的道德评价准则。根据这一准则，社会中的各种权利与义务得到合理配置，进而促进社会生产力的发展。就个人之间关系而言，是指社会中的每个人都具有平等、合理的权利和义务，进而更好地实现自身的利益与安全；就社会与个人之间关系而言，主要表现为社会公平、合理地分配各种社会资源，进而促进社会发展以及人们利益的实现。

就早期人类社会的“族群”而言，它们的安全及其伦理观的表现，无论图腾还是禁忌，一旦形成，就具有原始社会所特有的正义性和相对稳定性。

这种特有的正义性主要体现在血缘“族群”中的每一个体，都能够享有平等的权利与义务。正如功利主义大师边沁所言：“自然把人类置于两位公主——快乐和痛苦的主宰之中。只有它们才指示我们应当干什么，

---

① 正义要求按照比例平等原则把这个世界上的事物公平地分配给社会成员，相等的东西给予相等的人，不相等的东西给予不相等的人。

② ［美］约翰·罗尔斯：《正义论》，何怀宏、何包钢、廖申白译，中国社会科学出版社1988年版，第60—61页。

决定我们将要干什么。是非标准，因果联系，俱由其定夺。凡我们所行、所言、所思，无不由其支配；我们所能做的力图挣脱被支配地位的每项努力，都只会昭示和肯定这一点。一个人在口头上可以声称绝不受其主宰，但实际上他将照旧每时每刻对其俯首称臣。功利原理承认这一被支配地位，把它当作旨在依靠理性和法律之手造福欢乐大厦的制度的基础。”①显然，早期人类社会中“族群”安全及其伦理观的正义性，受当时落后的生产力水平、社会关系以及低下的思维能力等限制，不可能具有普遍性。“族群”安全及其伦理观中所体现的正义性，显然以此为基础，并受其利益（快乐和痛苦）所支配。

实质上，在早期人类社会中，人与人以及人与社会之间的关系还处于较为原始状态，或者就其所处发展阶段而言，正处在马克思所言的“人的依赖关系”阶段。早期人类在谋求自身的生存与发展并同险恶的自然界作斗争的过程中，受自身的智力水平，以及改造自然征服自然能力水平的限制，他们只能依靠“族群”的力量方能生存与发展。这样，他们的社会活动和实践范围，只能限于狭小范围的氏族、部落以及部落联盟之内。这就使得早期人类社会中的社会关系相对贫乏，个体对“族群”形成高度的依赖性，或者说个体就是“族群”的附属物。这种极其低下的生产力与智力发展水平，使得如何维持自身的生存，成为早期人类社会中最为根本性的需要。质言之，生存与生命安全的利益需求是早期人类社会中最为重要的需求，也是其最大的正义。在当时社会条件下，只有依靠血缘成员全体间的这种平等、互助、合作、公平，方能维持彼此间的生存与发展，才能实现他们的正义，这也是他们最根本的利益所在。

正是早期人类社会生产力、生产关系的缓慢发展，再加上人的智力发展水平和交往范围等的限制，使得早期人类的安全及其伦理观，无论从内容还是形式上的变化极其缓慢而具有相对稳定性。在人类学家弗朗兹·博厄斯看来，人类的历史证明，一个社会集团，其文化进步往往取决于它是否有机会吸取邻近社会集团的经验。一个社会集团所获得的种种发现可以传给其他社会集团；彼此之间的交流越多样化，相互学习的机会就越

---

① ［英］杰里米·边沁：《道德与立法原理导论》，时殷弘译，商务印书馆2000年版，第57页。

多。大体上，文化最原始的部落也就是那些长期与世隔绝的部落，因而，它们不能从邻近部落所取得的文化成就中获得好处。① 早期人类社会各个“族群”间几乎处于相互隔绝的状态，实质上已经阻碍了他们之间相互学习与进步。因而，他们的安全及其伦理观一旦形成就具有相对的稳定性。

由此可见，早期人类安全及其伦理观的正义性与相对稳定性，受制于其所处社会生产力与生产关系的发展水平以及早期人类的智力发展水平，它的内容和形式在相当长时期内会维持原初状态不变。

三 小结

早期人类社会的“族群”安全及其伦理观，实质是前国家时期人类安全及其伦理观的最早体现。它的产生、形成及其特性为我们正确理解和把握国家产生后人类安全观的演变及其伦理建构奠定了坚实基础。

首先，就人类安全及其伦理观产生的根源性而言，早期人类社会中的“族群”安全及其伦理观的产生，始于人们对自身生存与安全的需求与考量。这种对自身生存安全的需求与考量往往不是以“个体”的意识表现出来，而是以“族群”的整体意识表现出来。毕竟，此时完全独立的个体意识尚未得以最终形成。实质上，正是这种对维护自身生存与安全的本能性“原动力”的需求与考量，催生并推动了人类安全及其伦理观的发展。不管在前国家时期还是其后，这种“原动力”都起着根本性的作用。因此，维护人的生存与安全，无疑是其他一切风俗、道德、规章、法律制度等存在与发展的最根本的出发点与归属。无论是我们今天所建立的用以维护人类生存与安全秩序的各种制度、法律和法规，还是我们所倡导的人权等其他方面的权利，确保人类自身生存与生命安全无疑是其根本权利和底线伦理。因而，任何非法剥夺人的生存权利与生命安全的行为，理所当然被看作危害人类社会生存与发展的最为严重与恶劣的行为，理应受到最严厉的谴责与惩罚。

① F. 博厄斯：《种族的纯洁》，载《亚洲》第40期（1940年5月）第23页；转引自[美]斯塔夫里阿诺斯《全球通史——1500年以前的世界》，吴象婴、梁赤民译，上海社会科学院出版社1999年版，第57页。

其次，人类安全问题的产生，一方面来自外在客观险恶的自然环境，另一方面则源于行为主体之间利益互动的最终结果。外在险恶的自然环境较之正处于幼年时期的人类而言，当然是一种十分可怕的安全威胁，而且这种可怕的安全威胁将伴随着人类的始终。就算是在科学技术比较发达的今天，人类在一些险恶的自然灾害面前，有时依然显得十分脆弱与无助。此外，早期人类群体为了谋求生存与安全，就必须同其他人类群体进行交往、互动、协调，并通过资源共享、相互学习等方式，以增强彼此间的生存能力和提升抵御安全风险的能力。然而，也正因如此，同样也会引起彼此间对生存资源的争夺与战争，进而不断引发新的安全危机。"存续至现代世界的定居部落诸体系最具悖论性的特征之一在于，这些共同体之间，战争持续不断和反复发生，然而，这些共同体又在社会和经济上完全紧密地联系在一起。"[①] 可见，人类"安全困境"在前国家时期就早已出现，而且一直延续至今，甚至是遥远的未来。如何学会和做到在交往与互动的过程当中促进相互间的安全，增进彼此利益与友谊，避免彼此间的战争与伤害，一直是人类所必须关注和亟待解决的焦点与难点。

再次，在早期人类社会中，维护血缘"族群"的生命安全是早期人类安全（"族群"安全）的最高伦理诉求。婚姻与血缘是早期人类社会的根本特性，维护婚姻与血缘"族群"内各个成员的安全，不仅是"族群"安全观的应有之义，而且也是其道德上的必然选择。毕竟，生活于"族群"中的各个"个体"之间原始共产主义式的团结、平等、友爱、互助等关系的维系，在当时极端恶劣生存环境下，能够更加有效地维护早期人类的生存与安全，这也是当时社会条件下人们维护自身利益与安全的"唯一"选择。

最后，早期人类安全及其伦理观的产生、形成与发展，促进了各种社会单元的形成、组合与发展，也催生了各种人际间的交往与"外交"关系，为国家的产生以及国家间的相互交往奠定了必要基础。早期人类面临的各种生存与安全方面的威胁，以及在保存自身生存与安全方面的实践经验告诉我们，只有"抱团"组合成为比孤立"个体"更强大的"社会单元"，才能更加有效抵御险恶生存环境的威胁，进而达到维护自身利益与

---

① ［英］巴里·布赞、理查德·利特尔：《世界历史中的国际体系——国家关系研究的再构建》，刘德斌译，高等教育出版社2004年版，第129页。

安全的目的；同样，也只有通过“社会单元”与“社会单元”之间的交往（“外交”）与合作，形成比较稳固的“安全共同体”，相互学习与共同进步，才能增强抵御安全风险的能力，及时化解“社会单元”之间威胁各自生存安全等方面的矛盾，促进各个“社会单元”之间的安全、生存与发展。

第三章　传统安全及其伦理观

人类社会在经历了漫长的原始社会后开始步入阶级社会，阶级社会的出现以及国家的产生标志着人类文明又向前迈进一大步。它使得人类的安全及其伦理观也由前国家时期的“族群”安全及其伦理观阶段向传统安全及其伦理观阶段推进。这个推进对人类社会发展意义十分深远，是我们更好地了解人类步入阶级社会后几千年以来沧海桑田变迁的诸多社会要素中的关键。故此，对传统安全及其伦理观的形成、发展及其规律性的把握，将有助于我们寻求和构建一个更好地适合人类生存与发展、维护人类自身安全的社会与自然生态环境，进而更加有效地实现人类社会的“优态共存”。

一　传统安全及其伦理观的形成与发展

传统安全及其伦理观有别于前国家时期的“族群”安全及其伦理观。前国家时期的“族群”安全及其伦理观是建立在血缘关系基础之上，受制于极为落后的生产力水平，并以维护血亲关系成员安全为目的和伦理价值取向的相对狭隘的安全和安全伦理观。传统安全及其伦理观是建立在阶级关系的基础之上，以维护国家的安全为主要目标，以实现国家政治安全与军事安全为主要内容和伦理价值取向的安全和安全伦理观。与“族群”安全及其伦理观相比，传统安全及其伦理观无论内容还是形式都被赋予了崭新内涵。传统安全及其伦理观的产生，是建立在阶级的产生，以及国家的出现为条件的基础之上，因而，要了解传统安全及其伦理观的形成与发展，有必要对国家的产生与发展作必要阐述。

（一）国家的产生与传统安全及其伦理观的形成

在马克思主义看来，国家不是从来就有的，也不会永久地存在下去，国家产生于社会生产力发展的特定阶段，会随着人类社会生产力的高度发展而消失。但是，国家的产生，同时也就意味着传统安全及其伦理观的形成并得以逐步发展。

原始社会末期，随着社会生产力的发展以及社会分工的出现，原始社会那种天然的血缘关系以及财产公有制关系逐渐被打破，取而代之的是一个“由于自己的全部经济生活条件而必然分裂为自由民和奴隶，进行剥削的富人和被剥削的穷人”的社会，“一个这样的社会，只能或者存在于这些阶级相互间连续不断的公开斗争中，或者存在于第三种力量的统治下，这第三种力量似乎站在相互斗争着的各阶级之上，压制它们的公开的冲突，顶多容许阶级斗争在经济领域内以所谓合法形式决出结果来。”①这“第三种力量”便是国家。“国家决不是从外部强加于社会的一种力量。国家也不像黑格尔所断言的是‘伦理观念的现实’，‘理性的形象和现实’。……国家是承认：这个社会陷入了不可解决的自我矛盾，分裂为不可调和的对立面而又无力摆脱这些对立面。而为了使这些对立面，这些经济利益互相冲突的阶级，不致在无谓的斗争中把自己和社会消灭，就需要有一种表面上凌驾于社会之上的力量，这种力量应当缓和冲突，把冲突保持在‘秩序’的范围以内；这种从社会中产生但又自居于社会之上并且日益同社会相异化的力量，就是国家。”②

实质上，国家产生的目的是适应和满足社会生产力发展要求和维护人类自身的安全需要，确保人类的生存与发展。在原始社会末期，原始血缘社会因生产力发展、社会分工以及贫富差距拉大等而发生大分裂。原有以血缘关系为纽带所筑构的“族群”安全防御体系已无法有效维护其成员安全。毕竟，随着社会分工以及生产资料私有制的出现，产品的生产、分配和交换日益成为一种常规性的社会性活动。这在客观上需要形成维护人类自身安全，以及确保这些社会性活动正常进行的各种规章、法律法规制度。与此同时，也需要确保这些规章、法律法规制度有效执行的公共权力

① 《马克思恩格斯选集》第4卷，人民出版社1995年版，第169页。
② 同上书，第170页。

机构。而作为“公共利益”代表的国家[1]无疑成为当之无愧的、能够胜任和履行此项职责的合法机构。“在社会发展某个很早的阶段，产生了这样一种需要：把每天重复着的产品生产、分配和交换用一个共同规则约束起来，借以使个人服从生产和交换的共同条件。这个规则首先表现为习惯，不久便成了法律。随着法律的产生，就必然产生出以维护法律为职责的机关——公共权力，即国家。”[2] 显然，国家的出现是基于人类自身利益的需要，尤其是基于维护人类自身安全的生存利益需要。从本质上讲，国家“照例是最强大、在经济上占统治地位的阶级的国家”，统治者与被统治者在国家中的地位显然不同，但是，国家的形成确实做到了确保统治者与被统治者关系维持在一定“秩序”之内，进而达到更好维护他们各自利益与安全的目的。

国家的产生意味着生活于其中的成员间各自安全的维护，不可能建立在血缘关系基础之上。因为国家是“按地区来划分它的国民”。[3] 由于经济以及社会等交往的需要使得“人们已经是流动的了……并允许公民在他们居住的地方实现他们的公共权利和义务，不管他们属于哪一氏族或哪一部落”。[4] 正是人们的“流动”，打破了由血缘关系形成和联结起来的氏族公社对其成员的束缚，使原有的旨在通过血缘关系维护各个成员安全的“族群”（氏族、部落以及部落联盟）成为不可能，取而代之的是更加复杂和强有力的国家。因此，从国家产生初衷看，国家的产生是为了更好地确保其所辖区内社会成员的安全处于特定的“秩序”之内。就统治者而言，国家完全成为他们维护自身安全、对被统治阶级进行有效统治和控制的工具。与此同时，国家也是统治者内部成员间安全的保护者与利益的协调者，它确保统治者内部各成员间的利益和安全得以实现。但就被统治者来说，国家当然主要是统治者压迫和剥削他们的工具和强加在他们身上的

---

① 国家实质上是一个“虚假的共同体”或“冒充的共同体”。恩格斯指出，文明时代的基础是一个阶级对另一个阶级的剥削，但文明时代越是向前进展，它就越是不得不给它所必然产生的坏事披上爱的外衣，不得不粉饰它们，或者否认它们……剥削阶级对被压迫阶级进行剥削，完全是为被剥削阶级本身的利益；如果被剥削阶级不懂得这一点，甚至想造反，那就是对行善的人即对剥削者的一种最卑劣的忘恩负义行为。参见《马克思恩格斯选集》第4卷，人民出版社1995年版，第178页。

② 《马克思恩格斯选集》第3卷，人民出版社1995年版，第211页。

③ 《马克思恩格斯选集》第4卷，人民出版社1995年版，第170页。

④ 同上书，第171页。

枷锁。另外，国家的存在又会在最低限度上维护被统治者的利益与安全，使它们不至于在相互间的冲突，或被统治者过度的压迫与剥削的过程当中无法生存。

实质上，国家的产生是一个漫长而复杂的过程。国家是社会生产力发展的必然结果，并随着社会生产力的发展而不断演进。恩格斯在《家庭、私有制和国家的起源》中将国家的产生概括为三种主要形式——雅典、罗马和德意志形式。“雅典是最纯粹、最典型的形式：在这里，国家是直接地和主要地从氏族社会本身内部发展起来的阶级对立中产生的。在罗马，氏族社会变成了封闭的贵族制，它的四周则是人数众多的、站在这一贵族制度之外的、没有权利只有义务的平民；平民的胜利炸毁了旧的血族制度，并在它的废墟上面建立了国家，而氏族贵族和平民不久便完全融化在国家中了。最后，在战胜了罗马帝国的德意志人中间，国家是直接从征服广大外国领土中产生的，氏族制度不能提供任何手段来统治这样广阔的领土。”① 国家不管是以何种方式产生，都是出于维护由社会生产力发展引发的社会成员安全危机的需要。也就是说，国家要充当前国家时期“族群”所履行的维护其成员安全的角色。因此，国家的产生与形成，最初并不是出于为了维护国家自身安全的需要，更不是为了政治上或军事上的安全需要，而是出于维护生活于其中的人的利益与安全的需要。然而，国家一旦产生，尤其众多国家的产生，客观上又势必会引发人们对国家安全问题的关注，最终导致以国家安全为中心，以军事、政治安全为主要内容的传统安全及其伦理观的产生。

虽然国家产生的初衷并不是出于国家自身的安全需要，但是国家一旦产生，维护国家自身的安全问题，显然会日益成为所有安全问题的重点和主要内容。以维护国家安全、政治安全和军事安全为重点与主要内容传统安全及其伦理观亦会由此而生。促成这种转变的原因主要有三个方面。

第一，国家产生与形成的主要标志在于统治者建立了政权并能够在其所辖的疆域内实行有效统治与管理。这种有效管理主要表现为统治者及其建立的政权要具有合法性与合理性，即要获得国家疆域内绝大多数社会成员对国家本身的认同，不管这种认同是积极的还是消极的。统治者要做到

---

① 《马克思恩格斯选集》第 4 卷，人民出版社 1995 年版，第 169—170 页。

对国家进行有效统治与管理，意味着国家辖区内的社会成员已经将自身的利益与国家的利益融合在一起，将自身的安全与国家的安全维系在一起。要达到此目的，统治者所建立的政权或国家，必须树立起其权威性。这种权威性主要表现为：对外能够有效抵御外敌对其利益与安全的威胁；对内能够有力地协调各个社会成员的利益并维护他们的安全。国家只有真正担负起维护其疆域内社会成员利益与安全的使命，才能让社会成员真正体会到作为国家一员的归属感与安全感。

第二，国家及其领土经常遭受外敌入侵，或国家及其社会成员经常面临着其他国家安全层面的压力与威胁。这种外在的安全压力与威胁，使得国家内社会成员深感要更好地维护自身的利益与安全，单凭个体的力量显然无法做到，必须形成一股合力，须以国家的名义并借助国家的力量方能实现。也就是说，当社会成员的利益与安全和国家的利益与安全具有一致性，或社会成员利益与安全的维护需要建立在国家的利益与安全的维护上时，国家由维护社会成员的利益与安全向维护自身利益与安全的转变就会变成现实。

第三，统治者“实行习惯性的伪善”，以公共利益代表者自居，将本阶级利益等同于社会或国家的利益，将维护本阶级的安全等同于维护国家的安全。“凡是对统治阶级是好的，对整个社会也应该是好的，因为统治阶级把自己与整个社会等同起来了。所以文明时代越是向前进展，它就越是不得不给它所必然产生的坏事披上爱的外衣，不得不粉饰它们，或者否认它们，——一句话，是实行习惯性的伪善，这种伪善，无论在较早的社会形式下还是在文明时代初期阶段都是没有的，并且最后在下述说法中达到了极点：剥削阶级对被压迫阶级进行剥削，完全是为了被剥削阶级的利益；如果被剥削阶级不懂得这一点，甚至想要造反，那就是对行善的人即对剥削者的一种最卑劣的忘恩负义行为。”① “由于国家是从控制阶级对立的需要中产生的，由于它同时又是在这些阶级的冲突中产生的，所以，它照例是最强大的、在经济上占统治地位的阶级的国家，这个阶级借助于国家而在政治上也成为占统治地位的阶级，因而获得了镇压和剥削被压迫阶级的新手段。”② 因而，统治者一旦以国家和社会利益的代表者自居，便

---

① 《马克思恩格斯选集》第4卷，人民出版社1995年版，第178页。

② 同上书，第172页。

会动用其拥有的强大的政治、经济、文化资源去提升国家的权威性，并通过维护国家利益与安全方式，维护和实现自身利益与安全。

可见，国家的产生，以及由此形成的以维护国家安全、政治安全和军事安全为核心的传统安全及其伦理观的产生与形成，有其历史必然性。这是国家内部各利益主体在维护自身安全与利益博弈过程中导致的必然结果。当以国家安全、政治安全和军事安全为核心和主要内容的安全问题成为人们关注的焦点，成为人们伦理价值追求的目标时，早期人类社会中真正以维护"族群"每一成员安全的"族群"安全及其伦理观，便被一种以维护国家领域内"全体成员"的安全自居，但实质主要是以维护统治阶级利益与安全为中心的传统安全及其伦理观所取代。这样，以维护血缘"族群"安全为核心和道德上至善的"族群"安全及其伦理观，便发展成为以维护国家的政治安全、军事安全为重点和道德上至善的传统安全及其伦理观。传统安全及其伦理观的形成，很大程度标志着国家间、国家内部成员间的利益与安全，达到了一种相对均衡与稳定的状态。

（二）西方国家（观）及其安全理论的形成与发展

人类安全及其伦理观显然是随着人类诞生而逐渐形成，人类社会中有关传统安全及其伦理观的产生，则始于人类步入国家之后。从国家产生开始，各个时代的思想家和政治家就开始对有关国家（观）及其安全的问题进行研究与探讨，提出了各种理论观点甚至创建了不同的理论体系。这些已经成为人类政治遗产中不可多得的宝贵财富，也是我们进一步了解传统安全及其伦理观的形成、发展及其建构不可缺少的思想宝库。西方国家（观）及其安全理论的形成与发展，经历了由古希腊城邦形态向具有现代意义主权国家形态转变的漫长历程。因此，探寻西方国家（观）及其安全理论的形成与发展，同样也需从城邦到主权国家的发展轨迹着手。

1. 古希腊城邦及其安全理论

真正具有现代意义的国家（主权、领土和民族的国家）的产生实质始于《威斯特伐利亚和约》的缔结。"《威斯特伐利亚和约》正是通过对国家对外主权的确认奠定了现代领土国家的法律基础。……根据和约承认的对外主权原则，现代国际关系的一系列法律规范得到了公认和强化。在国家的政治交往过程中，领土国家在法律上是平等的，君主在明确规定的地理界限内行使其统治（即'对内主权'），一国居民只忠于本国主权者，不向其他的或更高的权威效忠。”① 显然，古希腊的城邦尚未达到现代意义上国家的标准，但作为现代西方国家产生的雏形——城邦，无疑是了解国家（观）及其安全理论的起始点。

有关城邦的产生，柏拉图主要是从人的生存本能需要出发来阐述。柏拉图认为，人们为了满足自身利益与安全等需要，必须借助社会分工方式组成城邦。城邦就是人们通过分工合作来满足自身利益与安全等需要的共同体。在柏拉图看来，之所以要建立一个城邦，是因为每一个人不能单靠自己达到自足，我们需要许多东西；因此我们每个人为了满足各种需要，招来各种各样的人，由于需要许多东西，邀集许多人住在一起，作为伙伴和助手，这个公共住宅区，我们叫它城邦。② 可见，有关城邦产生的论证，柏拉图坚持从人的本能需要出发，通过“社会分工”的方式来实现。城邦的产生实质上就是为了满足人的需要尤其是生存安全的需要。

亚里士多德有关城邦产生的阐述与柏拉图有所不同，其遵循的是“自然目的论”原则。在亚里士多德看来，“自然首要的和根本的意义是，在作为自身之内具有运动本原的事物的实体，质料由于能够接受这种东西而被称为自然，生成和生长由于其运动源出于它而被称为自然。它是自然存在物的本原，或潜在地或现实地存在于事物之中。”③ “所谓自然，就是一种由于自身而不是由于偶然地存在于事物之中的运动和静止的最初本原和原因。”④ “自然就是目的和所为的东西。”⑤ 从亚里士多德对自然的定义可以看出，其所谓自然，是质料，是形状和形态，是生成，是目的和所为的东西。自然是有生命之物的生成，是具有独立存在主格的实体，是有自己就是自己存在的目的的东西。显然是经验上具体可感的实体或形态，它们都有自己存在的目的。同样，亚里士多德认为，人不可能是无所作为地活着，人作为自然存在物，其目的就是要过一种完全自足的城邦生活。“人天生是一种政治动物，在本性上而非偶然地脱离城邦的人，他要么是

① ［挪］托布约尔·克努成：《国际关系史导论》，余万里、何宗强译，天津人民出版社2004年版，第93页。

② ［古希腊］柏拉图：《理想国》，郭斌和、张竹明译，商务印书馆1986年版，第58页。

③ ［古希腊］亚里士多德：《亚里士多德选集》（政治学卷），颜一、秦典华译，中国人民大学出版社1999年版，第1015a14—15页。

④ 同上书，第192b21—23页。

⑤ 同上书，第194a28页。

一位超人，要么是一个恶人。”[①] 要实现这个目标，人必须通过两性结合组建成家庭，由家庭组成村落，再由村落组成城邦，人只有在城邦中才能过上完全自足至善的生活。这符合人的自然本性。城邦就是由多个村落为优良的生活而结成自足的共同体，城邦的形成也是自然而然的。“当多个村落为了满足生活需要，以及为了生活得美好结合成一个完全的共同体，大到足以满足或近于自足时，城邦就产生了。如果早期的共同体形式是自然的，那么城邦也是自然的。因为这就是它们的目的，事物的本性就是目的。”[②] 也就是说，城邦的产生是出于其自身的本性要求，是自然而然的产物。显然，亚里士多德与柏拉图在对城邦产生原因上的论述，实质是殊途同归，都是源自人类自身利益与安全的需要，只不过柏拉图把它看作是人的本能需要，而亚里士多德则把它看作是人存在的自然目的性使然。

柏拉图认为，城邦的存在不仅在于满足各个等级人的生存与安全需要，而且还是确保各个等级人过上有德性和正义生活的必要条件。柏拉图认为，所谓的正义并不是指“欠债还债”、“把善给予友人，把恶给予敌人”，或者“正义就是强者的利益”，而是指人的灵魂中的三部分（理智、激情、欲望）协调一致，以及城邦中的三个等级（统治者、护卫者、生产者）人们各尽义务、各司其职和各守其位。“正义就是只做自己的事而不兼做别人的事。”[③] 正义是一种满足人的多种需要、使人过上幸福生活的理想状态。这种正义或幸福的理想状态实质上体现了社会分工与国家产生条件下人类安全与利益需求的满足。这种满足是城邦中三个等级和人的灵魂中的三部分，各安其位、各司其职的必然结果。可见，城邦及其内部各成员利益与安全的实现，需要城邦内各个阶层成员各司其职、各尽其责。或者说，对城邦生活的合理参与是其内部各成员的权利与义务。城邦内各成员只有履行应有权利与义务，方能捍卫自身及其城邦的利益与安全。

亚里士多德认为，城邦是确保人们过上安全、自足和至善生活的根本条件。城邦就是一种各社会成员一起共同生活的社会共同体。个体、家庭、村落等只不过是城邦的有机组成部分，城邦内各成员的利益与安全

---

① ［古希腊］亚里士多德：《亚里士多德选集》（政治学卷），颜一、秦典华译，中国人民大学出版社 1999 年版，第 1253a6 页。

② 同上书，第 1252b28—31 页。

③ ［古希腊］柏拉图：《理想国》，郭斌和、张竹明译，商务印书馆 1986 年版，第 58 页。

等均融于城邦之中，他们的安全、事业、爱好和幸福等都需通过城邦得以实现。城邦的存在就其本性而言就是一种最高的善，其根本性目的在于确保人类社会集体善行的发挥和实施。因此，在亚里士多德看来，城邦不仅仅是其成员维护自身利益与安全的手段，而且其本身就是目的和最高的善。

不管柏拉图还是亚里士多德，他们都主张人类要过上有城邦的生活，这种主张与他们所处的社会生活环境密切相关。柏拉图和亚里士多德生活在一个奴隶社会逐渐走向衰败并伴随着无数战乱、政治冲突与动荡不安时期。因而，如何更好维护自身利益与安全和挽救岌岌可危的奴隶制，成为他们关注的焦点。作为奴隶主阶级的代表性人物，他们理所当然要站在统治者立场上为维护奴隶主阶级的利益与安全作辩护。不管柏拉图还是亚里士多德，他们都极力主张人类要生活于城邦之中，或者说，只有处于城邦中，人的生活才是有真正意义上有德性的生活，才符合正义性原则和道德上的至善。

由此可见，不管柏拉图还是亚里士多德，虽说他们在城邦推行或主张的何为最佳政体形态的主张上有所差别，但他们主张实行不同政体的目的都在于更好维护和实现政体的稳定与体现城邦的本质，实质都是把维护城邦利益与安全放于首位。他们深刻体会到城邦的安危直接关系到包括其自身在内的整个奴隶主阶级的安危。因此，他们不仅把维护和实现好城邦的利益与安全当作一项最为重要的政治任务，而且还认为这是伦理道德上最高的善。显然，古希腊城邦及其安全理论，已经超越了原始社会时期的以维护血缘关系内所有个体成员利益与安全的“族群”安全及其伦理观，成员更好地维护统治阶级（奴隶主阶级）利益与安全的重要理论武器。实质上，古希腊城邦之所以能够长期存在的根本原因，在于其强调并推行国家的利益与安全要高于个体利益与安全的主张。“对个人来说，国家状况良好比起个人利益虽得满足，整个国家却江河日下要理想得多。个人生活无论如何优裕，一旦国家被毁，仍无法逃脱共同毁灭的命运；然而，只要国家是安定的，个人即使遭遇不幸，也总有机会摆脱出来。”① 这既反映了当时社会的客观状况，也表明了国家产生的必要性

① Thucydides, History of the Peloponnesian War, p. 158, Penguin Group, 1972。转引自毕会成《试析希腊城邦长期存在的原因》，《天津师大学报》1999年第6期。

与必然性。

2. 神权统治下的国家（观）及其安全理论[①]

神权统治下的国家（观）及其安全理论主要出现在公元5世纪末到公元14世纪中期的欧洲封建社会时期，其主要观点在托马斯·阿奎那（Thomas Aquinas，1225－1274）的神权国家观中体现。

托马斯·阿奎那糅合了亚里士多德、斯多葛派、新柏拉图主义，以及教父学派特别是奥古斯丁学说，创立了自己的神权国家（观）。他吸收了亚里士多德的政治理论，力图调和信仰与理性之间的关系。他承认人是有理性的动物，承认世俗国家存在的合理性与合法性。他认为人的理性告诉人们要合群共处，在国家里生活。"当我们考虑到人生的一切必不可少的事项时，我们就显然看出，人天然是个社会的和政治的动物，注定比其他一切动物要过更多的合群生活。"[②] 阿奎那认为，国家的产生是一种自然而然的事情，人自然是要过有国家的生活，在这点上他似乎与亚里士多德的观点接近。故此，世俗国家中封建统治者的政治统治是必需的。"所罗门告诉我们：'无长官，民就败落'。这个论断是合理的；因为私人利益和公共幸福并不是同一回事。我们的私人利益各有不同，把社会团结在一起的是公共幸福。"[③] 阿奎那肯定国家的产生以及封建统治者政治统治的自然性与合理性，并强调"长官"（封建统治者及其所建立起来的国家）是确保公共幸福和公共利益得以实现的重要保障。公共利益实质上包含着三个方面的内容，即由祭司负责促进和实现的精神属性的公共利益，由治理社会的统治者负责促进和实现的涉及公共秩序、社会安宁、物质福利等方面的公共利益以及由军人负责促进和实现的国家安全方面的公共利益。[④] 显然，阿奎那肯定国家产生的目的是更好维护公众利益与安全。同时，他又认为世俗生活的最终目的是要达到一种完美的境界，但这单靠人类自身的德性无法做到。因而，必须得借助上帝的力量。也就是说，他一方面承认世俗国家生活存在的必要性与合理性，认为世俗国家存在的目的

---

① 有关托马斯·阿奎那的神权观国家观的部分论述，参见林国治《政治权力的伦理透视》，兰州大学出版社2010年版，第35—36页。

② ［意］托马斯·阿奎那：《阿奎那政治著作选》，马清槐译，商务印书馆1991年版，第44页。

③ 同上书，第45页。

④ 同上书，第117页。

在于维护和实现公共的利益与安全；另一方面他又认为，世俗国家所能达到的仅仅是物质层面上的目的，精神层面上的目的不能通过国家来实现，只能依靠神权或上帝。这样，在王权与神权之间，阿奎那最终还是倾向于维持神权的至高无上的地位，强调脱离神权的世俗国家将无法从完整意义上维护和实现公共的利益与安全。世俗民众的利益与安全最终须依靠教会和上帝的观照方可实现。“宗教权力和世俗权力都是从神权中得来的；因此世俗权力要受宗教权力的支配”,①“教皇的权力在世俗问题和宗教问题上都是至高无上的”。②

实质上，无论是阿奎那还是中世纪其他神学家的学说，在涉及人类安全、世俗权力与神权关系上，都殊途同归。他们在强调上帝的至高无上、无所不能的同时，亦重视世俗的作用，强调世俗国家存在的目的是实现公共利益和维护公共安全，从物质层面上确保公众的利益与安全目标的实现，而神权则是从更高层面上确保人类的安全和道德上的至善。故此，欧洲中世纪神学国家（观）及其安全理论具有“双重”性，即神学性与世俗性。

3. 人理性主导下的国家（观）及其安全理论

人理性主导下的国家（观）及其安全理论贯穿于资本主义形成与发展的整个过程。它们主张“用人的眼光”、用人的理性去观察和研究国家及其安全问题。与此同时，也出现了一系列具有代表性的思想家，诸如尼科洛·马基雅维利（Nicollo Machiavelli，1469－1527）、托马斯·霍布斯（Thomas Hobbes，1588－1679）、约翰·洛克（John Locke，1632－1704）、伊曼努尔·康德（Immanuel Kant，1724－1804）、格奥尔格·威廉·弗里德里希·黑格尔（Georg Wilhelm Friedrich Hegel，1770－1831）、杰里米·边沁（Jeremy Bentham，1748－1832）和罗伯特·诺齐克（Robert Nozick，1936－2002）等，他们对国家及其安全问题都进行有力论证。其中，笔者对尼科洛·马基雅维利、托马斯·霍布斯、约翰·洛克、格奥尔格·威廉·弗里德里希·黑格尔、杰里米·边沁和罗伯特·诺齐克等的国家（观）和安全思想只作简要阐述，而重点论述康德的国家（观）及其安全思想。

① ［意］托马斯·阿奎那：《阿奎那政治著作选》，马清槐译，商务印书馆 1991 年版，第 152 页。

② 同上书，第 153 页。

尼科洛·马基雅维利主张从历史和现实的视角去探究国家及其安全问题。马基雅维利认为，国家存在的目的是保护人的利益与安全。在他看来，人的贪欲是永无止境的，人的一生就是不断地追求和满足自己欲望的一生，直到生命结束为止。“人们心目中的贪欲如此顽强，无论他的地位升到多么高也摆脱不了；自然把人造成想得到一切又无法得到；这样，欲望总是大于获得的能力，于是他们对已获得的总觉得不够多，结果是对自己不满……因为有些人想要更多一些，而另外一些人则害怕失去他们现有的东西，随之便是敌对和战争。”[①] 人的贪欲是如此之强，可以为了自身的贪欲而损害他人利益甚至是生命。为了避免在无休止的争夺中相互毁灭，确保各自的利益与安全，人们不得不结合在一起，组成一个共同体(国家)，颁布法律以约束这种毁灭性的争斗。国家的产生在于人自我保存的本能性需要，国家存在的目的在于维护特定的社会秩序，保障个人的生命以及其财产的安全。

马基雅维利不再像以往思想家们那样把道德或上帝作为国家产生的基础和国家所追求的最终目标，而是认为国家存在的基础与目的在于确保人的生命与财产安全。在马基雅维利看来，国家的产生是基于人性之自私与贪欲。为了抑制人性的恶和确保人的生命与财产安全，国家便因此而生，国家存在的目的在于确保人的生命与财产安全。不仅如此，马基雅维利还特别强调国家在保护人的生命与财产安全中的至高性与至善性。他强调统治者的职责是通过各种方式维护国家的安全，并借助国家来确保人的生命与财产安全。为达到此目的，统治者在必要时可以将道德置之度外，甚至可以不择手段。当然，这种生命与财产安全更多的只能是统治阶级的生命与财产安全。

与马基雅维利类似，托马斯·霍布斯认为，国家的产生在于人性之恶的根源性以及维护人的利益与安全的目的性。霍布斯认为人性皆恶，人总是趋向自我保存和享受欢乐，而且人的欲望总是无法穷尽的，人总是“得其一，思其二，死而后已，永无休止的权势欲”。[②] 这势必会使人们陷入互相为敌的战争状态和总是处于暴力和死亡的威胁与恐惧之中。在霍布

---

① ［意］尼科洛·马基雅维利：《论图提斯·李维的前十卷》，转引自《西方法律思想史资料选编》，北京大学出版社1982年版，第119页。

② ［英］托马斯·霍布斯：《利维坦》，黎思复、黎延弼译，商务印书馆1985年版，第72页。

斯看来，国家是使人们摆脱“霍布斯丛林”状态，走出“霍布斯恐惧困境”的必然选择。国家是“一大群人互相订立信约、每人都对它的行为授权，以便使它能按其认为有利于大家的和平与共同防卫的方式运用全体的力量和手段的一个人格”。[①] 国家是一种必要的“恶”，它剥夺了人们在自然状态下的平等与自由，所给予的是在君主和国家权力限制下的“平等”与“自由”，但人们可以在国家中感受到实实在在的人身与财产安全。[②]

霍布斯的国家（观）及其安全理论是建立在人性皆“恶”，人与人之间的“狼与狼的关系”基础之上。国家存在的目的就是维护国家体系内各成员的利益与安全。当然，霍布斯一再强调君主在行使国家权力上的不可置疑性。这表明国家的利益与安全就是统治阶级的利益与安全。国家在维护和实现国家的利益与安全时，可以不择手段，就算它会对其他人的利益与安全造成伤害，这种行为依然“合法”，依然符合道德上的“善”。

约翰·洛克主要是从人性论和自然状态说出发来阐述其国家（观）和安全理论。洛克认为，国家存在的目的在于保护人民的自由、生命和财产安全，若国家及统治者的统治权发生腐化蜕变，与人民为敌时，那么人民就有权反抗，收回他们所给予国家的权力。国家存在的目的就是维护人民的利益与安全，人民是国家一切权力的源泉，任何危害人民利益与安全的行为都理应是道德上的“恶”。

洛克认为，一方面，人的本性就是追求快乐和幸福，“一切含灵之物，本性都有追求幸福的趋向”[③]，但是，人类不会因此而互相残杀，因为“人在选择自己力所能及的各种行动时，一定不看它们是否能引起暂时的快乐或痛苦而定，一定要看它们是否引起来生的完全永久的幸福而定”[④]，人类能够用理性去追求和看待自己的幸福，不会为一时的快乐而去损害永久的快乐和幸福。另一方面，自然状态是一种美好与缺陷并存的状态。这些缺陷主要是：缺少公认、明确的用以裁决人们之间纠纷的共同

① ［英］托马斯·霍布斯：《利维坦》，黎思复、黎延弼译，商务印书馆1985年版，第132页。

② 林国治：《政治权力的伦理透视》，兰州大学出版社2010年版，第40页。

③ ［英］约翰·洛克：《人类理解论》，关文运译，商务印书馆1981年版，第238页。

④ 同上书，第249页。

尺度（法律）；没有一个知名的裁判者依法对各种争执进行公正裁决；也没有使正确判决得以有效执行的权力。[①] 这些缺陷使得人们的生命与财产受到一定威胁，为此，人们便订立契约，把保护自己与别人的权力，以及惩处违反自然法的犯罪权力，“交由他们中间被指定的人来专门加以行使，而且要按照社会所一致同意的或他们为此目的而授权的代表所一致同意的规定来行使。这就是立法和行政权的原始权力和这两者之所以产生的缘由，政府和社会本身的起源也在于此”。[②]

格奥尔格·威廉·弗里德里希·黑格尔，德国哲学家。其代表作有《精神现象学》、《逻辑学》、《法哲学原理》、《哲学史讲演录》、《历史哲学》和《美学》等。

黑格尔认为，“国家是伦理理念的现实”，“国家是绝对自在自为的理性东西，因为它是实体性意志的现实，它在被提升到普遍性的特殊自我意识中具有这种现实性。这个实体性的统一是绝对地不受推动的自身目的，在这个自身目的中自由达到它的最高权力，正如这个最终目的对单个人具有最高权力一样，成为国家成员是单个人的最高义务”。[③] 在黑格尔看来，国家是“独立自存、永恒的、绝对合理”的理性存在物，国家的存在与发展具有绝对的合理性与合目的性，或者说国家本身就是目的，其他组织或个人是为国家而存在的。他们的自由、权利、利益等所有一切，只有符合实现国家这一最高目的时，才具有真正的地位和实际意义。“由于国家是客观精神，所以个人本身只有成为国家成员才具有客观性、真理性和伦理性。国家本身是真实的内容和目的，而人是被规定着过普遍生活的；他们进一步的特殊满足、活动和行动方式，都是以这个实体性的和普遍有效的东西为其出发点和结果”。[④]

国家的存在是具有绝对的永恒性与合理性，国家是其他组织和个人存在与发展的基础和目的，其他组织和个人只有成为国家中的一员，接受国家的统治并绝对服从国家，才能拥有种种的自由和权利，才能具有“客观性、真理性和伦理性”。显然，在黑格尔这里，国家已不仅仅是一切权

---

① ［英］约翰·洛克：《政府论》下卷，叶启芳、瞿菊农译，商务印书馆 1983 年版，第 78 页。

② 同上书，第 78 页。

③ ［德］黑格尔：《法哲学原理》，范扬、张企泰译，商务印书馆 1996 年版，第 253 页。

④ 同上书，第 254 页。

威和利益的中心，而且还是其他组织和个人的本质与生存意义之所在。[①]因此，国家利益与安全同样具有至高性，个体的利益与安全必须从属于国家的利益与安全，而不是相反，维护国家的利益与安全是道德上的最高善。

杰里米·边沁[②]，功利主义大师，英国著名的伦理学家、法学家。边沁在对传统的自然法和社会契约论进行批判基础之上阐述其国家（观）和安全思想。

在边沁看来，社会契约论者讲国家的产生归结于人们订立的契约是逻辑上的幻想或者纯属虚构。国家以及相关政治制度的产生在于人们服从的习惯，而不是社会契约。他认为，在自然状态下，人们具有的是相互交往的习惯，但所缺少的是一种服从的习惯。“当一群人（我们可以称他们为臣民）被认为具有服从一个人或由一些人组成的集团（这个人或这些人是知名的人和某一类的人，我们可以称为一个或一些统治者）的习惯时，这些人（臣民和统治者）合在一起，便可以被说成是处在一种政治社会的状态中。”[③] 这就是说，人们从自然状态进入政治社会状态在于人们服从的习惯，这种习惯越完全，就越接近政治社会状态。人们从自然状态进入政治社会状态时，就有了国家及其相关政治制度的产生。边沁认为，人们并不是因为订立契约，才有义务接受契约的约束，才存在着服从和遵守诺言的必要；人们所以服从、遵守诺言是出于他们的利益考虑。因为服从和遵守诺言可以使人们获得利益，避免损害，这样做的好处会大大超过对如此多的惩罚所造成的损害的补偿——这些惩罚是迫使人们遵守诺言所必需的。也就是服从与遵守诺言可能造成的损害小于反抗可能造成的损害，这也就符合了边沁所言的“自然把人类置于两个至上的主人——乐与苦的统治之下，只有它们两个才能够指出我们应该做些什么，以及决定我们将怎样做”[④] 的功利主义原则。

显然，边沁的国家（观）及其安全理论是基于人们的功利性考量，

---

① 余潇枫、林国治：《论“非传统安全”的实质及其伦理向度》，《浙江大学学报》（社会科学版）2006 年第 2 期。

② 林国治：《政治权力的伦理透视》，兰州大学出版社 2010 年版，第 45—46 页。

③ ［英］杰里米·边沁：《政府片论》，沈叔平等译，商务印书馆 1995 年版，第 133 页。

④ ［美］列奥·施特劳斯、约瑟夫·克罗波西：《政治哲学史》（下），李天然等译，河北人民出版社 1998 年版，第 83 页。

是人们为了更好实现自身的利益和避免损害所作出的一种理性抉择。从功利的视角去看，确保人们的生命、财产等的安全，使之利益最大化不仅正确和符合功利主义的总原则，而且也是道德上的善。

罗伯特·诺齐克[①]，美国当代著名的政治哲学家、伦理学家。诺齐克认为国家及其相关政治制度的产生，恰恰是人们出于保护私有财产安全的需要。在自然状态下，由于财产占有关系的存在使得人们间的冲突不可避免，这样，保护私有财产的机构也应运而生。国家的产生在于权力的集中和对其所有公民的生命与财产安全的保护。

对于国家的功能或作用的定位，诺齐克将其限定为相当于“守夜人式的国家”（night－watchman state）的角色，也就是说国家的功能只限于保护其所有的公民免遭暴力、偷窃、欺诈，以及保证契约的实施，除此之外，别无其他特权。诺齐克把此类国家称为“最低限度国家”（the minimal state），“它只限于发挥防止暴力、盗窃、欺诈、限于契约实施等这样一些狭隘的作用，任何较为广泛的国家都会侵犯人的不可强迫的权利，因而被证明是不正当的；而最低限度的国家才是令人鼓舞的、正当的”。[②]显然，诺齐克认为这种“最低限度国家”在道德上是合理的、应当的，是人们在寻求保护自己权利的过程中自然而然产生的。国家及其相关政治制度是否合法、是否合乎道德的唯一依据是看其是否能保护人们的权利、利益与安全。

实质上，在诺齐克看来，国家及其相关政治制度是维护个人利益与安全的一种手段，而个人权利、利益与安全才是目的。因而，维护个人的权利、利益与安全也就成为衡量国家行为善恶与否的最高标准。

伊曼努尔·康德通过社会契约论的方式来阐述国家（观）及其安全理论。康德的国家（观）及其安全理论建立在人性论与自然目的论基础之上。在康德看来，人性并非是单纯的恶（如霍布斯所言的战争状态），也不是纯粹的善（如洛克和卢梭所认定的那样），人性具有既可为善，亦可作恶的两重性。人即是感性和理性为一体的存在者。作为理性的存在者，“他是理智世界的成员，只服从理性法则，而不受自然和经验的影响”，“作为一个有理性的，属于理智世界的存在者，人只从自由理念来

① 林国治：《政治权力的伦理透视》，兰州大学出版社2010年版，第49—51页。

② ［美］罗伯特·诺齐克：《无政府、国家与乌托邦》，转引自万俊人《现代西方伦理学史》（下），北京大学出版社1992年版，第729页。

思想他自己意志的因果性”。[1] 质言之，人作为理性的存在者是处于道德社会之中，服从道德理性的法则，接受道德理性的约束，是一个自律的存在体，因而人性是善的。然而，作为感性的存在物，人又是生活于世俗世界之中，因而总是易于受其自然欲望支配，总是倾向于对自己感性欲望的满足。人作为有限的理性存在物，恶对其而言又是不可避免的。因为人在自由选择自己的行为时，更多是以自己的感性欲望的满足为目的而放弃对道德的服从，人的这种感性欲望单靠道德力量难以约束。故此，人的非理性因素会引发人与人之间的冲突，进而引发安全问题。

此外，康德认为，人性中还存在着“非社会的社会性”，即人既有社会性、渴望参与社会活动的需求；又有非社会性，希望保持自身的独立性的需要。而人的这种非社会性的需求必然会使人“想要一味按自己的意思摆布一切，并且因此之故就会处处都遇到阻力，正如他凭自己本身就可以了解的那样，在他那方面他自己也是倾向于成为别人的阻力”。[2] 这样必然导致人与人之间冲突的产生，进而引发安全及其伦理问题。

康德把冲突与战争这些伴随人类社会所出现的不安全现象，看作是人性中“恶”的一面作用的必然结果。人类自身所固有的感性欲望与“非社会的社会性”的“恶”，是人类安全问题产生的根源。但康德并不由此得出人类安全问题无法解决的结论。相反，他认为，人类可以通过内在固有的理性因素，即道德理性的指引，加上同外在力量相结合，就可以解决人类的安全问题。康德对人类因人性之“恶”所引发的安全问题的解决持乐观态度。在他看来，尽管冲突与战争具有不可避免的特性，但是，人类又是可以借助理性的作用，以及国家等外在体制性的力量来遏制冲突与战争，以及由此引发的安全问题，并预言人类最终必将走向永久和平。

康德认为，为了确保人类的安全，使人们的冲突保持在一定的范围内，或者说使这种冲突不至于对冲突双方的安全带来毁灭性后果，在理性的指引下，人们得借助道德之外的力量，这种力量主要是国家及相关的制度性要素。毕竟，人的非理性因素所引发的危及人类安全的各种问题单凭道德的力量还不足以将其解决。

此外，人的社会性也会促使人们基于自利的目的而与他人进行合作，

---

① ［德］康德：《道德形而上学原理》，苗力田译，上海人民出版社1986年版，第107页。

② 转引自李梅《权利与正义——康德政治哲学研究》，社会科学文献出版社2002年版，第109—110页。

因为当冲突对双方都不利，甚至会引发危及彼此的生命等安全问题时，合作显然是一种十分必要的选择，这也是人们为什么需要通过订立契约，建立国家以及制定相应的制度，从而过上社会政治生活的重要原因。

康德的另一个有关如何维护人类自身安全问题的论证就是自然目的论。受洛克、卢梭等的影响，康德也承认人类在由自然状态向社会状态过渡之前过着和平与安逸的生活。但是，对于人们为何要脱离这种自然状态向社会状态迈进的论证却又与他们有所不同，反而跟亚里士多德相接近。在康德看来，"一个被创造物的全部自然禀赋都注定了终究是要充分地并且合目的地发展出来的"。[①] 因此，人类在初始阶段条件下自然和平与安逸的生活，实质并不符合自然的意图，毕竟自然把理性赋予了人类，其目的就是要使人的理性最大限度发挥出来，而不是停留在原初的自然状态之中。也就是说，自然的目的性必然会使人类脱离这种原初的自然状态，使之朝着更加文明的社会状态挺进，人的理性也必将不断向前发展，不管这种发展能否给人类带来幸福和安逸。显然，康德把人类脱离自然状态，通过订立契约建立国家以维护自身安全看作是符合自然的目的性，是人的理性使然。也就是说，人类如何更好维护自身安全从而实现自身发展，从某种程度上是人之所以为人的内在目的性使然。

在这点上，康德显然要比霍布斯、洛克和卢梭等契约论者明智得多。在康德看来，既然国家是建立在普遍同意的社会契约之上，用以维护人们自身安全的手段，那么国家应当代表人们的意志，并服务于维护人类自身安全这个目的。虽然康德认为国家的产生是出自人们的同意，其根本在于维护人类自身的安全与发展，但是他反对人们借社会契约之名来反对国家，也不同意人们对国家权力有任何怀疑，因为"从实践的观点上看，最高权力的来源，对于受它支配的人民来说，不是可以研究的"[②]，更不用说去反对它了。

显然，康德不同意国家及其相应权力不受契约任何约束的说法，但是，他也反对洛克所言的人民有权收回他们给予国家的权力的观点，而更倾向于霍布斯的观点。当然，我们也不会因此而得出康德是一个君主专制论者，康德所以反对人民收回赋予国家权力的根本原因在于，他认为国家

---

① 转引自李梅《权利与正义——康德政治哲学研究》，社会科学文献出版社 2002 年版，第 85 页。

② 同上书，第 246 页。

就其本质而言就是人类理性的产物，国家及其相关制度的出现在于维护人类自身安全与发展而不是相反。为此，人们也就没有必要去怀疑国家自身的问题。

尽管康德认为国家及其相关制度的产生受人的非理性因素影响，在于控制人的“恶”的一面，然而，也正因为如此，才需要理性的作用。正是由于人类理性的存在，才使国家成为可能，毕竟国家及其相关制度也是人类理性合目的性发展过程中的一个必然结果。虽然国家及其相关制度的出现在于消解人与人之间的冲突，确保人们的冲突保持在一定范围内，或者说使这种冲突不至于对人类自身的安全带来毁灭性后果，但这并不是人类理性所追求的最终目标。

康德认为，“人们是为了另外更高的理想而生存，理性所固有的使命就是实现这一理想，而不是幸福。这一理想作为最高条件，当然远在个人意图之上。”① 这种最高的理想就是过上有德性的生活。“德性是有限的实践理性所能得到的最高的东西。”②“人之所以拥有尊严和崇高并不是因为他获得了所追求的目的，满足了自己的爱好，而是由于他的德性。”③ 因此，过上有德性的生活是人类发展和追求的最终目的。尽管现实生活并非尽善尽美，危及人类安全的各种因素依然存在，但是，在现实生活之上还有一个完美的、更值得追求的目的王国或道德王国。人们实际可以通过自身努力，并借助德性的力量来达到此目的。这样，人类不仅可以维护自身的安全，而且还能够更好地完善我们的现实生活，使之趋向目的王国，最终也体现了人之所以为人的崇高、尊严与伟大。

“政治说，‘你们要聪明如蛇’；道德（作为限制的条件）又补充说，‘还要老实如鸽’”。④ 既然如此，那么作为我们应该据之以行动的无条件的命令法则的总体的道德与作为维护人类安全与发展的政治的关系该是如何？康德的回答是，“道德的守护神并不向朱庇特（权力的守护神）让步，因为后者也要服从命运”。⑤ 也就是说，道德就是人类命运的守护神，

---

① 转引自李梅《权利与正义——康德政治哲学研究》，社会科学文献出版社 2002 年版，第 5 页。

② 李秋零：《康德著作全集：实践理性批判　判断力批判》第 5 卷，中国人民大学出版社 2007 年版，第 33 页。

③ ［德］康德：《道德形而上学原理》，苗力田译，上海世纪出版集团 2005 年版，第 2 页。

④ ［德］康德：《永久和平论》，何兆武译，上海世纪出版集团 2005 年版，第 43 页。

⑤ 同上。

而作为权力守护神的朱庇特既然要服从命运，当然也需要道德的守护。道德作为我们应该据之以行动的无条件的命令法则的总体，其本身在客观意义上就已经是一种实践，因而作为应用权利学说的政治，与作为只是在理论上的这样一种权利学说的道德就不可能有任何争论（因而实践和理论就不可能有任何争论）。[①] 因而，在康德看来，政治家首先应该是一位道德的政治家，即是一个采用国家智虑的原则使之能够与道德共同存在的人，而不是一位政治的道德家，即一个为自己铸造一种道德从而使之有利于政治家的好处的人。[②] 国家及其相关政治制度的建立尽管是人的理性使然，在于使人类过上安全与平和的生活，但是，在道德与政治关系上，康德显然主张道德要高于政治，政治要从属于道德的命令。不仅如此，康德还强调，“真正的政治不先向道德宣誓效忠，就会寸步难行。尽管政治本身是一种艰难的艺术，然而它与道德的结合却根本不是什么艺术，因为只要双方互相冲突的时候，道德就会剪开政治所解不开的死结。”[③] 此外，康德还对维护人类安全与发展的国家及其相关政治制度的合法性、正义性与目的性进行了必要论证。在康德看来，国家及其相关政治制度的合法性源于公民的契约和社会强力的作用，正义性在于确保人类的自由意志与权利得以实现，而目的性则在于确保人类安全与寻求永久和平。

康德把人类脱离自然状态，通过订立契约建立国家看作是符合自然的目的性，是人的理性使然，但他又认为，这种状态最终还需要强力的作用。“的确，每一个个别的人要求在一个法律体制之下按照自由的原则（即每个人的意志之个别的统一性）而生活的意愿，对于这个目的还是不够的，而是为此还需要所有的人一起都意愿这种状态（即联合意志的集体的统一性），要求解决这个艰巨的任务；由此就有了公民社会的整体。可是既然在所有的个体意愿的不同之上还必须再加上一个他们联合的原因，以便从中得出一个共同意志，而这一点又是所有人之中没有任何一个人可以做得到的；所以（在实践中）实现这一观念时就不能指望权力状态没有任何别的开端，除非是通过强力而告开始，随后公共权利就建立在它那强制的基础之上。”[④] 显然，康德一方面承认，国家产生于社会契约；

---

① ［德］康德：《永久和平论》，何兆武译，上海世纪出版集团2005年版，第43页。

② 同上书，第42页。

③ 同上书，第45页。

④ 同上书，第56页。

但另一方面，又强调国家的产生离不开强力作用。正是两者的共同作用才使国家得以产生，这是国家合法性的重要保证。

康德从形而上的“自由”出发，认为正义是人类自由意志的体现，国家或政治的价值就在于确保人类的这种自由意志。因而，对于国家或政治的正义性，康德把它看作来源于自由意志，并确保人类的自由意志与权利得以实现。在康德看来，“如果没有自由以及以自由为基础的道德法则的存在，而是一切发生或可能发生的事情都仅仅只是大自然的机械作用，那么政治（作为利用这种作用来治理人的艺术）就完全是实践的智慧，而正义概念就是一种空洞的想法了。”① 因而，国家或政治的正义性和以自由为基础的道德法则具有内在的一致性，国家或政治的正义性需要以自由为基础的道德作保证，国家或政治存在就在于确保人类的自由意志得以顺利实现。此外，康德还认为，人的权利是不可亵渎的，无论它可能使统治权付出多大牺牲，一切政治都必须在权利的面前屈膝，而且，尊重人类权利是无条件的、绝对命令的义务。② 因而，国家或政治的正义性又体现为确保人的权利顺利实现。不仅如此，康德还认为，判断国家或政治行为正义与否的重要准则就是看这种行为是否符合公开性原则，“凡是关系到别人权利的行为而其准则与公共性不能一致，都是不正义的。”③ 也就是说，国家或政治的正义性原则要经得起公开性的考验，并可以成为普遍化原则。“凡是（为了不致错失自己的目的）需要有公开性的准则的，都是与权利和政治结合一致的。因为如果它们只能通过公开性而达到自己的目的的，那么它们就必须符合公众的普遍目的（即幸福），而政治本来的任务就是要使之一致的（使公众满意自己的状态）。”④ 因此，借助公开的途径以确保权利的成功行使是国家正义性的根本体现。

康德认为，维护国家间的和平、确保人类安全和实现人类社会的永久和平是国家存在的根本目的。国家既是人类由野蛮走向文明的重要体现，也是人类社会发展合规律性与合目的性的历史必然。“国家是一个人类的社会，除它自己本身以外没有任何别人可以对它发号施令或加以处置。它

① ［德］康德：《康德文集》第6卷，第146页，转引自李梅《权利与正义——康德政治哲学研究》，社会科学文献出版社2002年版，第64页。

② ［德］康德：《永久和平论》，何兆武译，上海世纪出版集团2005年版，第44页。

③ 同上书，第58页。

④ 同上。

本身像是树干一样有它自己的根茎。然而要像接枝那样把它合并于另一个国家，那就是取消它作为一个道德人的存在并把道德人弄成了一件物品，所以就和原始契约的观念相矛盾了，而没有原始契约，则对于一国人民的任何权利都无法思议。”① 故此，康德坚决反对干预别国内政和对一个主权国家发动侵略战争。他认为国家间应该做到相互信任，通过和平方式来解决彼此的争端，进而确保人类的安全和人类社会的永久和平得以顺利实现。要达到此目的，国家间必须严格遵循有利于人类和平与安全实现的六条准则。② 显然，对于通过各种借口以武力干涉他国内政和武力侵略他国，或是以保护国家为由盘剥本国人民等这些危及人类安全的行为，康德都给予坚决反对。康德十分反对危及人类安全的战争，他指出：“战争是各式各样灾难和风俗恶化的根源。”③ 不仅如此，在康德看来，维护人类的安全，建立永久和平不单是政治上的问题，而且也是人类理性所寻求的最高目标。“建立一个普遍和持久的和平，不只是纯粹理性范围内法权理论的一部分，而且是理性的整个最高目标。”④ 也就是说，国家不可能通过自利的算计和武力方式来达到彼此间的和平共处，要维护人类的共同安全和实现人类的永久和平，需要借助人类理性的作用，建立一种基于普遍正义原则的合理有效的社会秩序。“人类的普遍意志是善的，但其实现却困难重重，因为目的的达到并不是由单个人的自由协调，而只有通过存在世界主义的结合起来的类的系统之中，并走向这个系统的地球公民的进步组织才能够有希望。”⑤ 也就是说，要维护人类的共同安全和实现人类的永久和平，国家间必须求同存异，超越民族以及国家局限，超越政治制度、意识形态、经济体制以及文化传统等的差异，借助政治的作用和理性选择的方式，建立一个惠及人类利益与安全的安全共同体。康德认为，这

---

① ［德］康德：《历史理性批判》，何兆武译，商务印书馆 1991 年版，第 99 页。

② 这六条准则是：（1）凡缔结和平条约而其中秘密保留有导致未来战争材料的，均不得视为真正有效。（2）没有一个自身独立的国家（无论大小，在这里都一样）可以由于继承、交换、购买后赠送而被另一个国家所取得。（3）常备军应该及时全部加以废除。（4）任何国债均不得着眼于国家的对外争端加以制订。（5）任何国家均不得以武力干涉其他国家的体制和政权。（6）任何国家在与其他国家作战时，均不得容许在未来和平中将使双方的互相信任成为不可能的那类敌对行动。参见［德］康德《永久和平论》，何兆武译，上海世纪出版集团 2005 年版，第 5—10 页。

③ ［苏］瓦·费·阿斯穆斯：《康德》，北京大学出版社 1987 年版，第 6 页。

④ ［苏］古留加：《康德传》，贾泽林等译，商务印书馆 1981 年版，第 247 页。

⑤ ［德］康德：《实用人类学》，邓晓芒译，重庆出版社 1987 年版，第 246 页。

个共同体能够有效制止战争的爆发，维护好人类的安全并确保人类最终走向永久的和平。“每一个国家，纵令是最小的国家也不必靠自身的力量或自己的法令而只需靠这一伟大的各民族的联盟，只需靠一种联合的力量以及联合意志的合法决议，就可以指望着自己的安全和权利了。”① 不仅如此，康德还认为，建立共和制国家是实现人类永久和平的最为适合的政体，“因为如果幸运是这样安排的：一个强大而开明的民族可以建成一个共和国（它按照自己的本性是必定会倾向于永久和平的），那么，这就为旁的国家提供一个联盟结合的中心点，使它们可以和它联合，而且遵照国际权力的观念来保障各个国家的自由状态，并通过更多方式的结合渐渐地不断扩大”。② 康德的这些论断在很大程度上表明了他力求在求同存异的基础上，建立维护人类共同利益与安全的政治体制的强烈愿望，并且认为这是人类理性和道德选择的必然结果。

实质上，康德对人类维护自身利益与安全以及人类社会必将走向永久和平持乐观态度。他坚信在人类理性指引下，组建一个维护人类利益与安全的安全共同体，作为目的存在物的人类一定会过上有德性和有尊严的生活。康德的国家理论与安全思想超越了他所处的时代。它对国际关系理论的发展，人类安全的有效维护，当今我们面临的“安全困境”的解决以及建设一个持久和平、共同繁荣的和谐世界具有深远影响。他不愧是一位伟大的哲学家，人类和平主义的倡导者。

显然，康德的这种维护人类安全，寻求人类永久和平的构想具有重要的理论与实践意义。在全球化、风险社会以及传统安全与非传统安全交织凸显的条件下，他主张依靠人类理性的指引，组建一个惠及人类利益与安全的世界共同体，来化解人类面临的“安全困境”，无疑具有重要的指导作用。在人类安全多样化、复杂化、全球化的今天，任何国家或个人单凭自身的力量显然不可能有效解决人类面临的安全问题。这需要如康德所言的那样，建立各种世界共同体（如联合国等），通过这些世界共同体（组织）与相应的合作机制来协调国家间的利益与分歧，方能为康德所追求人类永久和平理想的实现走出一条康庄大道来。当然，有效地解决好人类所面临的“安全困境”，实现如康德所言人类永久和平的理想，还需要人

---

① ［德］康德：《历史理性批判》，何兆武译，商务印书馆 1991 年版，第 12 页。

② 同上书，第 114、124 页。

们践行并形成共同价值理念和共同的安全认同观。当今世界安全问题久拖未决的原因不是没有世界共同体（如联合国等国际组织）的存在，而是缺少共同的安全价值理念或共同的安全认同观，或者说是人们之间存在着安全认同危机。这是康德所倡导和追求的人类永久和平的理想为何至今尚未实现的重要原因，也是他在安全问题上给后人留下的一个亟待解决的重大的理论与现实问题。

4. 西方国家（观）及其安全理论的主要特性

西方国家（观）及其安全理论的演进经历了三个阶段，即自然国家（观）与国家安全理论（古希腊、罗马）、神学国家（观）与国家安全理论（中世纪）和权利国家（观）与国家安全理论（近、现代）。

古希腊时期的国家观实质上是一种自然国家观，即将国家的产生看作是基于人内在的本质要求或人自身生存与发展的需要。对此，柏拉图认可的是"社会分工论"，亚里士多德则坚持"自然目的论"。柏拉图认为，人们为了满足自身的需要，必须借助社会分工方式，组成城邦（国家）。城邦就是人们通过分工合作来满足需要的共同体。人们正是通过城邦的方式来确定各自的政治权利与政治义务，国家制度的产生也正是源于此。亚里士多德认为，万物都是有目的地存在着的。人作为自然的存在物，其目的就是要过一种完全自足的城邦生活。由此可见，国家（城邦）的产生是出于维护人自身利益与安全等的本性要求，是自然而然的事。与此同时，国家的产生不仅在于维护人的利益与安全，而且还是实现人类过上正义、美好和有德性生活的根本保证。国家的存在就是在理想与现实当中维护公民的生命与财产等方面的安全，指导公民走向真正美好、正义与道德生活。或者说，国家的存在就是使公民过上安全而又富有德性的生活。

中世纪国家（观）及其安全理论建立在神学基础之上。国家的产生源于人的原罪和挽救人性的堕落。上帝之国与世俗国家的产生在于维护人的安全并使之最终得以救赎。由于人类在亚当堕落之后，本身就所犯有原罪，因而需要世俗国家严厉的法律和权威来对人们的行为进行规范与约束，并使之服从上帝旨意，进而实现人类最终得以救赎的目的。

近现代西方国家（观）及其安全理论基于现实主义与人本主义视角，从维护和实现人的自身利益与安全需求出发，认为国家产生于维护人类自身所固有的包括生命与财产安全等在内的各种权利而相互间签订的契约。

可见，西方政治思想家们的国家（观）及其安全理论，无论是古希腊、罗马，中世纪，还是近现代，都不可能也不会像马克思主义思想家们那样揭示国家及其安全理论产生的经济根源和阶级根源。实质上，西方国家（观）及其安全理论表现为较强的国家中心主义色彩。这种国家中心主义源起于古希腊时期城邦重要于个人的观点。亚里士多德认为，人天生是一种政治动物，需要过城邦生活，城邦（国家）在整个人类德性生活中有着不可替代的作用，是人类过上德性生活的根本保证。此后经尼科洛·马基雅维利、让·布丹、托马斯·霍布斯和黑格尔等的系统论证，进一步奠定了近现代国家中心主义安全理论的基础。国家中心主义安全理论（传统安全及其伦理观），其本质是以是否有利于或有损于国家的利益、主权和领土安全作为判断道德上的善与恶的根本标准，至于国家利益之外的其他的法律、道德规范与国际关系准则等则可以置之不顾，甚至公然践踏，这点在推行霸权主义的国家行径中表现十分突出。①

总而言之，西方的国家观及其安全理论，无论是立足于以城邦、上帝、人的权利为中心，还是威斯特伐利亚体系后的以领土、主权等为核心的真正具有现代意义上的国家，其所体现的正是国家在维护人的利益与安全方面的不可替代性，同时也表明以国家安全作为核心的国家中心主义安全理论的日益凸显，以及以个体和群体安全为核心的“族群”安全理论的式微，进而也就促成了传统安全及其伦理观的形成与发展。此外，西方国家观及其安全理论强调的是国家及其相应的组织、制度在维护和实现人类安全方面的决定性作用。西方思想家们更多把人类安全的维护与实现寄托在国家及其相应的组织、制度的建设与完善层面上，而忽略了安全价值在维护和实现人类安全方面其实也承担着重大的历史使命。

（三）中国传统国家（观）及其安全理论的形成与发展

中国传统国家（观）② 及其安全理论既与西方国家（观）及其安全理论密切相关，又具有自身独有的特色。一方面，国家的产生就其根源性或本质性而言是基于人类维护自身安全与利益的需要，是顺应社会生产力发展的必然结果，在这点上与西方国家（观）及其安全理论并无实质性

① 余潇枫、林国治：《论“非传统安全”的实质及其伦理向度》，《浙江大学学报》（社会科学版）2006 年第 2 期。

② 本书中的中国传统国家（观）的时间跨度特指中国历史上自国家产生至鸦片战争前这段历史时期。

的差异；另一方面，中国最早的国家产生方式有别于马克思主义经典作家所言的西方国家产生的方式（以古希腊为代表的“古典的古代”方式），而是属于古代东方国家为代表的“亚细亚的古代”方式，即在保持原有氏族基本结构不变基础上直接步入有国家的阶段。这很大程度决定了中国传统国家（观）及其安全理论具有以血缘“族群”关系为重要特性的品质。此外，中国传统国家及其安全理论的总体特性，客观上又必然与中国2000多年的封建社会紧密相连，并体现了以儒家思想为主体与统率，以家、国、君、天下为一体的伦理国家（观）和国家安全理论。

1. 中国传统国家（观）及其安全理论的形成

中国传统国家（观）及其安全理论最早可以追溯到公元前21世纪的奴隶制夏朝，并由此经由商、周两朝并向春秋战国时期的封建制国家阶段过渡与激荡，再到秦汉时期的融合并最终得以形成。由于中国最早的国家是由原始社会的氏族直接演化而成并保留了其中的血族结构，因而，天命观和血族关系也就成为中国奴隶制国家及其安全理论的主要特性。在夏、商、周奴隶制国家及其安全理论体系内，天命观与血族关系成了论证国家产生及维护国家和民众安全以及道德合理性与正义性的重要因素，是人们安全理论得以形成的重要条件，也是维系民众和国家安全体系的精神纽带。

作为第一个奴隶制国家的夏朝，一开始便蒙上了“君权神授”的天命思想与厚重的血缘纽带伦理特性。这种“君权神授”的天命思想与血缘纽带的伦理特性，发端于原始社会中的图腾与祖先崇拜，并随着奴隶制国家的建立得以进一步提升并为统治阶级所利用，成为他们论证自己统治地位的合法性与维护自身与国家利益和安全的重要工具。《史记夏·本纪》中就记载过夏禹为了提升自身的权威和维护其统治以及国家安全而利用天命的思想，通过“薄衣食，致孝于鬼神；卑宫室，致费于沟淢”的外在表现形式来达到其目的，并以顺从天意为由，将世代相传的部落首领禅让制改变为血缘继承制。《盘庚·尚书》记载了商王盘庚的训话，“古我先王，暨乃祖乃父，胥借逸勤，予敢动用非罚。世选尔劳，予不掩尔善。兹予大享于先王，尔祖其从与享之。作福作灾，予亦不敢动用非德”，以此表明盘庚作为国家统治者的合法性与权威性，指出其统治只是按先王意旨行事，并对被统治者的利益与安全负责。

事实上，中国最早的国家直接脱胎于血缘关系甚浓的氏族社会。氏族社会（父系氏族）较为显著的特性，就是按血缘宗族的亲疏关系来确定氏族内部成员的尊卑与等级层次。“中国古代的父系氏族实际上是由系谱上说真正有血缘关系的宗族组成的，这些宗族经过一定的世代后分支成为大宗和小宗，各据它们距宗族远祖的系普上的距离而具有大大小小的政治与经济上的权力。”① 尽管氏族社会（父系氏族）已被奴隶社会国家所取代，但是，氏族社会中的这种血缘宗法关系却保留了下来，成为划分等级制的理论依据。其中，氏族社会中的“父权制”演变为君主专制，图腾与祖先崇拜则随着人们思维能力的进一步提高而得到了强化，成为论证国家及其统治者统治合法性和庇护国家、统治者及其子民利益与安全的神秘力量。

“古代社会的生产有机体……是以个人的未成熟性（那时，人与人之间自然发生的血族关系的脐带尚未断去），或以直接的支配服从关系作为基础。那种有机体，是由劳动生产力的低等发展阶段，和物质生活产品过程中人与人自然间的相应的狭隘关系规定的。”② 这种天命思想与血缘伦理关系到西周时期得到进一步发展并转化为“敬天保民”与“明德慎罚”的民本思想。“我不可不鉴于有夏，亦不可不鉴于有殷。我不敢知曰，有夏服天命，惟有历年；我不敢知曰，不其延，惟不敬厥德，乃早坠厥命。我不敢知曰，有殷受天命，惟有历年；我不敢知曰，不其延，惟不敬厥德，乃早坠厥命。”（《尚书·召告》）这表明西周统治者已从殷商的兴亡中吸取了教训，感受到天命无常，强调只有修德才能得到上天眷顾。“往敷求于殷先哲王，用保乂民………宅心知训。别求闻由古先哲王，用康、保民，弘于天。若德裕乃身，不废在王命。”（《尚书·康诰》）也就是，统治者只有做到“以民为本”、为政以德和维护民众利益与安全，才能得到上天的护佑，其统治的基业或国家才能长治久安。

显然，中国奴隶制国家产生的目的是维护统治阶级利益与安全，但是整个国家的产生过程当中，处于主导性地位的天命论与血缘伦理思想的影响无疑十分深远。无论对统治者还是对被统治者而言，对他们的利益与安全的维护，一方面依靠原有的血缘族群关系和业已形成的国家及其相关的机构，另一方面则求助于冥冥之中的神秘力量——上天与祖先的庇佑以及

① 张光直：《中国青铜时代》，生活·读书·新知三联书店1983年版，第18页。
② 《资本论》第1卷，人民出版社2004年版，第63页。

统治者自身所应施行的德政。这既体现了中国传统的家、国一体的伦理国家安全观的精神实质，也开启了中国君主专制与民本思想先河。

2. 中国传统国家（观）及其安全理论的发展

中国奴隶制国家在经历夏、商、周之后，最终走向其终点。开启于春秋战国时期的中国封建制国家，随着秦王朝的统一而开始走向繁荣与强大，其后经历了两千多年无数的风雨，直到辛亥革命最终走向灭亡。封建制国家的建立，使得始于夏、商、周时期的天命观与伦理国家安全观得到进一步发展与完善。早在春秋战国时期，随着各诸侯国的崛起与兼并战争的频繁发生，如何提升和增强各自的国家力量，并维护国家的安全成了当时各封建诸侯国及其政治思想家十分重视的问题，由此引发了政治思想上的百家争鸣的繁荣景象。其中所体现的国家（观）及其安全理论为主要代表的有以孔孟为代表的儒家、以韩非为代表的法家、以墨子为代表的墨家和以老子为代表的道家。此后，经由董仲舒糅合与提升，使儒家思想最终成为统治中国传统封建国家两千多年的“正统”。

以孔孟为代表的儒家国家（观）及其安全理论，主要继承和发扬了西周时期“敬天保民”与“明德慎罚”传统。一方面，他们承认国家的产生以及统治者的权威来自于上天；另一方面，则强调统治者要施行仁政，认为仁政是确保国家安全和民众安居乐业的根本。“咨！尔舜，天之历数在尔躬，允执其中。”（《论语·尧曰》）孔子首先强调国家以及统治者的权力来自上天，确保国家以及君权的合法性不可置疑。其次，他又对“仁”做了最为基本的界定，那就是“仁者爱人”和“克己复礼为仁”。孔子从血缘族群关系出发阐述“仁”的根本内涵就是“爱亲”，即以血缘关系之爱，但不止于“爱亲”。“厩焚，子退朝。曰：‘伤人乎？不问马’。”（《论语·乡党》）这表明，孔子强调的“仁”是建立在以血缘关系为主的“爱亲”基础上，而又超越特定血缘关系的“爱亲”并提升到“爱人”高度，即除血缘关系之外的对他人之爱，并对此给予高度的评价。“子贡曰：‘如有博施于民而能济众，何如？可谓仁乎?’子曰：‘何事于仁！必也圣乎！尧舜其犹病诸！’。”（《论语·雍也》）在这里，孔子不仅肯定了作为血缘关系之外“爱人”是“仁”的根本，而且还认为这是较之于尧舜都不一定做到的圣德。此外，孔子还强调所谓“仁”就是要求做到“克己复礼”。“克己复礼为仁。一日克己复礼，天下归仁焉。”（《论语·颜渊》）也就是说，一个人要克制自己，使自己的言行符合礼就是仁。只要一旦做到这样，天下的人就会赞许其为仁人。显然，在这里孔子将“仁”归结为使人们的行为遵循周以来统治者所制定的各种规章制度。

同孔子一样，孟子强调国家的产生以及统治者权威来自上天，并认为统治者要施行仁政，仁政是确保国家安全和民众安居乐业的根本之所在。

> 万章曰：“尧以天下与舜，有诸?”孟子曰：“否，天子不能以天下与人。”“然则舜有天下也，孰与之?”曰：“天与之。”“天与之者，谆谆然命之乎?”曰：“否，天不言，以行与事示之而已矣。”曰：“以行与事示之者，如之何?”曰：“天子能荐人于天，不能使天与之天下……尧荐舜于天，而天受之；暴之于民，而民受之。故曰，天不言，以行与事示之而已矣。”曰：“敢问荐之于天，而天受之；暴之于民，而民受之，如何?”曰：“使之主祭而百神享之，是天受之；使之主事而事治，百姓安之，是民受之也。天与之，人与之。故曰，天子不能以天下与人。……《太誓》曰，‘天视自我民视，天听自我民听，’此之谓也。”（《孟子·万章上》）

为了维护封建统治者和国家安全，达到长治久安目的，作为封建统治者利益代表的政治思想家显然有必要从理论上为统治者的统治寻求合法外衣。孟子认为，统治者的统治虽然是来自上天的安排，是具有不可置疑的合法性，但是，这种安排又总是借助外在老百姓的行为与事实来加以昭示，以此告诫统治者，尽管其统治来自上天，但必须重视老百姓的利益，施仁政，因为上天的视听总是通过老百姓的视听来加以体现的。“桀纣之失天下也，失其民也；失其民者，失其心也。得天下有道：得其民，斯得其民，斯得天下矣；得其民有道：得其新，斯得民矣。”（《孟子·离娄上》）孟子十分重视民心向背的重大作用，继承并进一步推行孔子所倡导的仁政思想，把统治者能否施仁政提升到关系到其自身以及国家安危的思想高度。“三代之得天下也以仁，其失天下也以不仁国之所以废兴存亡者亦然。天子不仁，不保四海；诸侯不仁，不保社稷；卿大夫不仁，不保宗庙；士庶人不仁，不保四体。”（《孟子·离娄上》）孟子不仅把施仁政看作维护统治者和国家安危的外在诉求，而且也是统治者内在道德人格的本质要求。孟子从抽象的人性论出发论述人皆有“四心”：即恻隐之心，羞恶之心，辞让之心，是非之心。“恻隐之心，仁之端也；羞恶之心，义之端也；辞让之心，礼之端也；是非之心，智之端也。……凡有四端于我者，知皆扩而充之矣，若火之始然，泉之始达。”（《孟子·公孙丑上》）人所固有的“四心”的进一步扩展便可成为仁、义、礼、智、信“四德”，由此，孟子得出人性皆善的结论，进而也成为孟子要求统治者推行仁政的必然体现。当然，尽管孟子强调人性皆善，但这种“善心”必须通过不断地加强修养方能达到，毕竟外在的环境以及自身的主观因素会使人丧失其固有的“善心”。“尽其心者，知其性也，知其性者，则知天也。存其心，养其性，所以事天也”。（《孟子·尽心上》）为此，孟子还十分重视统治者的道德修养，强调统治者只有不断加强自身修养，提升自身道德品格，才能知天命、施仁政。

孔孟奠定的国家（观）及其安全理论的主要特性在于：一是从形而上视角出发，借助神秘的力量（上天）来论证统治者统治的合法性与合理性，以此来告诫被统治者不要对统治者的统治地位产生怀疑或挑战；二是从社会现实状况出发，对春秋战国时期礼崩乐坏，以及由此引发的危及国家安全以及人们自身生命安危的社会现实作深刻的思索，指出统治者只有不断提升自身的道德品质和施仁政，才能获得民众的支持与拥护，进而达到维护自身利益与安全，以及更好地实现其统治的目的。为此，孔子疾呼：“为政以德，譬如北辰，居其所而众星共之。”（《论语·为政》）孟子更是直接地提出了“民为贵，社稷次之，君为轻”的政治主张。无论是孔子还是孟子，他们都想通过以上方式来维护封建专制的统治，进而达到维护统治者自身及其国家安全的目的。此外，由孔孟所奠定的国家（观）及其安全理论不仅成为儒家政治思想的根本，而且为秦汉及其之后政治思想家们所继承、发展与完善，成为主导中国两千多年封建社会国家（观）及其安全理论的精神支柱。

作为集法家之大成者韩非，由于其自身历史观和其理论基点的不同，使得其国家观和相应的国家安全理论有别于孔孟为代表的儒家。他主张通过推行“法治”来寻求统治者自身和国家安全。

在韩非看来，人性都具有趋利避害的特性。“夫民之性，恶劳而乐佚。”（《韩非子·心度》）“安利者就之，危害者去之，此人之情也。”（《韩非子·奸劫弑臣》）故此，韩非认为，儒家所主张施“仁政”和

“德治”行不通，应推行“法治”。人们之所以努力践行自己的本职工作，主要是居于利益的驱动。“臣尽死力以与君市，君重爵禄以与臣市。君臣间，非父子之亲也，计数之所出也。”（《韩非子·难一》）“医善吮人之伤，含人之血，非骨肉之亲也，利所加也。故舆人成舆，则欲人之富贵；匠人成棺，则欲人之夭死也。非舆人仁而匠人贼也，人不贵则舆不售，人不死则棺不买，情非憎人也，利在人之死也。”（《韩非子·内备》）因此，韩非认为作为国家的统治者，应该因势利导，利用人们好利的本性，通过“法治”方式加以充分引导与利用，从而更好地维护君主专制统治和确保统治者自身以及国家的安全。“人情有好恶，故赏罚可用。”（《韩非子·八经》）。“且夫死力者，民之所有者也，情莫不出其死力以制其所欲；而好恶者，上之所制也，民者好利禄而恶刑罚。上掌好恶以御民力。”（《韩非子·制分》）。此外，韩非强调“法治”的另一个重要原因在于，时代的变迁使得原有的“德治”与“仁政”已不适应时代要求。

“古者丈夫不耕，草木之实足食也；妇人不织，禽兽之皮足衣也。不事力而养足，人民少而财有余，故民不争。是以厚赏不行，重罚不用，而民自治。今人有五子不为多，子又有五子，大父未死而有二十五孙。是以人众而货财寡，事力劳而供养薄，故民争，虽倍赏累罚而不免于乱”，“是以古之易财，非仁也，财多也；今之争夺，非鄙也，财寡也”（《韩非子·五蠹》）。“古者人寡而相亲，物多而轻利易让，故有揖让而传天下者。然则行揖让，高慈惠，而道仁厚，皆推政也。处多事之时，用寡事之器，非智者之备也；当大争之世，而循揖让之轨，非圣人之治也”。（《韩非子·八说》）而且，“法治”的功用在于明是非，辨利害，使民众的利益与安全得以保障。“法明分，则贤不得夺不肖，强不得侵弱，众不得暴寡。托天下于尧之法，则贞士不失分，奸人不侥幸。寄千金于羿之矢，则伯夷不得亡，而盗跖不敢取。”（《韩非子·守道》）。

韩非不仅主张“法治”，而且还强调统治者应根据时代发展而做出相应的调整而不是墨守成规，否则只能成为笑柄。

上古之世，人民少，而禽兽众，人民不胜禽兽虫蛇。有圣人作，构木为巢以避群害，而民悦之，使王天下，号曰有巢氏。民食果蓏蚌蛤，腥臊恶臭而伤害腹胃，民多疾病。有圣人作，钻燧取火以化腥臊，而民说之，使王天下，号之曰：燧人氏。中古之世，天下大水，而鲧、禹决渎。近古之世，桀、纣暴乱，而汤、武征伐。今有构木钻燧于夏后氏之世者，必为鲧、禹笑矣；有决渎于殷、周之世者，必为汤、武笑矣。然则今有美尧、舜、汤、武、禹之道于当今之世者，必为新圣笑矣。（《韩非子·五蠹》）

由此可见，作为法家集大成者的韩非，不是拘泥于抽象谈论人性，而是用发展的眼光，从人自身的生存本能需要以及当时的社会实际出发，阐述“法治”对维护封建统治者统治，以及国家安全等方面起着“德治”和“仁政”所不可企及的作用。显然，韩非的“法治”思想很大程度上反映了当时社会的现实，并满足了当时社会的需要。中国的第一个统一的封建专制秦王朝，便是在“法治”思想指导下最终得以建立。

以墨子为代表的墨家的国家观及其安全理论主要建立在以功利主义为立论的基础之上。墨子以自然人性论为基点，从功利视角出发阐述其国家（观）和国家安全理论。在墨子看来，国家实质是人们为了更好地实现和维护自身利益与安全的本质体现，国家及其统治者的产生是为了解决人与人之间利益与冲突，确保人与人间各自的利益与安全。

子墨子言曰：古者民始生，未有刑政之时，盖其语，人异义。是以一人则一义，二人则二义，十人则十义。其人兹众，其所谓义者亦兹众。是以人是其义，以非人之义，故交相非也。是以内者父子兄弟作怨恶，离散不能相和合；天下之百姓，皆以水火毒药相亏害。至有余力，不能以相劳；腐污余财，不以相分；隐匿良道，不以相教。天下之乱，若禽兽然。夫明乎天下之所以乱者，生于无政长。是故选天下之贤可者，立以为天子。天子立，以其力为未足，又选择天下之贤可者，置立之以为三公。天子三公既以立，以天下为博大，远国异土之民，是非利害之辩，不可一二而明知，故划分万国，立诸侯国君，诸侯国君既已立，以其力为未足，又选择其国之贤可者，置立之以为正长。（《尚

贤中》)

墨子是自然人性论的信俸者。他认为人天生就有自保的本能。“生为甚欲，死为甚憎”。(《尚贤中》) 国家及其统治者的出现便是人这种自保本能的体现。在他看来，要从根本上解决人们以及国家间的利益冲突和维护好各自利益与安全，必须使人们以及国家按照特定原则来处理彼此间的各种利益关系，力图使人们以及国家之间做到“兼相爱，交相利”。墨子认为，现实社会中危及人们以及国家间利益与安全的根本原因在于人们以及国家间做不到“兼相爱，交相利”。

> 今诸侯独知爱其国，不爱人之国，是以不惮举其国，以攻人之国；今家主独知爱其家，而不爱人之家，是以不惮举其家，以篡人之家；今人只知爱其身，不爱人之身，是以不惮举其身，以贼人之身。是故诸侯不相爱，则必野战；家主不相爱，则必相篡；人与人不相爱，则必相贼。(《兼爱中》)

为此，墨子要求人与人、国家与国家间只有做到“兼相爱，交相利”，才能确保人与人、国家与国家间的利益与安全得到有效实现，才能确保人们以及国家之间和谐相处与共同发展。

> 然则兼相爱、交相利之法，将奈何哉？子墨子言曰：“视人之国，若视其国；视人之家，若视其家；视人之身，若视其身。是故诸侯相爱，则不野战；家主相爱，则不相篡；人与人相爱，则不相贼；君臣相爱，则惠忠；父子相爱，则慈孝；兄弟相爱，则和调；天下之人相爱，强不执弱，众不劫寡，富不侮贫，贵不敖贱，诈不欺愚。”(《兼爱中》)

在墨子看来，如果人们以及国家等在现实社会生活中能把这一原则贯彻到底，做到爱无差等，人们间的利益与安全便有了保障，国家的长治久安也可以得到实现。这同儒家所倡导的“能近取譬”、“老吾老以及人之老”、“幼吾幼以及人之幼”的爱有差等的基本原则不同。不仅如此，墨子还进一步阐述了人们以及国家之间之所以能够践行“兼相爱，交相利”

的根本原因在于人们以及国家可由此实现对等互报。“夫爱人者，人必从而爱之；利人者，人必从而利之；恶人者，人必从而恶之；害人者，人必从而害之。”（《兼爱中》）墨子坚信人们以及国家的每一行为将会引起对方的对等回应，即和则两利，斗则两败俱伤。践行“兼相爱，交相利”原则，不但不会损害个体或国家自身的利益与安全，而还可以做到双赢。当然，在阶级斗争或对抗十分激烈的状况下，真正按照“夫爱人者，人必从而爱之；利人者，人必从而利之”的原则办事还具有相当的难度，但是如果个体以及国家间能够以此作为指导进行交往，必将有利于减少矛盾与冲突，进而维护好各自的利益与安全。

以老子为代表的道家的国家观及其安全理论，既不同于以孔孟为代表的儒家、以韩非为代表的法家，也有别于以墨子为代表的墨家，他们既反对儒家的“尧舜之道”和“仁政”、法家积极有为的“法治”，也反对墨家的“尚贤”、“尚同”以及“兼相爱，交相利”的功利主义原则。面对春秋战国动荡不安的社会历史时期以及国家、人们的利益与安全受到严重威胁的社会状况，老子开出了救世良方，那就是“无为而治”，主张回到“小国寡民”、率性而活的自在社会状态之中。实质上，“自然和谐”论贯穿于老子的国家观及其安全理论之中。

> 道生一，一生二，二生三，三生万物。万物负阴而抱阳，冲气以为和。（《老子》四十二章）道生之，德畜之，物形之，势成之。是以万物莫不尊道而贵德。道之尊，德之贵，夫莫之命而常自然。（《老子》五十一章）道大，天大，地大，人亦大。域中有四大，而人居其一焉。人法地，地法天，天法道，道法自然。（《老子》二十五章）
>
> 大上，下知有之，其次亲誉之，其次畏之，其下侮之。信不足，案有不信。猷呵！其贵言也。成功遂事，而百姓谓我自然。（《老子》十七章）是以圣人欲不欲，而不贵难得之货；学不学，而复众人之所过；能辅万物之自然，而弗敢为。（《老子》六十四章）

老子从宇宙万物生成之源说明道化生万物是如何进行的一个过程。道是万物根本，德是万物畜养，万物有了形体，器物最终落成，故万物没有不尊崇道而贵重德的。尊道贵德并非他物的安排命定，而是永恒的自然而然。道、天、地、人“四大”中，由人法地，地法天，天法道，道法自然可逻辑地推出人法自然的结论。道乃万物之本，“道法自然”是道性自然的结果，而“人法自然”当然也是人性自然的结果。这样，老子从本体论角度出发，得出了人类及其社会政治生活所要遵循的基本准则——“法自然”。

在老子看来，统治者的高明之处在于“法自然”，做到无为而治，在其统治功成事遂时，老百姓还未明这是统治者所为，甚至不知道统治者的存在。当然，这并不是说老子提倡统治者通过欺骗手段达到这个目的，而是要求统治者的作为顺应自然，做到无为而无不为。另外，统治者要更好地维护自身利益和国家安全，有效进行统治，还得处理好人与物的关系。也就是“不贵难得之货，使民不为盗。”“能辅万物之自然”，维护万物的“自然”之状态，使之能保持不变。也就是统治者在处理人与人和人与事的关系时，应遵循“法自然”原则。何为自然？老子强调的自然有别于自然界（大自然），它实质上是自然而然的社会和谐状态。所谓“自然”，一是“自己如此”，是针对外力或外因而言的，自然是不需要外界作用而存在发展的状态，是没有外力直接作用或者是外力作用小到可以忽略不计的状态。二是“本来如此”和“通常如此”，即是针对变化来说，自然是原有状态的平静的持续，而不是激烈变化的结果，是固有状态的相对稳定的持续，或者说是自发状态的保持。三是“势当如此”，这是针对未来趋势而言的。自然状态是原有自发状态的延续，是事物自身内在的发展趋势。①

可见，老子眼中的“自然”实质上是在排除外力干扰情况下，事物自发状态的保持与延续，即事物自身所固有的本质属性与规律性。这种“自然”状态下的人类社会，统治者与老百姓之间互不干扰，相安自得，怡然自乐，从而使整个社会呈现出一种自然和谐的田园式理想状态。在老子看来，春秋战国时期社会动荡不安局面的产生，以及人民和国家利益与安全受到威胁的根本原因在于统治者背离天道自然无为的根本原则，实施了“有为之政”。“民之饥，以其上食税之多，是以饥。民之难治，以其上之有为，是以难治。民之轻死，以其上求生之厚，是以轻死。”（《老

① 刘笑敢：《老子之自然与无为概念新论》，《中国社会科学》1996 年第 6 期。

子》七十五章）故此，必须变“有为之政”为“无为之治”，即“法自然”，使人道遵循天道自然无为原则，做到“无为而治”。

经过春秋战国时期的激荡再到秦汉时期的融合，中国传统国家（观）及其安全理论的“正统”，最终由董仲舒完成。

董仲舒首先系统论证了封建统治者的统治地位是“受命”于天，并借此以确立政治信仰，论证其政治统治以及国家制度的合道德性与合法性。他从“天者，万物之祖。万物非天不生”，（《春秋繁露·顺命》）“天地者，万物之本，先祖之所出也”（《春秋繁露·观德》）出发，推论出“事父”、“事天”的合理性与必要性，即“为人子而不事父者，天下莫能以为可。今为天之子而不事天，何以异是”（《春秋繁露·郊祀》）的结论。董仲舒继承了奴隶社会以来的天命论思想，并通过更加精密的理论——阴阳五行来论证封建国家及其等级专制存在的合理性与合法性。

> “天地之气，合而为一，分为阴阳，判为四时，列为五行。”（《春秋繁露·五行相生》）“天有五行……木生火，火生土，土生金，金生水，水生木，此其父子也。木居左，金居右，火居前，水居后，土居中央，此其父子之序，相受而布。是故木受水而火受木，土受火，金受土，水受金也。诸授之者，皆其父也；受之者，皆其子也。常因其父以使其子，天之道也……故五行者，乃孝子忠臣之行也。”（《春秋繁露·五行之义》）天子受命于天，诸侯受命于天子，子受命于父，臣妾受命于君，妻受命于夫。诸所受命者，其尊皆天也。虽受命于天亦可。（《春秋繁露·顺命》）

董仲舒由此得出“三纲”即君为臣纲、父为子纲、夫为妻纲的封建社会最高政治原则与伦理规范，而且这三者处于不平等的关系，在君臣、父子、夫妻之间，其中君、父、夫具有绝对权威，而臣、子、妻只有绝对服从或顺从的义务，由此演化出臣忠、子孝、妇随（妇节）政治道德规范。“君臣、父子、夫妇之义，皆取诸阴阳之道。君为阳，臣为阴；父为阳，子为阴；夫为阳，妻为阴。”“此见天之亲阳而疏阴，任德而不任刑也。是故仁义制度之数，尽取之天。天为君而覆露之，地为臣而持载之；阳为夫而生之，阴为妇而助之；春为父而生之，夏为子而养之……王道之三纲，可求于天。”（《春秋繁露·基义》），此乃天意的安排。这样，董仲舒不仅以“天意”或“天命论”方式论证了封建君主专制，以及由此建立起来的封建国家及其等级制度的合理性与合法性，同时，也以此为手段，达到维护和实现封建专制统治和国家安全的目的。

天命之所以为董仲舒和历代封建统治者极力推崇，根本原因在于其有利于树立封建国家和统治者政治统治的合法性、合理性与权威性，达到维护封建统治者自身安全以及国家长治久安的目的。正如《管子·牧民篇》曰：“凡有地牧民者……顺民之经，在明鬼神、祇山川、敬宗庙……不明鬼神，则陋民不悟。”这就是历代封建统治者推崇天命观的奥妙之处。

天命论与血缘宗法关系既是中国传统国家及其政治制度存在的合理性与合法性的重要根据，也是维护封建统治者自身以及国家安全道德性的主要体现。在这种天命论与血缘宗法关系的脉脉温情下，维护和体现的则是等级森严的封建君主专制统治阶级的利益与安全。在董仲舒看来，“天者，百神之大君也。”（《春秋繁露·郊语》）“人之［为］人本于天，天亦人之曾祖父也。此人之所以上类天也。”（《春秋繁露·为人者天》）故此，人的形体、情感、道德以及人类社会的各种规章制度皆“本于天”，不仅人类生理特性“可求于天”，而且人类的“王道之三纲”亦“可求于天”，而且只有君主才是秉承“天意”进行统治的上天代理人——“天子”。这样，人和天也就得到了“感应”与“合一”。代表天的封建等级制度和君主也就具有恒久的权威性、合理性与合法性，成了亘古长存、神圣不可侵犯的东西。封建君主具有绝对的、至高无上的权力与地位。封建君主专制受到上天保护，君主只接受“天”的监督，也只有“天”才具有奖惩君主的权力。因此，对封建统治阶级的利益与安全形成挑战的只能是“天”，除此之外，其他力量如对封建国家及其统治阶级的利益与安全的挑战，那就是违背“天意”，理应受到“天谴”。①

3. 中国传统国家（观）及其安全理论的基本特性

中国传统国家（观）及其安全理论发端于夏、商、周奴隶制国家，经由春秋战国时期的封建制国家过渡阶段的激荡，再到秦汉时期的融合，最终发展成为具有中国传统特色，并主导中国封建社会两千多年国家（观）及其安全理论。

---

① 参见林国治《政治权力的伦理透视》，兰州大学出版社 2010 年版，第 162—164 页。

中国最早的国家是由原始社会的氏族直接演化而成，并保留了其中的血族结构，因而，天命观和血族关系也就成为中国奴隶制国家（观）及其安全理论的主要特性。在夏、商、周的国家（观）及其安全理论体系内，天命观与血族关系成为论证国家产生，以及维护国家、民众安全和道德合理性与正义性的重要因素。这既是国家及其安全理论得以形成的重要条件，也是维系民众和国家安全体系的精神纽带。开启于春秋战国时期的中国封建制国家，随着秦王朝的统一而开始走向繁荣与强大。封建制国家的建立，使得始于夏、商、周时期的天命观与伦理国家安全观进一步得到了发展与完善，春秋战国时期，随着各诸侯国的崛起与兼并战争的频繁发生，如何提升和增强各自的国家力量并维护国家的安全成了当时各封建诸侯国及其政治思想家十分重视的问题，由此引发了中国政治思想史上百家争鸣的繁荣景象。最终在法家思想的指导下，逐渐强大起来的秦王朝，终于力克其他诸侯国，建立了中国第一个统一的多民族国家。然而，短命的秦王朝表明，单纯遵循法家的国家（观）及其安全理论，无法维系封建专制国家的长治久安。汉初统治者在吸取秦王朝灭亡的教训基础之上，推行主张“与民休息”的“黄老之术”，并在一定程度稳固了新建的汉王朝。但是，主张“无为而治”的“黄老之术”终究无法满足封建中央集权制国家安全与发展的需要。为此，汉武帝接受了董仲舒等提出的“罢黜百家，独尊儒术”建议，推行和完善儒家的国家（观）及其安全理论，并使之成为中国封建社会国家（观）及其安全理论的“正统”。中国传统国家（观）及其安全理论的主要特性，正是在董仲舒的论证中得以确立，并成为“正统”。

实质上，建立在以小农自然经济为基础，以儒家思想为核心和指导的中国传统国家（观）及其安全理论体现的是天、君、家、国为一体的封建等级专制国家安全认同理念，以及以无条件的“忠”、“孝”为伦理纽带和安全维护手段的安全伦理观。以封闭保守、自给自足和家庭为最基本单元的封建小农自然经济基础，造成了生活于其中的社会成员相互间较强的依赖性，使得构成社会基本单元的家庭中的家长处于绝对的权威地位，比家庭更大单位血缘宗族的族长同样成为更高层次中的“家长”，封建君王则是最大的“家长”，并具有至高无上的权威。整个社会成员的利益与安全主要是依靠血缘关系和宗族的力量，通过“家长式”的方式加以维系和实现。正是在这种小农经济的基础性，以及儒家传统的“忠”、“孝”

为核心伦理观的指导之下，中国秦、汉以来便逐渐形成等级森严的强大的中央集权专制制度，中国传统国家的利益与安全主要是通过这种家、国一体的封建专制等级制度来维护与实现。因此，反对国家分裂，维护国家安全与统一，不仅是封建统治阶级的使命，而且也是每一个社会成员应尽的义务。“天下兴亡，匹夫有责”，便是其真实的写照。同时，这还是评价其社会成员是否具有高尚道德品质的重要标准。

此外，正是由于这种自我封闭的封建小农经济的特性，使得在国家地位与安全、国家与国家关系等层面，中国历代封建统治者往往以天朝大国和世界中心自居，其他国家充其量只不过是“蛮夷”，是附属与点缀，进而逐渐形成普天之下唯我独尊的国家（观）和国家安全理论。这也使得中国封建社会历代统治者更多的是注重“内忧”，而不是“外患”。这种状态一直持续到近代鸦片战争的爆发。

二　传统安全及其伦理观的现实条件与理论依托

国家的产生就其本质是生产力与生产关系发展的必然结果，国家产生的主要作用在于维护其疆域内各成员的利益与安全，尤其是确保统治者利益与安全的有效实现。因此，国家产生后面临一个极为重要且延续至今的问题，就是如何应对军事战争的威胁，维护和平以确保国家及其疆域内各成员利益与安全得以实现。故此，国家问世以来，一个影响和困扰人类至今的重大安全问题——“战争与和平”的问题，就成了国家不得不面对的传统安全问题。对于传统安全来说，“安全研究的主要焦点是战争现象。相应地，安全研究可被定义为对军事力量的威胁性实际使用和控制的研究”。[①] 与此相应，传统安全突出的是以技术来应对安全挑战的模式，形成的是“战争——和平——不可持续安全——新的战争”的循环式路径。传统安全观所关注的始终是“战争与和平”问题，国家必须通过不断发展军事实力，力图在保持强大军事压力基础上达到一种对峙性与暂时性的和平与安全，或者是国家主动通过战争方式来消解安全的威胁。这就

① Stephen M. Walt, “The Renaissance of Security Studies”, *International Studies Quarterly* 35, No. 2.

使得国家与国家之间，乃至整个人类都不可避免地易于陷入“危态对抗”状态和“霍布斯恐惧”的“安全困境”之中。① 因此，（军事武力）战争以及由其所产生的遏制战争的理论便成为传统安全及其伦理观产生的现实条件与理论依据。

（一）传统安全及其伦理观的现实条件

传统安全及其伦理观的形成与发展有其客观的社会现实条件，这就是伴随人类社会至今仍挥之不去的（军事武力）战争。“几乎所有的人都反对战争。但是，战争始终是人类生存环境的一部分，而且，其发生的频率没有明显减少。与传统战争相比，现代战争影响了更多的平民。现在，战争中平民的死亡人数远远超过士兵。”② 有关战争产生的原因，约瑟夫·奈把它归结为四个方面：（1）人类本性使然。人类学家描述了与人类基因组 DNA 相似性达到 99% 的黑猩猩在群体内部或群体间相互攻击的现象。（2）贪欲是其背后的动机。（3）掌握统治权的欲望。（4）思想因素也发挥作用，伊斯兰教在穆罕默德去世后一个世纪里的扩张、中世纪基督教的十字军东征，以及 19 世纪后的民族主义和自决权都是例证。③ 在美国著名军事理论家 J. F. C. 富勒看来：“战争是否为人类进化中所必需的因素，固然还有辩论余地。但是下述的事实却是毫无疑问的，从人类的最早记录起，到现在的时代为止，战争都一直是他们生活中的支配现象。在人类历史中任何一个时代，是不会完全没有战争的，而且很少有一代人以上是不经过大型战乱的：大战几乎和潮汐一样，具有规则地起落。”④ 显然，正是人类持续不断的战争所引发的安全危机，在不停地困扰和拷问人类自身的生存与发展。国家产生以来，（军事武力）战争便成了维护和危及国家生存与发展的客观事实和主要形式，各国也总是在自觉或不自觉地遵循着“战争—暂时的和平与安全—战争”这样的方式去寻求战争问题的解决。事实上，如果各国都遵循这种方式去解决人类面临的安全问题，势必会导致传统安全及其伦理问题的产生，使人类最终陷入“安全困境”

① 余潇枫、林国治：《论非传统安全的实质及其伦理向度》，《浙江大学学报》（人文社会科学版）2006 年第 2 期。

② ［美］约翰·鲁尔克：《世界舞台上的政治》，白云真、雷建锋译，世界图书出版社司 2012 年版，第 343 页。

③ ［美］约瑟夫·奈：《权力大未来》，王吉美译，中信出版社 2012 年版，第 37 页。

④ J. F. C. 富勒：《西洋世界军事史》，钮先钟译，战士出版社 1981 年版，第 1 页。

而无法自拔。因此，国家产生以来由战争及其威胁所引发的安全及其伦理问题，理所当然成为传统安全及其伦理观产生的客观现实条件。要了解传统安全及其伦理观产生的原因，需要对战争起源及其规律性作必要探寻。

综观各类辞书对战争的界定，所谓战争是指在特定的人类历史过程中，不同民族、国家、阶级、政治集团之间，或国家内部不同利益集团之间，为了特定的政治、经济等目的所进行的武装斗争与敌对行为。因此，从概念上看，战争应该是产生于国家出现以后的社会现象。但事实上，人类的战争是起源于前国家时期的原始社会中后期。它是原始氏族、部落以及部落联盟产生后就出现的社会现象。在原始社会中，战争是不同的氏族、部落以及部落联盟之间为了争夺生存空间所进行的敌对行为或"血族复仇"。尽管在原始社会中血缘共同体内部各成员之间，是一种平等与互助的原始共产主义关系，但是在血缘共同体外，不同氏族、部落以及部落联盟间却容易引发冲突与战争。"凡是部落以外的，便是不受法律保护的。在没有明确的和平条约的地方，部落与部落之间便存在着战争，而且这种战争进行得很残酷，使别的动物无法和人类相比，只是到后来，才因物质利益的影响而缓和一些。"① "对外的冲突，则由战争来解决；这种战争可能以部落的消灭而告终，但从没能以它的被奴役而告终。氏族制度的伟大，但同时也是它的局限，就在于这里没有统治和奴役存在的余地。"②显然，这种发生于原始社会的战争，以及由此引发的安全及其伦理问题，并非现代意义上所谓的传统安全与伦理问题。毕竟，此时的战争尚未涉及国家领土和主权的安全问题，不存在阶级、民族、国家以及政治集团等之间的对抗等根本性问题，也不具有特定的政治统治目的、奴役和压迫的性质。战争的范围仅限于狭小的不同血缘团体之间，战争的目的在于保护血缘共同体内各成员的利益与安全，战争的结果往往是以某一血缘团体被另一血缘团体所消灭，或被驱逐而告终。由此可见，尽管战争是人类最早用以维护自身利益与安全的重要手段之一，但是由战争所引发的安全及其伦理问题，一开始并不属于传统安全及其伦理问题。由战争所引发的传统安全及其伦理问题则是随着阶级、国家的出现之后，才得以产生和充分展现。

---

① 《马克思恩格斯选集》第4卷，人民出版社1995年版，第96页。

② 同上书，第158—159页。

随着社会生产力的不断发展，人类改造自然、征服自然能力的不断增强，以生产资料公有制为主要特性的原始社会，最终被以生产资料私有制的奴隶社会所取代。这个根本性的转变标志着国家开始以社会共同体和公共权力的代表出现。此时的战争则由前国家时期以维护某一血缘共同体的利益与安全为核心转变成以维护国家的利益与安全为核心。这个转变表明，(军事武力）战争在成为维护国家利益与安全重要手段的同时，也成为威胁国家利益与安全的客观事实和主要方式。战争或军事武力与国家糅合在一起，促使传统安全及其伦理问题得以产生，并随着战争发展阶段不同而呈现出不同特性。国家产生后人类战争的发展可以划分为三个主要阶段，即冷兵器时代的战争、热兵器时代的战争与高技术兵器时代的战争。(军事武力）战争发展的每一阶段都与其所处社会生产力发展水平相适应，并受制于特定的社会科学技术发展水平。由战争引发的传统安全及其伦理问题，也因战争发展阶段不同而各具特色。

1. 冷兵器时代的战争

在人类文明步入国家发展阶段后，原有的作为维护血缘共同体自身利益与安全重要手段的战争，其性质开始由维护血缘共同体的利益与安全，向以维护统治者和国家利益与安全转变。与此同时，战争已成为危及国家利益与安全的客观事实和主要方式。这正如恩格斯所言，在原始公社制解体并向阶级社会迈进的过程当中，原有的战争性质也发生了根本性的变化。古代部落对部落的战争，已经开始蜕变为在陆上和海上为攫夺家畜、奴隶和财宝而不断进行的抢劫，变为一种正常的营生。[①] 国家产生后，战争成为统治者攫取财富和维护自身利益与安全的常用手段。由此也就产生了危及国家利益与安全的传统安全及其伦理问题。然而，处于冷兵器时代的战争，受制于当时的生产力以及科学技术发展水平，加上其自身引发的破坏力与影响力等，较之于热兵器、核热兵器时代等要小得多。因而，由冷兵器时代战争所引发的国家安全及其伦理问题也就有了其时代所固有的特性。

首先，冷兵器时代战争的显著特性在于其受制于当时生产力发展水平，尤其是科学技术的发展水平，使得进行交战各方的武器装备仅限于用于短兵相接的刀、枪、剑、棒，以及能够用于攻击远处目标的弓箭、投石

① 《马克思恩格斯军事文集》第2卷，战士出版社1981年版，第413页。

器等“非火药”的武器。尽管冷兵器从其构成的材质、用途、结构以及作战使用的方式等可以划分为不同的种类并各具特色，而且这些武器的质地亦会随着人类冶金技术与锻造工艺的提高，不断得到改善并变得更加精良与合理，但冷兵器的主要性能从总体上而言只是以近战杀伤为主。因此，冷兵器的发展与完善，对人类安全的危害程度而言仅有量的提升，没有质的突破。正是冷兵器的这些根本属性，决定了处于冷兵器时代的战争，对处于战争状态中的国家间的利益与安全所带来的损害，往往不具有毁灭性和不可逆性。此外，由于受技术、管理以及其他客观物质条件限制，冷兵器时代的国家不可能动用大规模的战争资源去发动战争，这也使得冷兵器时代战争的规模与惨烈程度相对温和。也就是说，由于受科学技术、经济条件以及国家制度等的限制，冷兵器时代战争所引发的杀伤力与破坏性，对国家及其文明而言，一般只具有局部性与暂时性。战后国家间的状况与关系主要表现为：要么是一个国家对另一个国家的暂时占领或统治；要么是交战各方通过签订和约来确定彼此间在战争中所获取或丧失的利益。但无论如何，冷兵器时代的战争，一般不会也不大可能将一个国家及其文明突然从地球抹去，但有可能对其利益与文明造成一定程度的破坏。因此，冷兵器时代战争对国家安全方面所造成的冲击，往往只具有局部性与暂时性。国家面临的安全威胁会随着国家在战争中的获胜、战争双方缔结和约或者被占领而暂时得以消解。

其次，冷兵器时代的国家主要是处于以自然经济作为其经济基础发展阶段，从国家发展形态看，主要是处于奴隶制与封建制社会发展阶段。以自然经济为基础的奴隶制与封建制国家，作为人类私有制社会发展的初始和重要阶段，它们的出现与发展，从一开始就烙上了深深的阶级剥削与阶级压迫的烙印，残酷的阶级压迫与严重的经济利益上的冲突，是私有制奴隶制社会和封建制社会的重要特性，也是引发国家以及阶级间战争的主要根源。

奴隶社会的形成，标志着生产资料公有制原始社会，已向生产资料私有制社会转变。这个根本性转变的显著特征在于：生产资料由全体成员占有变成生产资料私人占有，原始的血缘平等互助关系，为阶级对立、剥削和压迫所取代，专职的军队取代原有的氏族武装。此外，处于自然经济（农业为主体的经济）形态下的奴隶社会，其财富和权力主要象征是拥有大量的土地和劳动力。为此，掠夺财富、奴隶和兼并土地等成为奴隶社会战争爆发的原动力。综观奴隶社会战争发生的实际状况，人们一般可将其归结为四种类型：一是原有的氏族体制与新生的奴隶制的对抗性战争；二是新兴的奴隶主与腐朽没落的旧奴隶主的对抗性战争；三是新兴的封建势力推翻旧奴隶主统治的战争；四是奴隶制国家对外实行扩张与兼并性的战争。同样，建立在以分散的小农私有制经济为基础的封建社会，尽管其较之于奴隶社会而言，社会生产力得到了较大的发展，人们制造和使用工具包括武器能力得到进一步增强，甚至开始使用火器，但是封建社会战争所使用的武器依然是以冷兵器为主，其依然是属于冷兵器时代的战争。此外，封建社会的主要矛盾表现为农民阶级与地主阶级间的矛盾，并在此基础上引发的其他诸如民族与民族间的矛盾、国家与国家间的矛盾等。这些众多矛盾的高度发展势必会导致封建社会的各种战争的爆发。这些战争包括宗教战争、民族战争、农民反对地主阶级的战争、新兴封建王朝取代旧封建王朝的战争，以及封建国家与国家之间的战争等。

实质上，就处于奴隶社会与封建社会中以冷兵器时代为主要特性的战争而言，无论是哪种类型战争，其本质都体现了以压迫与反压迫、掠夺与反掠夺、侵略与反侵略、扩张兼并与反扩张反兼并为主要内容的战争实质。因此，对于冷兵器时代的战争，不管是战争的发起者还是被侵害者，战争的最终结果都会涉及战争的正义性、统治阶级自身利益的损益、国家的完整以及领土的安危等一系列安全及其伦理的问题。较之于原始社会，国家的根本特性在于其是按地域而不再是以血缘为标志，来划分各自的统治范围和国家边界。因而，无论是奴隶制国家，还是封建制国家，维护统治者自身利益、捍卫其领土完整性，以及确保其统治势力范围不受其他势力或其他国家挑战与侵犯，不仅是国家所有政治生活中最为重要的活动，而且也是一项正义的事业。“伟大的正义是属于我们的，因为‘对于必须战争的人们，战争是正义的；当除了拿起武器以外就毫无希望的时候，武器是神圣的’。”① 因此，对于冷兵器时代的战争而言，捍卫国家领土以及国家整体利益安全的战争，对于一个国家来说无疑是必需且正义的。此外，对于处于冷兵器时代的奴隶制和封建制国家的统治者自身而言，其生命、财产、统治地位等的安全威胁，既可以受到来自国家内部的阶级矛盾的激化与冲击，也可以来自外在其他国家所发起的侵略战争。尽管由前者

① ［意］马基雅维利：《君主论》，商务印书馆1985年版，第122页。

所引发的战争甚至会导致统治者变换以及政权的更迭，但对于这个国家而言仅仅是统治者及其政权的更换，而不是国家的整体利益、国家领土安全等遭受外来的威胁，而且行为体仅限于国家内部而不是国家间的行为，因而由此所引发的安全及其伦理问题从严格意义上而言，不属于传统安全及其伦理问题的范围。实质上，只有后者所引发的安全及其伦理问题，才是真正意义上的传统安全及其伦理问题。

最后，在冷兵器时代，以自给自足的自然经济为主要特性的奴隶制与封建制社会，决定了处于这两种社会制度下国家间的经济交往处于相对封闭状态。因而，试图通过经贸往来方式来增加各自财富和促进各自的发展，显然难以奏效。技术、生产力的低下决定解决生存必需稀缺只能依靠生存必需量的积累而非质的提高；出于同类原因，决定了生存必需资源的核心是土地，因为更多的土地意味着能养活更多的人口，并可能意味着生活水平的提高。[①] 故此，处于冷兵器时代的奴隶制或封建制国家，想要获取更多财富和更大发展，其只能立足于拥有更多的土地资源，并且主要是通过对外扩张战争的方式来达到此目的。这就引发了至今仍居显赫地位的传统安全及其伦理问题。安全就意味着领土不受侵犯，人民（或公民）的最终认同及忠诚往往必须维系于统治该领土的政府权威身上，并为民族国家的形成和维持提供重要的心理与物质基础。[②] 可见，冷兵器时代国家间的战争，往往是以掠夺和占有别国领土为主要目的，战争引发的安全问题实质上主要是国家的领土安全与政治安全问题。因此，冷兵器时代的国家战争及其引发的安全及其伦理问题，主要是传统安全及其伦理问题。维护国家领土安全、政治安全和确保国家的整体利益不受侵犯是战争的主要职责，是衡量冷兵器时代一国战争是否具有正义性的重要标志，也是冷兵器时代安全及其伦理价值导向与道德评判标准。

2. 热兵器时代的战争

生产力和科学技术等的不断发展与进步，必然促使战争的形态发生改

---

① Carl Kaysen, "Is War Obsolete? A Review Essay", in Sean M. Lynn_ Johns ed., *The Cold War and After*: *Prospects for Peace* (Cambridge, Mass.: The MIT Press, 1991), p. 88，转引自潘亚玲、张春《战争的演变：从寻求生存必需到维护生存质量》，《国际论坛》2002 年第 4 期。

② Walter C. Opello, Jr. and Stephen J. Rosow, *The Nation - State and Global Order*: *A Historical In troduction to Contemporary Politics* (New York: Lynne Rienner Publisher, 1999), pp. 28 - 31，转引自潘亚玲、张春《战争的演变：从寻求生存必需到维护生存质量》，《国际论坛》2002 年第 4 期。

变，并呈现出崭新特性。如果说冷兵器时代的战争是人类生产力以及科学技术发展水平较为低下的反映，那么热兵器时代的战争则是人类社会生产力和科学技术飞速发展的重要体现。以“使用火药爆炸性武器”为主要特性的热兵器时代的到来，给人类战争带来深刻变化，由此引发了人们对安全问题的高度关注，进而促成了人类各种安全观念、安全法则和安全理论的形成与发展。同样，形成于冷兵器时代的传统安全及其伦理问题，在热兵器时代亦随着战争的复杂化与科技化等的发展，呈现出鲜明的时代特性。

首先，热兵器的广泛使用改变了战争的方式，同时也扩展了其范围。尽管最早的热兵器出现在封建社会时期（冷兵器时代），但热兵器成为战争中的主要使用武器则是近代以来的事情。在我国历史上，较早把火药用于军事的记载始于唐朝唐哀宗天祐年间，在欧洲则出现在公元 12 世纪时期。近代热兵器的问世不仅改变了战争的方式，而且也开启了由冷兵器时代向热兵器时代迈进的步伐。随着火药被阿拉伯国家传入欧洲，并被进一步应用于枪炮技术，加之 14 世纪中叶大口径枪在欧洲的广泛使用，以及 19 世纪来复枪的问世等，热兵器以其强大的杀伤威力与破坏性，极大超越了冷兵器，从而导致冷兵器时代的终结。“在 14 世纪，火药和火器传到了西欧和中欧。现在，每一个小学生都知道，这种纯技术的进步，使整个作战方法发生了革命。但是这个革命进展得非常缓慢。最初的火器，特别是马枪，是十分粗笨的。……但是经过 300 多年，直到 17 世纪末，才出现了适合装备全体步兵的枪。”① 从热兵器的问世到其被广泛地用于战争之中虽说经历了几百年时间，但是，热兵器时代战争在战争方式、战争残酷性及其所造成破坏性与危害性等方面，都是冷兵器时代的战争无法比拟的。尤其是 TNT 等烈性炸药，以及质地优良的火箭炮、导弹、飞机、武装直升机、潜艇、航空母舰等现代新式武器与作战平台的大规模使用，使得国家间的战争不再仅仅限于陆地或海上，而是地、空、海三位一体化。国家所面临的安全威胁，也由原有的仅来自海、陆转变为海、陆、空三个方面，国家所受到的传统安全威胁也由冷兵器时代的领土安全扩展到领土安全、领海安全以及领空安全等方面。军队的全部组织和作战方式以及与之有关的胜负，取决于物质的即经济的条件：取决于人和武器这两种

① 军事科学院：《马恩列斯军事文选》，战士出版社 1977 年版，第 234 页。

材料，也就是取决于居民的质与量和取决于技术。[①] 因而，热兵器时代的传统安全及其伦理问题，无论是形式还是内容等方面，都得到全面的、系统的展现与长足的发展，传统安全及其伦理问题，由此也成为主导现代安全及其伦理问题的轴心与关键。

其次，热兵器战争导致的严重后果，促使人们制定了一系列用以规范热兵器时代战争的国际公约，并对战争引发的安全及其伦理问题进行了较为系统的考量与反思。热兵器时代战争会引发大规模屠杀，甚至是种族灭绝性的屠杀。这些严重地危害人类生存环境、残害人类生命和破坏人类财富的战争，迫使人们不断对其进行反思。这主要表现为国际社会开始不断地通过各种方式，制定和执行了一系列规范战争行为的国际公约和协定，借此来遏制战争，保障人类的生命与财产等的安全，促进人类社会的和平发展与进步。此外，人们还对战争的正义性进行必要界定，反对不正义战争，极力倡导通过和平方式解决国际争端。诞生于19世纪末20世纪初的《海牙公约》，实质上就是对热兵器时代战争行为进行必要的规制，其中就明确规定，各缔约国有“和平解决国际争端”与“尽量避免诉诸武力”的义务。此后，随着热兵器战争的不断发展，国际社会根据时代发展的需要相应制定、修改和发展了各种规制战争的公约，如1949年的《日内瓦公约》，1977年的《日内瓦四公约附加议定书》，实质就是对《海牙公约》所包含的诸多战争法规，作了进一步的确认、修改和发展。截至2007年，全球已有194个国家和地区以不同方式成为《日内瓦公约》成员。《日内瓦公约》连同其他的诸如《世界人权宣言》、《关于不允许干涉各国内政的宣言》、《国际联盟盟约》、《非战公约》和《联合国宪章》等，成为世界各成员国一致认可并须遵守的国际准则，其中最为根本的原则有：“1. 互相尊重主权；2. 互相尊重领土完整；3. 互不干涉内政；4. 互不侵犯；5. 不使用武力或武力威胁；6. 民族自决；7. 公平互利；8. 和平共处；9. 国际合作；10. 尊重人权和基本自由；11. 诚实履行国际义务；12. 和平解决争端”。[②]

这些国际条约的制定与生效，成为国际社会用以规导和约束战争与武装冲突状态时各方行为的权威性准则。这不仅从法律和道义上对危及人类

---

① 《马克思恩格斯军事文集》第2卷，战士出版社1981年版，第17页。
② 王铁崖：《国际法》，法律出版社1995年版，第47页。

生存安全的战争进行了严格的限制，而且也是国际社会用以确保人类自身安全、判断战争的道德正义性与否的重要国际准则。此外，正是热兵器本身技术含量的高低往往会对战争的结果产生决定性的影响，由此促使各国为了能够率先在热兵器时代战争中处于优先的战略地位，而不惜投入巨资进行武器研发，进而引发了各国之间的军备竞赛。核武器的问世及其在战争中的使用，不仅加剧了人类社会所面临的“危态对抗”的“安全困境”，而且还加大了由核战争所引发的全人类走向灭亡的安全风险。

最后，热兵器时代战争的根源在于资本主义发展的不平衡性与资本追求超额剩余价值的冲动。总体而言，热兵器时代战争的形成与发展主要是处于生产力高度发展的资本主义社会形态阶段。较之于以往的社会形态，资本主义社会制度的形成与发展，一方面极大地推动了社会生产力的发展并创造了巨大的社会财富；另一方面，正因如此再加上资本追求剩余价值的冲动，使得发达资本国家为谋求高额利润，寻求更好、更大的生存与发展的空间而不惜发动侵略战争。资本主义愈发达，原料愈感缺乏，竞争和追逐全世界原料产地的斗争愈尖锐，抢占殖民地的斗争也就愈激烈。[①] 可见，资本主义追求超额剩余价值的内在冲动及其政治、经济等发展的不平衡性，是热兵器时代战争爆发的总根源，这也是资本主义发展的铁定规律。发生在20世纪上半叶的人类战争史上规模最宏大、伤亡最惨重、破坏力最强的全球性战争——两次世界大战[②]，便是热兵器时代条件下，资本主义发展规律性的根本体现。

热兵器时代的战争，无论是战争方式、手段、规模，还是战争所造成的后果的破坏力、影响力以及医治战争所造成的创伤等方面，很大程度上有别于冷兵器时代的战争，也是冷兵器时代的战争所无法比拟的。但是，从热兵器时代战争所指涉的内容、根源性、目的及其导致的安全及其伦理问题上看，它与冷兵器时代的战争，又具有惊人的一致性。不论是冷兵器时代，还是热兵器时代，战争所指涉的内容总是表现为参与战争的各方，

---

① 《列宁选集》第2卷，人民出版社1995年版，第645页。

② 第一次世界大战，在欧、亚、非三大洲和太平洋、大西洋、地中海展开，33个国家、15亿人口卷入战争，动员军队6500万—7000万人，军队损失3750万人，其中亡853万人，居民死亡664万人，直接经济损失1863亿美元。第二次世界大战，战场遍及三大洲、四大洋，84个国家约20亿人口卷入战争，动员军队1.1亿人，军民伤亡1亿余人，其中亡5000万人，财产损失4万亿美元。http://www.hudong.com/wiki/世界大战。

通过各种方式和手段相互厮杀，直至将敌对方打败或者消灭。战争的根源性在于私有制和阶级矛盾的不可调和性，战争是阶级矛盾和阶级斗争的最高表现形式。私有制引起了战争，并且会永远引起战争。[①] 战争的性质总是表现为侵略与反侵略、掠夺与反掠夺、正义与非正义等方面。战争的目的总是基于维护、保存和扩大自身的利益与安全的需要，保存自己，消灭敌方。战争所引发的安全及其伦理问题主要涉及国家主权、领土安全、军事安全、政治安全以及战争的正义性等方面。因此，由战争引起的各类安全问题，无论处于冷兵器时代还是热兵器时代，可以统归到传统安全及其伦理问题之中。

3. 高技术兵器时代的战争

与冷兵器、热兵器时代战争不同，高技术兵器时代下的战争在技术层面运用程度远远超越前者。这些饱含高新技术武器的开发与使用，使得战争方式与手段等发生了革命性变革。由此促使高技术时代战争，所引发的安全及其伦理问题亦呈现出一系列新特性。

高技术兵器时代战争的显著特性在于一系列新能源、新材料、微电子、信息、航空、航天、系统工程等，现代先进的材料、技术、管理等运用到战争及其武器之中，使得在高技术武装下兵器向智能化、精确化、超远程化、超常规化，甚至是外层空间化方向发展。这些革命性转变促使高技术兵器时代下战争方式与手段等也超越了传统模式。从战争领域看，高技术兵器时代的战争不仅仅限于传统意义上的海、陆、空范围，而是全天候、多层次、宽领域、大空间、全纵深范围内的海、陆、空、天、电一体化的局部战争。很难想象在高技术兵器时代下会发生大规模、世界性战争，毕竟，由此种战争所带来的后果地球上任何一个国家都无法承受。从战争的内容与形式上看，高技术兵器时代的战争各方，不再限于各自在战场上的正面接触、厮杀与人海战，更多采用非直接接触、精确制导的方式，给对方以致命性打击，并尽可能避免参战人员伤亡和伤及“无辜”，甚至提出“零伤亡”的作战理念。作战形式既有海、陆、空等范围内的前沿直接接触的有形战线，也有作战各方在后勤补给、情报收集、网络信息战等方面的无形战线。

高技术兵器时代的战争较之于冷兵器与热兵器时代战争而言，其所造

① 《列宁选集》第2卷，人民出版社1995年版，第87页。

成的破坏力与杀伤力等战争后果，要比前两者严重得多，其所引发的战争危机比以往任何时代的战争所造成的危机都大。高技术兵器时代的战争尽管很大程度上只是局部性的战争，战争范围有限。但高技术兵器时代的战争通常以核威慑为前提，以大威力、高效能、高技术兵器为主导，以高成本、高消耗为主要特性的现代战争。因而，高技术兵器时代的战争实质是战争各国在政治、经济、文化、科技、军事、人口资源等综合国力上的较量，战争的优势与胜负更多取决于各自综合国力。此外，从战争的根源性、目的性及其本质看，高技术兵器时代的战争与冷兵器、热兵器时代的战争并没有根本性差异，都是特定经济关系尤其是特定阶级、民族、政治利益集团、国家之间的经济利益冲突的根本体现。虽说和平与发展已成为当今时代的主题，世界正朝多极化的方向不断发展，经济全球化的发展也促使世界各国不断地在相互的竞争中加强彼此间的合作，但是霸权主义和强权政治，无疑依然是现代战争的总根源。高技术兵器时代的战争给人类所造成的安全及其伦理问题，不会因技术的进步而得以减少。相反，高技术兵器条件下的战争给人类安全带来的风险，会因技术的发展而不断提升。毕竟，高技术兵器时代的战争可以在较短的时间内给对方以致命性，甚至是毁灭性的精确打击，这种由战争带来的安全及其伦理问题，是以往所有战争都无法望其项背的。

首先，爆发全球性的世界大战的根源不仅依然存在，而且有进一步强化的趋势。霸权主义和强权政治不仅没有因科学技术的进步而得到有效的遏制，而且还呈现出不断强化的趋势。发达国家尤其是超级大国利用其在高科技领域特别是高技术兵器领域里的垄断与不对称优势，在全世界范围内推行霸权主义和强权政治，以维护人权为借口，为了一己私利而公然践踏国际法准则和违背国际公平正义的道德原则，不断挑起局部地区的领土争端、民族矛盾，制造经济与军事上的冲突。这表明国际社会在政治、经济、军事等领域的斗争依然十分尖锐，高技术兵器时代的战争阴云依然笼罩在人类上空。人类面临的安全及其伦理问题，不仅依然尚未解决，而且，还因高技术兵器时代战争的复杂性与严重性，越发变得具有不确定性与高风险性。

其次，高技术兵器时代的战争所引发的安全及其伦理问题，更加复杂化与多样化。高技术兵器时代战争的内容与形式的多样化与复杂化，导致其引发的安全及其伦理问题复杂化与多样化。实质上，高技术兵器时代的战争所波及的范围，不仅仅限于军事领域或者是军事设施。诸多的与军事相关的民用设施与民用目标，如交通运输、油田、炼油厂、核电厂、钢铁厂、通信等基础设施，往往也会轻易遭到精准与毁灭性的打击。由这些民用设施与民用目标所遭受的毁灭性打击所引发的环境污染，甚至是毁灭性的生态危害、经济发展的破坏等安全及其伦理问题，很大程度上则属于环境、经济方面的安全及其伦理问题。因而，高技术兵器时代战争所引发的不仅是传统安全及其伦理问题，而且，还涉及非传统安全及其伦理方面的问题，进而促使安全及其伦理问题复杂化与多样化。

最后，高技术兵器时代战争所造成的安全及其伦理问题，使人类不得不去反思、抑制和防止高技术兵器时代战争，特别是全球性战争的爆发，以确保人类自身安全与发展。以核威慑为前提的高技术兵器时代战争，不仅压缩了现代战争的进程，而且也提升了现代战争的效能，它可以在最短时间内给交战各方，甚至是全人类以致命性，甚至是毁灭性的打击。这种严重性的安全后果与伦理责任，是任何个人、国家都无力承担也无法承受。某种程度上而言，这可称得上是人类最为重要而又十分严峻的安全及伦理问题。为此，如何抑制、防止和消灭战争，更加有效解决人类安全及其伦理问题，是全人类必须共同关注和共同面对的重大问题。

由此可见，高技术兵器时代战争所引发的安全及其伦理问题，较以往冷兵器、热兵器时代战争所导致的安全及其伦理问题，更加严峻与尖锐。然而，作为安全及其伦理问题的直接根源与触发点的战争，不管处于冷兵器时代、热兵器时代还是高技术兵器时代，它们都反映着一个不争的事实，那就是战争是国家产生后特定经济利益关系冲突不可调和的重要体现；是阶级斗争的最高表现形式；是解决社会矛盾和社会冲突的主要手段；是人类各种灾难的重要来源；是推动安全及其伦理问题不断发展的主要动力；是传统安全及其伦理观形成与发展的现实基础；是非传统安全及其伦理问题产生的根源之一（如战争中生化武器与核武器使用后所产生的长期后遗症等）；也是迫使人类不断思考并需要更大的智慧去着力解决的现实问题。当然，在21世纪新的历史条件下，战争（军事武力）依然在进行，依然是国际安全中的重要手段，人类面临的传统安全威胁依然存在。然而，这已不再是安全威胁产生与安全问题解决的唯一要素。“经济相互依赖、沟通、国际制度和跨国行为体有时发挥着比武力更重要的作用。军事力量作为国家手段并没有过时，阿富汗战争和伊拉克战争都是证明。……但无论是在阿富汗还是在伊拉克，平定叛乱分子的反抗、维护战后和平，都是比赢得最初的战争胜利更加艰巨的任务。……军事力量依然是国际政治中的重要手段，但其成本与有效性的变化已经使今天的军事实力估算变得比以往更加复杂。"①

4. 小结

综上所述，无论是冷兵器时代的战争、热兵器时代的战争还是高技术兵器时代的战争，其所展现出来的客观事实是：战争或军事武力是危及国家领土与主权安全、军事安全和政治安全的现实条件，是传统安全及其伦理问题产生的直接根源与重要体现。对于传统安全及其伦理观而言，（军事武力）战争的存在与延续确实是其存在与不断发展的现实依据。

（二）传统安全及其伦理观的理论依托

传统安全及其伦理观的形成与发展，一方面是基于国家产生后，人类社会至今仍挥之不去的战争及其引发的危及人类生存与发展的现实；另一方面则是基于人们对战争引发的安全及其伦理问题的不断反思，以及由此形成的各类相关的安全理论体系。

可见，由战争引发的传统安全及其伦理问题，自国家产生便开始出现，对战争的起因以及如何更好地维护国家的安全，确保在战争中取得决定性的胜利，以及战争的正义性等理论也广泛见于各类著作当中。如修昔底德的《伯罗奔尼撒战争史》、马基雅维利的《君主论》、孙武的《孙子兵法》和孙膑的《孙膑兵法》等。但从理论上系统地对战争所引发的传统安全及其伦理问题进行全面的论证，却是主权国家诞生和国家主权理论出现以后才逐一体现。

国家主权理论产生并形成于资本主义经济、政治形态形成与发展的16世纪至19世纪时期，其主要代表人物有布丹、霍布斯、劳格秀斯、洛克、卢梭以及黑格尔等。国家主权理论主要内容有：（1）国家主权是一个国家固有的、绝对的、无限的、排他的与不可分割性的最高权力，国家主权神圣不可侵犯。"主权的一个引人注目的标志是，它在任何情况下都不能屈从其他权威的命令，只有它自己才能制定法律、修改法律、废除法律，其他权威必须服从它。"②（2）国家主权具有平等性。不经主权国家

① ［美］约瑟夫·奈：《权力大未来》，王吉美译，中信出版社2012年版，第45页。

② ［挪］托布约尔·克努成：《国际关系理论史导论》，余万里、何宗强译，天津人民出版社2004年版，第78页。

同意，不允许其他政治实体“对其领土制定或行使它们自己的准则”，主权国家有“不干涉其他国家内部事务或破坏其领土完整的义务”，国家有平等的权利和义务而无论其在人口、经济或战略环境上有什么的不同。[①]国家主权理论的形成以及民族国家的产生，客观上为传统安全及其伦理观的系统形成提供了必要的前提条件。此外，主权国家产生以来，由国家间的冲突与战争引发的传统安全及其伦理问题一直困扰着人们。如何更好地抑制战争与冲突，维护人类安全与发展，成为政治思想家们不断思考的重大政治问题。20世纪以来，比较有影响力的国际关系理论，如理想主义、现实主义、新自由主义和建构主义等，在某种程度上，就是针对由战争或军事威胁引发的传统安全及其伦理问题的有效预防与解决所形成的安全理论。它们实质是传统安全及其伦理观形成与发展的重要理论依托和体现。

1. 理想主义的安全理论

理想主义可追溯到古希腊时期柏拉图在“理想国”中的理论探寻与诉求。现代意义上的理想主义则产生于20世纪初，并在20世纪20—30年代成为影响力较大的国际关系与安全理论。理想主义的主要代表人物有：伍德罗·威尔逊、约翰·霍布森以及赫奇·兰伯特等，其中最具代表性的人物，要数素有“学者总统”之称的伍德罗·威尔逊，他提出的著名的“十四点原则”，对新的国际关系与安全理论的重新构建产生了重大而深远的影响。

随着主权理论的兴起以及主权国家体系的建立，均势理论成为维护国家利益与安全、确保世界和平的重要理论依据与指导方针。但在这种均势理论及其政策维持下的百年和平与安全的局面，却因第一次世界大战的爆发而彻底粉碎，取而代之的则是理想主义。均势理论的破灭表明，通过结盟或者是不断加强以军事为重点的实力，以确保彼此间势均力敌的均衡状态，并不能确保各自的安全和实现人类的和平发展。在理想主义者看来，人类和平与安全的维护不仅需要物质力量，更需要制度和精神力量，尤其是国际法、国际公约、国际道德等制度与道德方面力量的制约，人类安全与和平的获取不是通过彼此间均势与对抗，而是借助特定的国际组织机构，通过相互间的对话与共同合作方可实现。

---

① ［澳大利亚］约瑟夫·A. 凯米莱里、吉米·福尔克：《主权的终结》，李东燕译，浙江人民出版社2002年版，第34页。

理想主义对人类和平与安全的维护与实现持乐观态度。“战争不是人性注定的产物，它是那种人性放在某种环境下的结果。”[①] 理想主义否认战争根源性在于人性之恶，认为人性是善的，或者是通过外在环境的改造一定是可以向善的。和平是世界所有国家的愿望，任何冲突都可以通过某种理性中介的调和，使各方都收益后而得以化解。[②] 战争的根源以及危及人类和平与安全的根本原因，在于“国际社会的无政府状态”和“不完善的国内国际政治体制”。为此，理想主义主张通过集体安全模式，按照国际法、国际公约和国际道德的准则，去规范和约束主权国家的行为，通过特定制度和规范去预防和制止战争的爆发，最终实现人类的和平与安全。“作为一种制度安排，集体安全就是若干国家相互承认义务，确立反对侵略的相互依存的安全体系。在这个体系中，所有成员将共同行动，反对破坏和平的国家，对其实行经济制裁，必要时则实行军事制裁。……任何破坏和平的国家或国家集团都会被所有国家所确立的这种国际制度的力量所粉碎。在这个意义上，实施国际法将是确保这个共同体中所有国家利益的一种集体义务。”[③]

可见，理想主义作为一种国际关系与安全理论，其实质是对传统安全及其伦理问题进行较为系统思考与论证的必然结果。其理论基点是对人性的可变性与向善性的认可，承认主权国家间在根本利益上的一致性，认为世界各国能够遵循国际法、国际公约和国际道德准则，并履行相应国际义务。理想主义坚信人类能够通过理性方式协调各方的利益，避免战争与冲突，维护世界的和平与安全，促进自身的生存与发展，并不断追求和推动人类社会的进步。“人类总是运用武力。这是因为，对于个人或者群体来说，运用武力是实现其欲望的最终方法。人们希望得到的并非是战争，而是其他任何通过战争可以得到的东西。因此可以符合逻辑地推导出，如果人们可以发现一种更为有效的办法，人们将运用这些办法而非战争。”[④] 此外，理想主义强调主权国家理应信守国际道德准则，以确保各自行为的

---

① Lowes Dickinson, Causes of International War, London, 1929, pp. 16, 22, 转引自倪世雄等《当代西方国际关系理论》，复旦大学出版社 2001 年版，第 34 页。

② 倪世雄：《当代西方国际关系理论》，复旦大学出版社 2001 年版，第 35 页。

③ 李少军：《国际政治学概论》，上海人民出版社 2005 年版，第 62 页。

④ ［挪］托布约尔·克努成：《国际关系理论史导论》，余万里、何宗强译，天津人民出版社 2004 年版，第 221 页。

有序性、规范性和正义性，国家的行为应以实现和服务于公共利益为出发点和归宿，并以此作为判断国家行为正义与否的主要标准。尽管理想主义的安全理论因第二次世界大战的爆发而遭到现实主义的有力挑战，并由此体现出其理论不足，但理想主义对维护人类和平与安全持积极与乐观的态度。它主张通过集体安全的模式，加强国家间的合作，遵守国际法、国际公约和国际道德准则，并形成相应的制度机制来维护人类的和平与安全。这对安全理论的发展尤其是传统安全及其伦理观的形成与发展，无疑产生了较为深远的影响。

2. *现实主义的安全理论*

第二次世界大战的爆发及其给人类带来的巨大灾难，彻底打碎了理想主义安全理论筑构的和平之梦。理想主义主张的通过集体安全的模式和借助国际法、国际公约以及道德的力量，并不能有效破解人类面临的“安全困境”，传统安全及其伦理问题依然困扰和拷问着人类自身的理性与智慧。现实主义便是在批判理想主义基础之上兴起，并提出了其破解传统安全及其伦理问题困局的新思路。现实主义可以追溯到修昔底德、马基雅维利、霍布斯等。现代意义上的现实主义代表人物主要有：马克斯·韦伯、爱德华·卡尔、汉斯·摩根索、亨利·基辛格等。其中，汉斯·摩根索无疑是现实主义中最具代表性的人物，他在其扛鼎之作《国家间政治》中提出了政治现实主义的六大原则①，这早已被奉政治现实主义理论的奠基石。

现实主义对困扰人类由战争与冲突所引发的传统安全及其伦理问题的顺利解决持悲观态度。在现实主义看来，人之本性乃恶，自利与自我保全是人固有的本性。按照“政治受到根植于人性的客观法则的支配，政治法则的根源是人性”的原则，主权国家在本质上也应是追求自身利益与安全，把维护国家自身的利益与安全放在首要位置，甚至反对任何因道德

---

①　这六大原则是指：（1）政治受到根植于人性的客观法则的支配，政治法则的根源是人性；（2）以权力界定的利益概念是帮助政治现实主义找到穿越国际政治领域道路的主要路标；（3）以权力所界定的利益这一关键概念是普遍适用的客观范畴，但是它并不赋予这个概念一个永久固定的含义，利益的观念确实是政治的实质，不受时间和空间环境的影响；（4）政治现实主义明白政治行动的道德意义，普遍的道德原则在抽象的普遍形式下无法适用于国家行为；（5）政治现实主义拒绝把特定国家的道德愿望等同于普天之下适用的道德法则；（6）政治现实主义和其他学派之间的差异是真实的、深刻的。参见汉斯·摩根索《国家间政治》第七版，徐昕、郝望、李保平译，北京大学出版社2006年版，第28—41页。

或其他因素而使国家的利益与安全蒙受损失。现实主义认为，国际体系的无政府状态、主权国家间的利益冲突性是永恒的。“在无政府状态下，安全是最高目的，只有在生存得到保证后，各国才可能放心地追求安宁、利润和权力这类目标。”① “现实主义认为冲突是国际政治总互动的常态模式。环境与观点的不同造成对自我利益的不同定义，而这些利益是彼此冲突的。自我利益作为马达或动力有着充足的能量，而道德或制度的刹车则力量虚弱，这促使我们加入竞赛，而竞赛的结果则主要由相对权力决定。”② 在“合法的集中控制力量”缺失以及国际体系无政府状态下，各主权国家只能借助自身力量来维护其利益与安全，而不是也不应该把希望寄托在他国善意或者是国际法、国际公约和国际道德准则等外在因素之上。这样，各主权国家会因相互间的不信任或者猜疑而加强自身的实力，尤其是军事上的实力以寻求在安全上对对方具有绝对优势。这样必然会引发国家间的军备竞赛，使人类在安全问题上最终陷入“安全困境”的怪圈之中。为了确保世界和平与安全，现实主义重拾均势理论，认为在国际社会无政府状态之下，国家间的冲突无法彻底根除，只有通过均势与武力威慑等作为手段，实现各国力量处于均势状态，才能使“安全困境”的局面得以暂时缓解，才能确保各自的安全和维护世界的和平。“现实主义基本不依赖信任，它唯一接受的是，确信人会追求自己的利益超过他人利益。如果没有良心的内在约束，就只有依赖外在制约，而在国际场合就得依赖权力均衡这一著名的权宜之计。……只有权力受到充分的敌对权力的抗衡和制约，滥用权力欺压他人的危险才能降至最低。”③

可见，在现实主义看来，人性的自利本性决定了人与人以及各主权国家彼此间的利益冲突无法避免，解决这些冲突的根本途径主要是通过均势和权力制衡，而不是把希望主要寄托在国际道德、世界舆论、国际法和国际公约之上。尽管现实主义者并不否认国际道德、世界舆论、国际法等对国家行为在某种程度上的制约作用。但在他们看来，在国际社会无政府状态下，这种制约的效果十分有限。“道德规则在个人的良知中发挥作用。

① ［美］肯尼思·沃尔兹：《国际政治理论》，胡少华等译，中国人民公安大学出版社 1992 年版，第 2 页。

② ［美］汉斯·摩根索：《国家间政治》第七版，徐昕、郝望、李保平译，北京大学出版社 2006 年版，第 4 页。

③ 同上书，第 5—6 页。

因此，由可以清楚辨识的个人所掌管的政府，由于可以责成他们对其行为承担个人责任，便成为一个有效的国际伦理道德体系存在的前提条件。而在政府责任被广泛分配给大批对国际事务中的道德要求持有不同观念或根本没有道德观念的人们的情况下，国际道德就不可能成为限制国际政策的一个有效体系了。"① 因此，现实主义的安全理论实质上完全是以实力，尤其是以军事实力为后盾、以武力威慑与制衡为主要手段的安全理论。现实主义强调，通过武力和均势方式来维护国家的安全是安全问题的核心，但其并未因此否定对国家内人民安全的维护。"实质上，现实主义表明，虽说确保国家免受军事威胁是其直接目的，但确保国家安全同样也会起到保护国家内人民安全的作用。"② 显然，现实主义的安全理论对理想主义倡导的国家间利益总体上是和谐的论断持否定态度，对国际道德、国际法等对国家间安全的维护持怀疑态度。它坚信利益冲突才是国际关系的事实与本质特性，解决传统安全及其伦理问题的关键在于各自实力的均衡，维护各自国家的利益与安全才是最大的正义。当然，现实主义同时承认，国家安全实质上也是人民的安全。

3. 新自由主义的安全理论

20 世纪七八十年代，新自由主义逐步形成，并发展成为具有重要影响力的国际关系与安全理论。新自由主义主要代表人物有：罗伯特·基欧汉、约瑟夫·奈、罗伯特·杰维斯等。新自由主义在承传传统自由主义与理想主义思想的同时，吸收和批判了现实主义思想观点并形成了自己的安全理论体系。

首先，在人性基本问题上，"新自由主义抛弃传统自由主义人性善的观点，但又不像现实主义那样认为人性是纯粹恶的。他们承认人的本质是不完美的，人是有缺点的，有脆弱和非理性的一面，但也具有潜在的能力控制自己的欲望，并在合理环境下使自己变得有理性。……人在群体生活中有能力创造合适自己的习俗、规则及价值观，人可以通过理性的手段解决人与人之间的冲突。"③ 显然，新自由主义从人性基点出发，对人与人之间冲突以及国家间冲突与战争的解决持乐观态度。新自由主义认为，人

---

① ［美］汉斯·摩根索：《国家间政治》第七版，徐昕、郝望、李保平译，北京大学出版社 2006 年版，第 283 页。

② Alan Collins, *Contemporary Security Studies*. Oxford University Press, 2007, p. 100.

③ 倪世雄等：《当代西方国际关系理论》，复旦大学出版社 2001 年版，第 164 页。

的理性可以促使人与人之间以及国家与国家之间在利益冲突与竞争过程中，通过相互合作达到共赢。

其次，新自由主义对现实主义的核心命题，即国际社会的无政府状态以及主权国家的自利性与维护国家利益与安全的至上性等给予认可。但否认现实主义所认为的由于国际社会的无政府状态，以及主权国家的自利性等，必然会导致国家间冲突与战争的悲观结论。在新自由主义看来，国家间的利益冲突与争端是客观存在的事实，但这种冲突与争端并非是导致战争并使国家间陷入“安全困境”局面的先决要素。“由于国家寻求国家利益，国家之间利益冲突是不可避免的，以武力解决冲突不失为一种方法。但是，这种解决方法的代价往往极高。……作为自私的理性的国家首先考虑的是以最小的代价朝着有利于自己的方向去解决国家间的利益冲突，合作的方式很可能是成本效益较高的实现国家利益的方式。……在无政府国际社会的有序状态下，国家之间的合作才是国际关系的实质。”① 可见，新自由主义对国际社会无政府状态，以及主权国家的自利性与维护国家利益与安全的至上性所导致的结果持乐观态度，认为这不应是导致国家间战争的主要原因，而应是促使国家间合作共赢的重要因素。

最后，在新自由主义看来，国际关系是一种“复合相互依赖”的关系。“在复合与相互依赖的世界上，国家不是唯一的行为体，武力并不是唯一有效的政策工具，军事安全也不是唯一重要的安全考虑。”② 科学技术以及经济全球化的发展，使得国家与国家之间的相互依存度进一步加深。国家间可以通过国际体制来加强相互间合作，以促进世界的和平与发展。显然，新自由主义与现实主义所持的“国际社会的无政府状态，以及国家的自私与理性本性势必会引发冲突与战争，并最终陷入恶性循环的‘安全困境’”观点不同。新自由主义认为，国际关系的本质是合作，这种合作必须依靠诸如正式与非正式的国际组织、国际机制和国际惯例等国际制度方可实现。新自由主义承认，国家间的合作可能会出现“囚徒困境”局面，最终会导致合作的失败，但其又认为，这种可能性也可以通过国际制度的惩罚与帮助功能来得以消解并使国际合作得以成功。“由于在长期反复的国际制度交往中，国际制度趋于奖励采取合作行为的国际行

① 秦亚青：《理性与国际合作：自由主义国家关系理论研究》，世界知识出版社 2008 年版，第 65 页。

② 同上书，第 91 页。

为体、惩罚采取不合作行为的国际行为体，所以，国家作为自私的理性行为体，会逐渐学会在制度框架总定义或重新定义自己的国家利益，放弃短期的、较小的国家利益，获取长期的、较大的国家利益。”[①] 新自由主义不仅相信合作是国际社会的一种常态，而且也相信通过国家间的合作，可以确保各自的利益与安全，实现世界的和平与稳定发展。此外，新自由主义还强调，一方面，要应对传统安全及其威胁，不仅需要作为行为主体的主权国家间的相互合作，而且还需要借助非政府间的各类国际组织的作用；另一方面，作为占主导地位的传统安全（军事安全）的地位并非一成不变，在特定情况下诸如经济、科技等问题也会成为引发安全问题，甚至成为占主导地位的安全性问题。因而，新自由主义涉及的安全问题范围不只限于传统安全及其伦理问题，还包含非传统安全及其伦理问题。“反映相应依存和国际制度的新自由主义认为，其一，国家不再是占支配地位的国际角色，世界政治与经济多极化导致众多的角色活跃在国际舞台，如利益集团、跨国公司、国际组织等；其二，武力不再是有效的政策手段，从根本上否定了现实主义关于权力的概念；其三，改变了现实主义关于国际事务的固定僵化的排列顺序：军事安全问题始终占首位，经济、科技、社会、福利问题一直居后，认为国际事务的排列问题不再是固定不变的了，而是因形式变化而异，经济、科技、社会、福利问题在某些时期也可以跃居首要地位。”[②] 可见，新自由主义安全理论不仅对传统安全及其伦理观的形成与发展，而且对非传统安全及其伦理观的形成与发展都具有重要理论借鉴意义。

4. 建构主义的安全理论

建构主义产生于20世纪80年代末90年代初，也是影响深远的国际关系与安全理论。建构主义是针对传统国际关系理论在“分析能力和经验验证方面所表现出来的局限性”基础之上发展起来的。在国际关系中，建构主义遵循的基本原则主要有两条：（1）人类关系的结构主要不是由物质力量决定，而是由共有观念决定；（2）有目的行为体的身份和利益

---

① 秦亚青：《理性与国际合作：自由主义国家关系理论研究》，世界知识出版社2008年版，第75—76页。

② 倪世雄等：《当代西方国际关系理论》，复旦大学出版社2001年版，第168页。

并非天然固有，而是由这些共有的观念结构决定。[①] 建构主义主要代表人物有：尼古拉斯·奥努弗、亚历山大·温特、彼得·卡赞斯坦等。

与以往国际关系与安全理论中更多强调从物质与利益层面阐述国家间的利益关系与安全不同，建构主义主要从观念与安全文化结构层面对国际关系与安全进行阐述。当然，其并未否定物质与利益在国际关系与安全中的作用。“建构主义关注的是国际生活中人的意识问题：人的意识起到什么作用，以及认真研究人的意识的理论和方法有着什么重要意义。建构主义者认为，国际现实的构筑材料既是物质性的，也是观念性的；观念因素既具有功能性，也具有规范性功能；观念不仅表达了个人的意向，也表达了集体意向；观念因素的意义和重要性不能独立于时间和空间而存在。”[②] 因而，在建构主义看来，国家间的冲突与战争更多体现在观念、文化结构上的冲突。国际社会无政府状态实质是国家关系体系的观念、文化结构的互动形成的。国家间的关系是处于冲突与战争，还是竞争与合作，或者是盟友与互助的无政府关系状态，取决于各自观念、文化结构的互动。在建构主义者看来，国家的身份，无论是一般的还是具体的身份，都是部分地由国家间的互动建构而成。一旦丧失共同承认的、以集体意向为基础的构成性规则，就不可能有相互理解的国际关系行为。[③] 针对现实主义提出的国际社会无政府状态下所必然引发的“安全困境”，建构主义做出了更为合理的解析。如现实主义所断定的那样，建构主义一方面承认国际社会无政府状态的真实性，虽说“在无政府状态下，安全是最高目的，只有在生存得到保证后，各国才可能放心地追求安宁、利润和权力这类目标”[④]；另一方面，其并不认为这一定会引发战争与冲突，甚至会由此而陷入“安全困境”的境地。在建构主义看来，以国家为中心的国际体系结构实质是一种观念与文化结构，国际社会的无政府状态就其本质是由国家建构的。国家间在互动的过程中会形成不同角色与身份。这种角色与身份实质是主体间性的。国际体系结构的状况取决于国家间角色

---

① ［美］亚历山大·温特：《国际政治的社会理论》，秦亚青译，上海人民出版社 2000 年版，第 1 页。

② 秦亚青：《理性与国际合作：自由主义国家关系理论研究》，世界知识出版社 2008 年版，第 202—203 页。

③ 同上书，第 203 页。

④ 肯尼思·沃尔兹：《国际政治理论》，胡少华等译，中国人民公安大学出版社 1992 年版，第 2 页。

与身份的定位。国际社会的无政府状态的结构呈现为霍布斯式的观念与文化结构，或者是洛克式的观念与文化结构，还是康德式的观念与文化结构，取决于国家间的角色与身份定位是否为敌人，或者是竞争对手，还是朋友的关系。"建构主义学者认为，如果没有共同承认的、以集体意向为基础的构成性规则，就不可能有相互理解的国际关系行为。这样的规则可能是'黏稠'的，也可能是'稀薄'的，黏稠与稀薄取决于文明所研究的问题领域或国际群体。同样，这样的规则可能构成冲突，也可能构成合作。"①

显然，建构主义并不认为国家间一定面临冲突与战争，并由此导致安全威胁和"安全困境"局面的出现。建构主义认为，国家间安全问题的处理，完全可以通过观念与文化来建构，进而形成共同的安全认同观，并建立起集体安全共同体来解决。"国家要抗衡的是威胁，而不是权力，如果他国与自己的安全利益一致，那就不会视他国为军事威胁。"② 因此，建构主义强调合作与安全是可能和可行的，其中的关键在于国家间要达成共同的安全利益和形成共同的安全认同观，并加强国家集体间合作。显然，建构主义为传统安全及其伦理问题的解决提供了一种崭新的思路，但其过于强调通过文化观念方面的认同来解决传统安全及其伦理问题，无视传统安全及其伦理问题产生的复杂性，尤其经济利益冲突的决定性作用，进而体现出其固有的理论不足。"常规建构主义者无疑受到了传统主义者以及其他扩展论者的批判。来自传统主义者的主要批判认为建构主义并未在'棘手难题'上超越现实主义理论。因此，它可以补充现实主义但却无法取代现实主义。更有意思的是，其他扩展主义者抨击常规建构主义'本质上是理性的'，其只聚焦于国家和军事安全。依此观点，常规建构主义并未对'安全'进行批判性的建构，而且它在规范意义上依然接受国家是安全的指涉对象以及坚持军事的优先性。"③

5. 小结

无论是理想主义安全理论，还是现实主义安全理论、新自由主义安全

---

① 秦亚青：《西方国际关系理论经典导读》，北京大学出版社2009年版，第203页。

② ［美］亚历山大·温特：《国际政治的社会理论》，秦亚青译，上海世纪出版集团2000年版，第135页。

③ ［英］巴里·布赞、［丹麦］琳娜·汉森：《国际安全研究的演化》，余潇枫译，浙江大学出版社2011年版，第207页。

理论以及建构主义安全理论（见表3－1），它们都从特定视角对安全问题进行了较为系统的研究，并成为特定历史时期指导人们处理和解决传统安全及其伦理问题的重要安全理论。但作为特定历史条件和视角下形成的安全理论，其又不可能是万能的。也就是说，无论是理想主义、现实主义、新自由主义还是建构主义安全理论，它们中的任何一种安全理论，都有其自身不可克服的缺陷。克沃杰伊教授认为，无论是现实主义、自由主义、新自由制度主义，还是建构主义的安全研究的理论范式都存在不同程度的缺陷，都难以对不断变化和发展的全球化时代的现实具有足够的解释力。为此，他强调国际安全研究的未来应该是实现各种范式之间的"融合"，

表3－1　现实主义、自由主义与建构主义

观点/侧重点	现实主义者/新现实主义者	自由主义者/新自由主义者	建构主义者
人性	悲观论：人的自私性与竞争性	乐观论：人有能力进行明智的合作	中立/无任何假设
核心概念	权力、冲突	合作、相互依赖	观念交往与语言
现实	很大程度上是客观的	很大程度上是客观的	很大程度上是主观的
政治风险	零和	非零和	非零和
体系中的冲突	中枢性且是必然的	中枢性但是非必然的	中枢性但是非必然的
国际体系	无政府状态	无政府状态但日趋秩序	假定的无政府状态
冲突的主要原因	各国追逐相冲突的私利	缺乏协调竞争的中枢性流程	假定的冲突与敌对状态
和平的最佳路径	实现均势	增加相互依赖与合作、遵从国际法	通过沟通和交流寻找共同目标及其实现方式
主要组织	国家	政府间组织、国家	非政府组织、政府间组织、国家
道德	国家利益是一个国家的道德规定	界定并遵守共同道德标准	道德是主观的
政策处方	追逐私利、扩大/保特权力	合作以实现相互的利益	塑造观念与语汇，促成偏好性现实

资料来源：［美］约翰·鲁尔克：《世界舞台上的政治》，白云真、雷建锋译，世界图书出版社2012年版，第21页。

进而形成更具实证意义和经验检验作用的安全范式。安全研究的核心问题永远是如何理解为什么在国家关系中会“增加或者减少暴力”的问题。①因此，根据时代发展要求以及安全现实的需要，将这些安全理论的优点加以有机“融合”与“贯通”，进而形成新的安全理论体系，也是有效解决安全及其伦理问题的重要途径之一。

三　传统安全及其伦理观的基本特性与主要困境

传统安全及其伦理观的形成与发展，显然有其固有的现实条件和理论基础，那就是伴随国家产生后人类社会至今仍挥之不去的战争，以及由战争引发的对安全及其伦理问题不断反思所形成的理论成果。传统安全及其伦理观主要涉及的是国家产生后，国家为何要通过军事或战争的方式来维护国家的安全，以及通过何种军事或战争的方式来维护自身的安全才是正义的或者是合乎道德的等问题。由于传统安全及其伦理观主要关注的出发点和归宿是国家安全、军事安全和政治安全，因而维护国家领土与主权安全、军事安全以及政治安全也就成为传统安全的主要内容和最高的伦理准则。

传统安全问题产生的内在驱动力是各国认为国家都是自利的，每国都将其安全利益置于最高位置，而国际社会的无政府状态作为外部条件则加剧了国家间的不信任与相互猜疑。国家间为了获得各自的绝对安全而不惜提升自己的军备水平，从而引发世界各国永无休止的军备竞赛。20世纪给人类带来巨大浩劫的两次世界大战以及第二次世界大战后的两极对峙的“冷战”状态，就是传统安全及其伦理问题在现实中最为突出的体现。实质上，人类至今仍面临的“安全困境”，皆缘于传统安全及其伦理观自身固有的特性。一方面，其积极追求人类的和平，寻求国家安全、军事安全和政治安全，反对战争，并且强调只有通过维护国家安全、军事安全和政治安全，才能最终实现人类的和平与安全。另一方面，在这种安全及其伦理观指引下，国家间安全的获取，又不得不通过提升战备水平，并通过武

① Edward A. Kolodziej, *Security and International Relations*, Cambridge: Cambridge University Press, 2005, p. 318，转引自朱锋《巴里·布赞的国际安全理论对安全研究“中国化”的启示》，《国际政治研究》2012年第1期。

力或者以武力相威胁来实现。这就使得传统安全及其伦理观最终不可避免地陷入了两难的困境。概言之，如果纯粹地、过分地强调和坚持传统安全及其伦理观，就算是“冷战”结束后的当今世界，人类社会同样也不可避免地会陷入“危态对抗”式的“安全困境”之中。①

（一）传统安全及其伦理观基本特性

传统安全及其伦理观的形成与发展是对早期人类社会的“族群”安全及其伦理观的扬弃。因而，就传统安全及其伦理观产生的内在动力而言，同样也是产生于对人类自身生存安全的需要。正是出于维护人类自身生存安全的需要，推动了人类安全及其伦理观的形成与发展。但这种需要在国家产生后，不再是以个体的意识或“族群”的整体意识表现出来，而是以国家的形式出现，并最终使国家成为“唯一”的安全主体，个体、“族群”、组织等的安全早已湮没于国家安全之中。实质上，在国家产生后，维护国家的领土与主权安全、军事安全和政治安全已成为传统安全及其伦理观形成与发展的原动力，而自然环境（自然资源）和社会环境（国际环境）等则是传统安全及其伦理观形成与发展的外在条件。在这种内外部条件相互作用下，传统安全及其伦理观的主要特性也就有别于“族群”安全及其伦理观。

首先，传统安全及其伦理观主要表现为较强的国家中心主义，其行为主体涉及的主要是主权国家，行为主体行为的道德性或正义性很大程度上取决于其是否以维护自身安全利益为主要内容。②

国家中心主义源起于古希腊时期城邦重要于个人的观点。亚里士多德认为，“人天生是一种政治动物，是在本性上而非偶然地脱离城邦的人，他要么是一位超人，要么是一个恶人”。③ 要实现这个目标，人必须通过两性结合组建成家庭，由家庭组成村落，再由村落组成城邦（国家），人只有在城邦中才能过上完全自足的至善生活。在这里，亚里士多德强调了城邦（国家）在整个人类德性生活中有着不可替代的作用，城邦是人类过上安全而又有德性生活的根本保证。此后的国家中心主义论者尼科洛·

① 余潇枫、林国治：《论“非传统安全”的实质及其伦理向度》，《浙江大学学报》（社会科学版）2006年第2期。

② 同上。

③ ［古希腊］亚里士多德：《亚里士多德选集》（政治学卷），颜一、秦典华译，中国人民大学出版社1999年版，第1253a6页。

马基雅维利、让·布丹、托马斯·霍布斯和黑格尔等，则进一步奠定了近现代国家中心主义的理论基础。在他们看来，国家是有理性的，它有自己独自的利益，国家的利益是至上的利益，为了追求和维护国家利益，可以牺牲其他个体的利益，甚至可以采取任何手段和任何形式。黑格尔把国家看作伦理理念的现实，是绝对自在自为的理性东西，是“独立自存、永恒的、绝对合理”的理性存在物。国家的存在与发展具有绝对的合理性与合目的性，国家本身就是目的，其他的组织或个人是为国家而存在的，它们的自由、权利、利益等所有一切，只有符合实现国家这一最高目的时才具有“客观性、真理性和伦理性”①，才具有真正的地位和实际意义，成为国家成员乃至其他组织或个人的最高义务。此外，主张国家中心主义的还有国际关系现实主义学派。该学派认为，国际社会实质是一种处于霍布斯式“非安全”的无政府状态，即处于“霍布斯疑惧”局面。在这种状态之中，每个主权国家的利益都是至上的，每个国家都需要依靠自己的力量维护自身安全，谋求自身生存与发展。因此，追求国家权力的最大化以及维护国家的最高利益是主权国家的最终目的和根本任务，这符合道德上和政治正义上的要求，除此之外，其他的道义、法律与道德规范都显得无关紧要。无怪乎爱德华·卡尔曾尖锐地指出：“现代国际危机实际意味着，建立在利益一致概念上的理想主义大厦已经土崩瓦解。”② 持这种观点的还有新现实主义。新现实主义承认全球化和经济相互依存的发展使得非国家行为体的作用在不断地增强，但是，又认为当今世界政治经济状况仍是全球的无政府状态，各个主权国家为获取本国的利益而进行竞争与博弈，国家利益实质上是最核心的利益，各主权国家按照各自实力的强弱在国际社会中占有不同的地位，享有不同的权力与利益，维护本国自身的利益与安全是国家的中心任务，也是道德与正义的重要体现。③ 实质上，不单是现实主义国际关系与安全理论，其他的国际关系与安全理论如自由主义、理想主义、构建主义等，基本都是以现代主权国家为中心而建构起来的国际关系与安全理论，如何维护主权国家的安全同样是这些理论主要关

---

① 余潇枫、林国治：《论“非传统安全”的实质及其伦理向度》，《浙江大学学报》（社会科学版）2006 年第 2 期。

② 倪世雄等：《当代西方国际关系理论》，复旦大学出版社 2001 年版，第 37 页。

注的重点。

其次，传统安全是指以军事安全和政治安全为主要内容的国家安全。[①] 如何维护或确保国家安全以及由其所延伸出来的领土与主权安全、军事安全和政治安全等是传统安全问题的核心所在，也是其在安全伦理上的最高价值诉求。显然，传统安全所指是国家的生存与发展受到军事与政治方面的威胁，或者说国家行为体自身由于受到外在的威胁与挑战所引发的安全问题。这些涉及国家安全的威胁与挑战包括领土争端、危及国家政权稳定的民族利益冲突以及武装冲突等。这些冲突与争端的最高表现形式便是战争，并往往通过战争的方式加以解决。因此，不管是从军事还是从政治的视角上看，传统安全主要面临的主要问题实质上就是战争的问题。质言之，在传统安全所关注的领域之内，“安全研究的主要焦点是战争的问题”。[②] 如何更加有效地应对战争及由其所引发的安全及其伦理问题的挑战，是传统安全及其伦理问题的核心内容。

最后，传统安全的基本安全理念是建立在人的自利性与性恶论等人性多元论假设，以及国际社会的无政府状态与国际政治中的强权与战争的客观现实之上。不管是理想主义、现实主义、新自由主义还是建构主义，它们要么认为传统安全及其伦理问题的产生，根源于人性之恶与人的自利之本性，或者是国际社会的无政府状态；要么认为两者均兼而有之。在这种人性之假设与国际社会真正所处的现实状况下，人成了“经济人”、“政治人”与“道德人”。作为“经济人”与“政治人”的国家，为了维护自身的安全，确保其生存与发展，只能通过“自助”的方式，借助军事结盟或均势等手段，不断地增强自身的经济，尤其是军事实力。一个国家的安全感及其所获取的安全程度的大小，取决于其与敌国在军事实力上的“零和”博弈。这样，势必引发长久的军备竞赛，使世界各国陷入不能自拔的“安全困境”泥潭之中。作为“道德人”的国家又必须遵循特定的道德原则——国家生存与安全的道德原则，尽管所有国家都有可能“以适用于全世界的道德目标来掩饰它们自己的特殊愿望和行动”。因此，传统安全及其伦理观所体现和关注的主要是国家安全，维护国家安全是传统安全的最高目标，也是其在安全伦理价值上必须遵循的根本原则。

① 余潇枫等：《非传统安全概论》，浙江大学出版社2006年版，第77页。

（二）传统安全及其伦理观的主要困境

传统安全及其伦理观作为人类安全及其伦理观的抽象性发展，较之早期人类的“族群”安全及其伦理观而言，无论从内容，还是从理论体系上都更为复杂多变与难以驾驭。国家的形成与发展，为人类安全及其伦理观的演变与抽象性发展提供了重要前提条件，使人类的安全及其伦理观进入传统安全及其伦理观阶段。但是，国家的产生使得国家的安全问题跃升为人类安全问题的核心，以军事安全和政治安全为主要内容的传统安全及其伦理问题，至今仍困扰着人类。

显然，按照传统安全及其伦理观基本思路应对人类的安全及其伦理问题，最终只能使人类获取暂时安全，无法从根本上解决人类的安全问题。毕竟，这种以国家中心主义为主要特性的安全及其伦理观，其本质是以是否有利于或有损于国家利益、主权与领土安全、政治安全和军事安全作为判断道德上善与恶的根本标准，至于国家利益之外的其他的法律、道德规范与国际关系准则等，则可以置之不顾甚至公然践踏。这种强调国家的相对获益性，以实力在国际上获取更多的利益以及更大的发言权，以获利性作为国家的价值取向，以维护国家的主权与领土安全作为最终目的和道德取向的传统安全及其伦理观，势必会影响到国与国之间的信任度与安全感。此外，这种过于注重军事与政治安全的传统安全及其伦理观，割裂了人们对人类整体利益与安全的关注，使得国家与国家之间为了各自利益与安全而相互竞争、对抗甚至兵戎相见，进而损害的不仅仅是国家与国家之间的利益，而且也损害了人类的整体利益。因而，过分强调以领土与主权安全、军事安全和政治安全为重点和主要内容的传统安全及其伦理观，势必使人类陷入“危态对抗”的“安全困境”之中。①

实质上，国家产生后人类面临的“安全困境”，依然是迄今为止世界各国仍必须面对的客观事实。自国家尤其是现代国家产生以来，国家总是通过自助、结盟或者是集体安全等方式寻求自身安全。这样，一方面，国家或国家联盟在维护自身利益、寻求和增强自身安全的同时，势必增加其他国家或国家联盟的不安全（感），进而引发国家以及国家同盟间的军备竞赛，最终导致“安全困境”局面的出现；另一方面，自国家出现以来，

---

① 余潇枫、林国治：《论“非传统安全”的实质及其伦理向度》，《浙江大学学报》（社会科学版）2006 年第 2 期。

国家间实质上主要是通过战争方式来获取自身的安全，总是在自觉或不自觉地遵循“战争——暂时的和平与安全——战争”的方式去谋求安全与发展，但最终都不可避免地再次陷入“安全困境”之中。纵观国家产生后人类的战争史可知，不管是冷兵器时代、热兵器时代还是高技术兵器时代的战争，战争只能是获取暂时的和平与安全，并不能最终解决人类的安全问题，而且，在高技术时代的今天，战争还有可能促使人类最终走向彻底毁灭。

不可否认，国家的产生以及传统安全及其伦理观的形成，较之于早期人类的“族群”安全及其伦理观而言，早已摆脱了狭隘的“血族复仇”式的安全及其伦理观的局限性，将维护“个体”、“族群”安全的主体由原来的“血缘族群”转变为国家，这在较大程度上更加有效地维护了个体、组织等的安全与发展。然而，国家以及传统安全及其伦理观的形成与发展，使得国家的安全逐渐取代个体等的安全，成为唯一的安全主体，国家的安全便是个体以及其他主体的安全，在一个主权国家之内，国家安全是其他所有主体安全的根本，具有至上性和神圣性。这样，国家也就成为个体以及其他主体安全与发展的唯一承担者，维护国家安全便是最高的安全和最大的正义。实质上，传统安全及其伦理观强调个体以及其他主体的安全只能依靠国家才能得以实现，只有在国家安全得到有效保证的条件下，个体等主体的安全才有可能得以实现。但是，另一个不可避免的事实是，国家的安全并不完全等于主权国家内的个体以及其他主体的安全，维护国家的安全并非就是绝对的正义和符合德性。在国际社会面临的无政府状态之下，国家间为了维护自身的安全与利益不断进行军备竞赛，甚至发动战争，不仅从客观上危及了国家之中的个体以及其他主体的安全，而且在战争中所导致的大量无辜平民的伤亡以及灭绝种族性的大屠杀，其本质上就是罪恶和非正义的，理应受到严厉惩罚和道德谴责。因此，国家一方面既可以维护个体以及其他主体的安全，同时又可能威胁个体以及其他主体的安全。“个人的安全陷入一个循环的悖论，在其中它既依赖于国家又为国家所威胁。由于在国际体系中与其他国家的相互作用，国家可从多方面对其国内个人构成威胁。”①

故此，国家产生以来，在传统安全及其伦理观指导下，人类维护自身

---

① ［澳］克雷格·A. 斯奈德：《当代安全与战略》，吉林人民出版社 2001 年版，第 99 页。

安全与发展的践行方式显然有其自身无法克服的片面性与局限性，不可能从根本上达到维护国家绝对安全的目的，无法从根本上做到维护国家内个体以及其他主体的安全，也无法体现出其对自身安全的维护具有绝对的正义性。国家产生后，人类包括个体或群体的主要安全和利益既可能受到国家的保护，也可能遭受国家的威胁。此外，人类所面临的安全威胁的行为主体不仅仅是国家，还有国家之外的诸如恐怖主义组织、极端民族主义组织、跨国贩毒和人口贩卖组织等非国家行为体。国家所面临的安全及其伦理问题也不只限于以领土与主权安全、军事安全和政治安全为主要内容的传统安全及其伦理问题，而且还会涉及生态安全、经济安全、信息安全、流行性疾病等非传统安全领域。这些非传统安全领域里的安全及其伦理问题是任何一个国家行为体都无法自行解决，也不可能仅仅依靠国家这个单一行为体，而是需要更多的非国家行为体的广泛参与才能解决。因此，随着社会的不断发展，以及全球化水平的不断提升，仅从传统安全及其伦理观视角出发寻求人类的安全与发展问题的解决显然不够，也不可能使人类最终摆脱安全及其伦理问题的困局。安全问题之所以让人捉摸不定，或许是因为人类一直在以错误的方式寻求安全。传统的方式强调国防，不断积攒自身的军事实力以威慑可能的侵略。人们很少关注寻求安全的新方法，也很少为此投入资源。例如，1948—2007 年，世界各国的军费预算是 43 万亿美元，联合国维和行动大约花费了 490 亿美元。在国家安全上每花费 878 美元，就有 1 美元用在维和行动上。或许联合国第一任秘书长特里格夫赖依说得没错，“战争之所以发生，是因为人们总是在为冲突而不是为和平做准备。”① 可见，我们确实需要不断拓宽寻求人类安全的领域与方法，尤其需要从非传统安全及其伦理观视角，探寻和解决人类的安全及其伦理问题。

① ［美］约翰·鲁尔克：《世界舞台上的政治》，白云真等译，世界图书出版公司 2012 年版，第 385 页。

第四章　非传统安全及其伦理观

第二次世界大战后尤其是“冷战”的结束以及全球化等迅速发展，非传统安全及其伦理问题日益凸显，并成为当今国际社会必须面对和亟待解决的问题。这表明当今人类面临的安全及其伦理问题更加多元化、复杂化与全球化。安全及其伦理问题不再仅限于国家安全之内，人类面临的安全及其伦理问题也并非仅靠国家就能够得到有效解决。2005 年 9 月联合国特别首脑峰会所发表的《共同文件》中指出：“未来如果不能以合作的方式克服形形色色的非传统安全威胁的话，即使大国不会再陷入 60 年前的那场世界大战，也不可能真正为所有的人赢得尊严、机会与和平的生活。”据联合国发展署公布的数字，1955—2000 年的 45 年间，人类死于自然灾变、流行病、瘟疫、恐怖活动以及极度贫困的人口数字，是战争死亡的 80 倍。[①] 可见，非传统安全及其伦理问题实质上已经同传统安全及其伦理问题一样，成为人类安全与发展的重大威胁。它既是人类探寻和解决自身生存与安全问题的实践在理论上的重要体现，也是指导人类践行并维护自身安全与发展的理论依据。

一　非传统安全及其伦理观的根源性探寻

从非传统安全及其伦理问题产生的根源性看，非传统安全及其伦理问题产生的历史几乎同人类存在的历史一样久远，即自有人类社会以来，非传统安全及其伦理问题便伴随其中。虽说非传统安全及其伦理问题所涉及内容并非近几十年才在国际社会出现，但非传统安全及其伦理问题的凸显及其理论形成则是在第二次世界大战后尤其是“冷战”后全球化迅速发

---

① 朱锋：《“非传统安全”呼唤人类共同体意识》，《瞭望新闻周刊》2006 年第 1 期。

展历史条件下的事情。也就是说，非传统安全及其伦理问题的凸显及其理论的形成，是人类社会发展到特定阶段，即非传统安全及其伦理问题已经同传统安全及其伦理问题一样，成为严重威胁人类生存与发展的重大安全与伦理问题时，才得以凸显并成为人们关注的焦点。

（一）非传统安全及其伦理观的基本内涵

无论传统安全还是非传统安全，都归属于安全范畴之内。因此，非传统安全当然也具有传统安全所具有的基本属性。从非传统安全及其伦理问题存在的客观现实角度上看，非传统安全及其伦理问题显然要早于国家产生后才出现的传统安全及其伦理问题。然而，从理论形成时间先后看，非传统安全及其伦理观作为后来者，是人类对自身面临的安全及其伦理问题进一步反思与拓展的必然结果，也是人类对安全及其伦理问题的理解与深化的重要体现。但是，就目前而言，对于何为非传统安全，学术界也是仁者见仁，智者见智，尚未形成统一意见。这从某种程度上足以说明非传统安全及其伦理问题的复杂性。

有关非传统安全的研究，国外始于20世纪70年代，并在20世纪80年代得到较为广泛的研究，其中所涉及内容主要有人口、资源、工农业生产、生态、经济、能源、文化、信息以及社会公共安全等方面。国内有关非传统安全的研究主要始于20世纪90年代，形成了一系列相关论著和文章，并在社会中引起了广泛关注。综观国内学者对非传统安全的界定，可以归结为以下几点。

一是认为非传统安全是西方主流学者“权力话语”的体现。它与传统安全的区别在于，较之于传统安全的研究对象为政治、军事与战争而言，非传统安全的研究对象为经济、社会、文化等领域。这种观点同时又认为，非传统安全理论主要是“西方中心主义”的体现，非传统安全问题基本是西方发达国家的问题，在中国基本上是个“伪问题”。[①] 这种观点一方面肯定了非传统安全存在的客观事实，是相对于传统安全而言，且引起重点关注的危及人类安全与发展的安全问题，在很大程度上道出了非传统安全最为重要的特性。另一方面又强调，“我们在判断和处理安全问题时，有必要区分问题的话语主体，注重安全问题的特殊性”，“具体安全问题是‘传统’的，还是‘非传统’的，必须慎重考虑具体安全问题

① 叶知秋：《谁之“非传统”，何种“安全”?》，《世界经济与政治》2004年第4期。

的时空背景"。[1] 也就是说，由于话语主体以及时空背景等的不同，非传统安全与"传统安全"的界定并非铁板一块，即一个安全问题对于此一话语主体而言是"传统安全"问题，而对于另一话语主体而言则有可能就是非传统安全问题；反之亦然。这种观点强调非传统安全的西方话语权性，从某种程度上要求我们要警惕西方学者所倡导的非传统安全的别有用意性，这显然是值得我们认真考虑并引起注意的问题。但是如果由此认为非传统安全在中国是个"伪命题"，显然是有失偏颇的。实质上，非传统安全及其伦理问题成为全球性的安全与安全伦理问题，已成为不少人的共识。问题的关键在于，如何在应对非传统安全及其伦理问题上准确把握其实质并确保在其中的话语权。

二是将非传统安全看作一种更注重"人的安全"的安全理论。认为非传统安全的核心是人的安全，在新的国际形势和时代背景下，安全关注的对象应该是现实中的人。在内容上，这种观点认为，直接面对威胁的是人，而不是其他。因此，那些对人的安全存在直接威胁的要素，是考察非传统安全的基本出发点。人的安全强调人的权利，强调谁安全、从哪儿得到安全和如何确保安全等问题。[2] 这种观点认为，非传统安全注重的是人的安全问题，安全研究的重点理应落到人自身的安全之上。安全应该是体现以人为本的伦理理念，这当然是合理的，也是应该的，但以此为由将非传统安全的核心看作人的安全显然值得商榷。就非传统安全所关注的直接对象而言，其主要是以政治安全（国家主权、领土安全）以及军事安全之外的其他方面的安全为主要对象，这些诸如经济、信息、文化等的安全当然会危及人的安全，与人的安全息息相关，但是国家主权、领土、军事等的安全同样也会危及人的安全，同样也与人的安全紧密相连。因而，仅仅强调以经济安全、信息安全、文化安全等为对象的非传统安全就是关注人的安全，而以国家主权、领土和军事的安全为对象的传统安全所关注的只是国家的安全而不涉及人的安全，显然，在逻辑上让人难以接受。实质上，不管是传统安全还是非传统安全，其最终都会涉及人的安全，都与人的安全紧密相连。因此，从传统安全与非传统安全所涉及对象的本质看，它们只有内容与方式上的不同，而非本质上的差异，或者说它们只是在涉

---

① 叶知秋：《谁之"非传统"，何种"安全"?》，《世界经济与政治》2004 年第 4 期。

② 何忠义：《"非传统安全与中国"学术研讨会综述》，《世界经济与政治》2004 年第 4 期。

及的安全领域、安全内容以及所采取维护各自安全的方式上具有差异性，但从它们的目的性而言，都应是以维护人的安全为终极目的。

三是认为非传统安全扩大了传统安全议题，同时是吸收了“人的安全”后而形成的一种新的、综合的、修正了的安全观念，是一种广义安全观。[①] 虽说对于何为“人的安全”学者们还存在着分歧，但他们在非传统安全研究的主体、内容、范围的扩大化与国际化等方面达成共识，认为非传统安全问题的解决需要通过国际的合作方能奏效。这种观点肯定了第二次世界大战后尤其“冷战”以来世界安全环境的新变化以及解决安全问题的复杂化与多样化的现实状况，提出了用新的安全观——非传统安全观（广义安全观）来统摄新形势下的安全问题，这为我们更好地了解安全及其伦理问题的实质以及更好地应对安全及其伦理问题所带来的各种挑战提供了更加广阔的视野和思路，但是，这种界定未能将传统安全与非传统安全明确区分开来，在实际运用过程中容易引起混淆，从而不利于安全及其伦理问题的有效解决。

四是认为非传统安全是“一切免予由非军事武力所造成的生存性威胁的自由”。[②] 笔者比较认同这种观点。非传统安全研究的重点是“非战争”的现象和由“非军事武力”所引发的安全问题。为此，与传统安全更加注重通过物质（军事）手段来解决安全问题不同，非传统安全更多地借助价值手段来应对安全的挑战与威胁。在泰瑞·特里夫看来，非传统安全问题的共同特性主要有：大部分非传统安全问题具有跨国家或次国家性，它们不是以国家安全为中心，故此，不应该通过以国家安全为中心的理论（传统安全理论）去应对和解决它们；大部分非传统安全问题主要表现为扩散性、多维性和多方向性，它们没有明确的地域界线；虽说军事防御在涉及暴力冲突时能够起到重要作用，但是要有效应对非传统安全问题的挑战，主要是借助非军事手段去应对与解决。[③]

显然，对于何为非传统安全学界目前仍存在不同意见。但有一点可以肯定，非传统安全是动态性的。非传统安全反映了安全环境的变化，体现了在风险社会以及全球化条件下诸多危及人类生存与发展但又有别于传统安全威胁的新的安全威胁与挑战的现实状况。故此，非传统安全及其伦理

---

① 何忠义：《“非传统安全与中国”学术研讨会综述》，《世界经济与政治》2004 年第 4 期。

② 余潇枫等：《非传统安全概论》，浙江人民出版社 2006 年版，第 52 页。

③ Terry, T., *Security Studies Today*, Cambridge: Polity Press, 1999, pp. 117 - 118.

观是相对于传统安全及其伦理观而言的，其核心是确保人类免予由“非军事武力”之外的其他安全威胁所造成的伤害。它是人们对一切由非军事领域造成的安全及其伦理问题进行系统思考所形成的安全理论、观点和道德价值判断。非传统安全及其伦理观的提出表明，在新安全环境之下，人类面临的安全威胁与挑战并非仅限于军事与战争领域，而是越来越多地体现在非军事和战争之外。因而，单纯地用传统安全的理论去应对这种新变化显然无法达到既定的目的。此外，非传统安全与传统安全两者并非泾渭分明，而是交织凸显。客观现实告诉我们，非传统安全及其伦理问题可以转化成传统安全及其伦理问题，反之亦然。但无论如何，非传统安全及其伦理观的提出，拓展了安全理论的研究领域，有效反映了人类当前面临的现实安全环境。非传统安全及其伦理观表明，人类的安全环境是不断发展和变化着的，安全理论的研究也应该随之不断发展与创新。这既是人类安全现实发展的重要体现，也是人类安全及其伦理观演变的必然结果。

综上所述，非传统安全及其伦理观的提出，表明传统安全及其伦理观局限性的进一步凸显，同时也拓展了安全及其伦理问题研究的领域，使得人们对安全及其伦理问题的关注不再仅限于与人的安全相关的国家主权安全、领土安全和军事安全之内，而是扩展到与人的安全相关的其他诸如经济、文化、金融以及信息等非传统安全领域。同样，人们对安全伦理的价值判断也需要从维护国家安全的正义性向国家安全外其他领域安全的正义性拓展。这些安全及其伦理问题研究的拓展表明，人类在新的时代背景之下，应对安全威胁及其所引发的安全伦理问题的多样性、层次性、交叉性与复杂性，同时也为我们廓清自身所面临的安全威胁的来源、性质、类别等提供了较为清晰的思路与路径，从而有利于进一步研究和更好地应对自身所面临的安全及其伦理问题的挑战。

（二）非传统安全及其伦理观的形成与发展

从理论而言，非传统安全及其伦理观的出现晚于传统安全及其伦理观而出现的安全理论，是安全及其伦理问题在理论上的拓展。但是，从非传统安全及其伦理问题产生的根源性探寻可以得知，非传统安全及其伦理问题的出现几乎同人类的存在一样久远，也就是说，自有人类与人类社会以来，人类就面临着非传统安全方面的威胁。毕竟，自有人类与人类社会以来，人类便不断地面临着诸如传染性疾病、重大自然灾害以及国家产生后的诸如恐怖主义暗杀、资本主义工业革命时期所造成重大环境污染等危及人类生存与发展等安全及其伦理问题。这些给人类的生存与发展带来威胁的非传统安全问题，不是所谓的“新”的安全（安全伦理）问题，而是同人类一样早已存在。因此，从非传统安全及其伦理问题的产生的根源性看，其并非是什么“新”的安全与安全伦理问题，问题的关键是，这些“古老”的安全与安全伦理问题，如何演变成为当今炙手可热的“新”问题，并为世界各国学者、非政府组织、政府等所必须积极面对并极力解决的？其中的缘由显然值得进一步去探究。

1. 非传统安全及其伦理观的“潜藏”

非传统安全及其伦理问题的“凸显”并为世人所重视前经历了一个漫长潜伏期。这段漫长的潜伏期，是了解非传统安全及其伦理观形成不可逾越的重要阶段。

自人类社会存在的那一刻起，安全及其伦理问题便伴随其中，一直延续到今天乃至遥远的未来。可以说，只要有人类存在，安全及其伦理问题便会与其相伴。在这些诸多危及人类生存与发展的安全及其伦理问题中，一些会随着人类科学技术的进步得到有效解决；一些会一直伴随人类始终；还有一些新的安全及其伦理问题，则会随着人类社会发展而不断涌现。显然，基于非传统安全及其伦理观视角，这些对人类生存与发展构成威胁的安全问题，很多可以纳入非传统安全及其伦理问题的范围之内。譬如，国家产生前的各种危及人类生存与发展的安全及其伦理问题，大都可以归结为非传统安全及其伦理问题，毕竟国家产生前的安全及其伦理问题并未涉及国家主权、领土安全、军事安全与政治安全等传统安全问题。国家产生后，除涉及国家主权、领土安全、军事安全与政治安全等传统安全及其伦理问题外，其他安全及其伦理问题，实质也可归结为非传统安全及其伦理问题。由此可见，非传统安全及其伦理问题不仅早已存在，而且还会延续到今天，乃至国家消亡之后的人类社会。这些“潜藏”的非传统安全及其伦理问题，一般又可以分为“天灾”[①]与“人祸”。

“天灾”是指主要由自然因素所引发的各类危及人类安全的自然灾害，包括火山、地震、台风、海啸、龙卷风、洪水、泥石流、旱灾、沙尘

①　全世界至少有20座城市被爆发的火山瞬间彻底毁灭。其中最早的记载是公元前1470年的古希腊，当时繁华的克诺索斯古城被突然爆发的森托林岛火山夷为平地，米诺斯文明中心以及130公里外的克里特岛顷刻被毁灭。参见刘学理《天灾威胁人类生存的16大自然灾难》，上海文化出版社2008年版，第17页。

暴、流行性疾病等。这些灾害的暴发主要是自然自发形成，具有不可抗拒性的特点。它们大多与人为的因素关系不大，或者说人为因素在其中所起到的作用并非决定性的。然而，这些灾难对人类安全却构成了重大的威胁，有些甚至是毁灭性的。比如，历史上的各种流行性疾病诸如鼠疫、麻风、天花、斑疹伤寒、疟疾、霍乱、肺结核等，就曾给人类安全造成过严重威胁。[①]"人祸"主要是指由人类的行为、实践等所引发的危及人类自身安全的各种灾害。从非传统安全的视角上看，这些人祸包括前国家时期的"血族复仇"、国家产生后的各种恐怖主义政治暗杀、由战争所引发的各种瘟疫、污染、火灾、饥荒等。

由此可见，作为"潜藏"的非传统安全问题，"天灾"与"人祸"对人类造成的伤害是巨大的，其可以促使人口在较短时间内剧减、城市顷刻间毁灭，其严重程度不亚于传统安全中的战争，其对人类安全所构成的威胁也是显而易见的，其所引发的安全及伦理问题一直也成为人类必须面对的重大问题。为了有效应对这些"潜藏"的非传统安全所带来的各种挑战，人类对其进行的各种斗争就一直没有停止过。一方面，在科学技术贫乏的条件下，早期人类对这些诸如火山、地震、海啸、流行性疾病等"天灾"与"人祸"所带来的安全威胁，持恐惧、敬畏甚至是神秘主义的

---

① 历史证明，流感大流行与地震、飓风、海啸一样，注定要发生，并带来四个主要后果：(1) 发病率高，1918年大流行引起20%—40%世界人口患病；(2) 病死率高，如1580年大流行，罗马城8000人死亡；1918年大流行，全球5000万—1亿人死亡；(3) 社会破坏严重，1580年大流行导致一些西班牙城市灭绝；(4) 经济损失巨大。(参见张忠鲁《大流行性流感：古老的疾病，人类的灾难》，《医学与哲学》2005年第12期。) 1817—1923年的100多年间，霍乱在亚、非、欧、美各洲，曾先后发生过6次世界性大流行。1818年前后，英国在霍乱大流行中约死亡6万人，后来调查的结果显示，饮用水是元凶，清洁水源后即有效控制了疾病的进一步扩散。以后还证实受污染的水、食品以及苍蝇等都可以是传播媒介。19世纪的霍乱大流行迫使人们注意水源、食品、环境等的卫生状况，促成了公共卫生学的建立。约翰·斯诺在19世纪中叶对伦敦霍乱流行进行的医学调查开创了早期的流行病学工作。参见牛亚华《历史上人类与传染病的斗争》，http://www1.ihns.ac.cn/members/student/epidemical%20history.htm。中国历史上最早记载的疾疫发生在周代。春秋时，鲁庄公二十年夏，"齐大灾"。按照《公羊传》的解释，此大灾即大疫。此后，关于疾疫的记载不断增多。据邓拓在《中国救荒史》一书中的不完全统计，历代发生疫灾的次数为：周代1次，秦汉13次，魏晋17次，隋唐17次，两宋32次，元代20次，明代64次，清代74次。从公元前七世纪起的2000余年间，疫灾的发生逐渐增加并呈加速度发生特征。而随着人口的日益增加，疫灾对人的杀伤力也日见增强，每次死亡人数都很惊人。从死亡人数看，程度最严重的一次是金朝开兴元年（1232），汴京大疫，50日间，"诸门出死者九十余万人，贫不能葬者不在其数"《金史·哀宗纪》。（参见张文《中国古代的流行病及其防范》，《光明日报》2003年5月13日。）

态度，并通过图腾崇拜、禁忌等方式来祈求和平与安全。显然，这些方式在对人类自身安全的维护，以及有效应对“天灾”与“人祸”威胁方面作用是微乎其微的。但在这些图腾崇拜与禁忌中，某些要求人类与自然和谐相处，以及对自然界各种物种的保护等规范，在保持自然平衡、预防和减少这些灾害对人类的危害方面，却具有积极的作用。“自然界中的各个方面，无论动植物还是岩石，有色人种还是主流人种，男性还是女性，死去的还是活着的，都在维持宇宙秩序的过程中发挥着一定的作用。每一个体的努力，无论是人类还是其他的物种，都会最终汇入这一巨大的整体之中”。①

另一方面，人类始终通过各种有效实践活动来减少和消除这些“天灾”与“人祸”的伤害。比如人类在与传染性疾病打交道的过程中，学会通过穿防护服、通风、隔离、焚烧、掩埋等方式来防止传染病的危害，并在不断实践的基础上研制出疫苗，最终用通过注射疫苗的方式来有效控制传染性疾病对自身安全所带来的危害。实质上，人类正是在不断与危及自身生命安全的各种“天灾”与“人祸”打交道的过程中，逐渐获取对这些灾害发生规律的认识，逐步消除这些“潜藏”的安全威胁，尽管这个过程是如此艰难与漫长。

“天所以有灾变何？所以谴告人君觉悟其行，欲令悔过修德深思虑也”（《白虎通·灾变》）。显然，人类无论是借助图腾崇拜、禁忌的方式，还是通过自身实践经验积累，以及依托科学技术的进步来消除各种“潜藏”的非传统安全所引发的威胁，其所展现的不仅仅是人类一直以来都在通过不同方式与这些“天灾”与“人祸”进行不屈不挠斗争的客观现实，也是人类安全及其伦理观形成与不断发展的内在必然性与规律性，是人类对安全及其伦理问题不断反思的必然结果。毕竟，这些“潜藏”的非传统安全要素对人类的生存与发展构成了重大威胁。然而，这些自古以来就存在并威胁人类安全的非传统安全要素，为何经历了一个这么漫长的“潜藏”期？也就是说，非传统安全及其伦理问题的凸显为何是20世纪，尤其是“冷战”结束后才发生的事情？“非传统安全问题由来已久，只是这类问题在开始时并没有带来普遍的威胁，且往往与传统安全相缠绕并附

① ［美］默里·布克金：《自由生态学：等级制的出现与消解》，山东大学出版社2008年版，第38页。

属于传统安全问题。用非军事的手段去实现某种军事的目标是非传统安全问题的最初形式”。[①] 可见，非传统安全及其伦理问题存在的真实性无须质疑，但非传统安全及其伦理问题的“潜藏”，却有其特定的历史原因。

首先，自人类存在以来的很长时间，虽然人们所面临的安全及其伦理问题主要是“天灾”等这些“潜藏”的非传统安全问题，但是，由于生产力水平十分低下，以及科学技术贫乏等因素的限制，人们更多地把这类对他们生存构成巨大威胁的安全问题，归咎于某些神秘的力量，而不能对其形成正确的认识和科学的判断，更不用说对这类安全威胁进行系统性思考与科学性研究。这种状态一直持续到国家产生后的很长时间里，甚至涵盖了人类社会发展阶段中的整个封建社会。

其次，近代以来，随着科学技术的不断发展，人们对诸如“天灾”等“潜藏”的非传统安全的威胁形成了科学的认识与判断，并通过科技等手段有效消除或降低了部分“天灾”对人类安全的危害。这表明这些“潜藏”的非传统安全及其伦理问题已逐渐为世人以及世界各国政府所关注并不得不认真对待，进而将其纳入安全及其伦理问题考量的范围之内。然而，这些“潜藏”的非传统安全及其伦理问题并非由此而得到彰显，其依然是同传统安全及其伦理问题一样处于混沌不分的状态之中。毕竟，传统安全及其伦理问题理论的形成主要是20世纪初以来的事情。

此外，在传统安全理论形成后的很长时间，人们对安全及其伦理问题的关注更多的依然是国家安全，即如何更好地维护国家主权、领土和军事安全，实现国家的各项利益依然是人们和国家高度关注的重点。实质上，自国家产生以来，人们对国家安全的关注远非其他方面的安全所能比拟的。简言之，传统安全及其伦理问题较之于这些“潜藏”的非传统安全及其伦理问题而言，具有压倒性的“优势”，这种局面持续到第二次世界大战，甚至“冷战”结束之后。其中的根本原因在于，自国家产生以来，传统安全（国家的安全）是一种“常态性”和“可控性”的安全，而这些“潜藏”的非传统安全却具有“偶发性”和“难以控制性”。较之于具有“偶发性”和“难以控制性”的非传统安全而言，具有“常态性”和“可控性”的传统安全及其伦理问题，显然更易引起人们的关注，从而在安全及其伦理问题中占据主导性的地位。正是由于传统安全及其伦理

① 余潇枫等：《非传统安全概论》，浙江人民出版社2006年版，第41页。

问题的主导性地位，使得这些“潜藏”的非传统安全及其伦理问题，往往被统归于传统安全及其伦理问题的领域之内，致使非传统安全及其伦理问题在较为漫长的时间里并没有得到应有彰显和重视，但其作为危及人类安全而存在的客观事实，却不容忽视与否认。

2. 非传统安全及其伦理观的凸显

非传统安全及其伦理问题早已存在，非传统安全问题并非一个“新”的安全和安全伦理问题。诸如针对政治首脑、敌方将领的暗杀等恐怖主义、像“非典”之类的传染性疾病等，历史上早已有之；工业革命以来所产生的环境污染、能源危机等安全与安全伦理问题亦已客观存在。然而，我们并不能因此就得出“非传统安全的命题本身有自相矛盾”或者是“伪命题”的结论。毕竟，非传统安全及其伦理问题首先是作为一个“潜藏”的方式存在着。同样，非传统安全及其伦理问题的凸显，并成为“新”的安全及其伦理问题，也是不应否认的客观事实。

第二次世界大战尤其是“冷战”结束以来，随着新科技革命的迅速兴起，经济全球化的迅猛发展，世界安全格局发生急剧变化。在“冷战”两极格局的对峙期间，一方面，传统安全及其伦理问题因美苏为首的两大阵营的对峙，上升到巅峰状态，军备竞赛加剧，局部战争连绵不断，军事上的威胁已上升到核威慑阶段，人类所面临的传统安全威胁进一步提升；另一方面，第二次世界大战后新科技革命的迅猛发展，加速了世界经济的发展及其一体化的进程，世界各国的经济依赖性增强，由此也引发了影响世界各国的诸如金融安全、贸易安全、货币安全等经济方面的安全问题。此外，自20世纪70年代石油危机起，能源安全也开始作为新的安全问题引起世人高度关注。这些新的非传统安全问题在一定程度开始“常态化”，变得同传统安全一样，成为世界各国不得不关注的安全和安全伦理问题。随着两极格局的瓦解以及“冷战”的结束，核战争与爆发世界性大战的危险得到有效缓解，传统安全及其伦理问题的张力也开始下降。然而，与传统安全及其伦理问题相对而言的非传统安全及其伦理问题，却因全球化与经济一体化等的发展而得以凸显，成为当今世界与传统安全及其伦理问题一样重要的“新”的安全及其伦理问题。

20世纪90年代以来，在新技术革命以及信息化迅速推动下，全球化进程得到了前所未有的发展，世界被“压缩”成一个更加紧密联系的整体或“地球村”。世界各国在政治、经济上的依存度进一步提升，各国在政治、经济、文化、科技、军事、安全、意识形态、生活方式以及价值观念等领域的相互交流与联系、相互影响与碰撞、相互制约与融合不断增强。这些都在不断地改变着世界各国人民的生活，使得各国人民在全球化的浪潮中能够共享人类文明发展的共同成果，不断地促进自身的发展和推动社会的进步。然而，全球化所导致的另一个严重的后果就是国际恐怖主义、有组织的跨境与跨国犯罪、重大流行疾病和环境污染、经济危机等的迅速全球化。这些危及人类安全的因素在搭乘全球化这个“高铁”之后，必然会对人类安全构成重大威胁，并造成严重的安全和安全伦理问题。实质上，不管是恐怖主义、有组织的犯罪、重大的流行性疾病，还是环境污染等，在全球化之前，其对人类安全的威胁仅限于特定的国家、地区之内，无论如何其都不可能像在全球化的今天那样，不管是在影响范围还是在破坏性方面，都对人类的安全构成如此巨大的威胁与挑战。

比如，始于1997年的亚洲金融危机在短短的18个月里，就造成除日本以外的亚洲股市的市值（以美元计算）平均骤降40%，其中，印度尼西亚雅加达股市的市值降低了90%。危机涉及的国家和地区的货币急剧贬值，1997年7月1日至1998年1月9日，菲律宾、马来西亚、韩国、泰国和印度尼西亚的货币分别贬值了40%、48%、51%、54%和73%。东亚国家几十年积累的财富几乎一夜之间荡然无存。金融危机扫荡国民的财富、洗劫百姓的钱财、致使大量企业破产、破坏正常的社会秩序和导致人类道德的沦丧。[①] 在全球化、信息化条件下，国际恐怖主义已对世界各国安全构成了重大挑战。纵观全球范围内恐怖活动的发展态势，国际性恐怖活动与国际环境联系越来越密切。据统计，目前全球各种恐怖活动中有70%左右属于国际性或跨国性，其中仅针对美国的恐怖袭击案件就占1/3以上，袭击者大多数来自发展中国家。[②] 其中，2001年发生在美国的震惊世界的“9·11”恐怖主义袭击事件不仅造成数千无辜的生命消逝，而且也造成巨大的财产损失。美国联邦调查局的官员在2001年9月29日声称，策划实施“9·11”恐怖袭击事件只花费了约50万美元。而联合国发布的报告说，恐怖袭击给美国带来的财产损失高达400亿美元（不计人身损失），并将使2001年世界经济的增率降低一个百分点，全球损失

① 余潇枫等：《非传统安全概论》，浙江人民出版社2006年版，第43—44页。
② 王逸舟等：《恐怖主义溯源》，社会科学文献出版社2010年版，第95页。

3500亿美元。纽约市财政官员估计，考虑到建筑物、死亡人员和经济停顿等损失，恐怖袭击给纽约市造成的经济损失高达1050亿美元。①

显然，全球化的迅速发展在加速世界各国在资源、信息、科技、文化等领域交流与共享的同时，也为文化价值观念的冲突、恐怖主义与跨国犯罪的盛行、高危流行性疾病的迅速传播、经济危机在全世界范围内的迅速蔓延等提供了前所未有的便利条件。全球化加快了对全球生态系统的掠夺性开发与破坏，进而引发了诸如物种灭绝、海洋与河流的严重污染、全球性的气候变暖、臭氧层的破坏等危及全人类生存与发展的重大安全与伦理问题。全球化也进一步加剧了世界范围内的贫富两极分化。联合国开发计划署在1999年公布的《人类发展报告》中指出，全世界各占人口1/5的最富和最穷的人们，人均国民收入的差距已由1960年的30∶1，1990年的60∶1，扩大到1997年的74∶1。这种日趋严重的贫富两极分化，势必在全球范围内造成诸多不稳定与不安全因素，甚至为国际恐怖主义与跨国犯罪的盛行、高危流行性疾病的迅速传播等注入“新的动力”。可见，在全球化与信息化浪潮推动下，无论是业已“潜藏”的非传统安全及其伦理问题，还是在新的时代背景下所产生的诸如信息安全、金融安全等新的非传统安全及其伦理问题，都早已超出传统安全及其伦理问题所能涵盖和有效应对的范围，其对人类安全构成的威胁在某些层面已经达到或超过传统安全带来的威胁。所有这些表明，与传统安全及其伦理问题相对应的非传统安全及其伦理问题的凸显，已水到渠成，成为历史的必然。

非传统安全及其伦理问题的凸显表明，人类安全及其伦理观的发展已经进入一个新的阶段，人类面临的安全及其伦理问题已步入多元化、复杂化与全球化时代。这表明某些新的非传统安全及其伦理问题的出现，已改变了其原来单纯“偶发性”的特性，使之既有“偶发性”，又具“常态性”。这同时也表明，原有的单纯依靠传统安全及其伦理观为指导的实践方式已经无法有效应对诸多新的、复杂多变的安全问题对人类安全形成的挑战。国家与国家间的安全与利益等关系也不能简单归结为“零和博弈”或者是“非敌即友”，而是既竞争又合作，既要维护自身的利益与安全，又要观照对方的利益与安全，最终以期达到彼此间的“共赢”。毕竟，在

① （北京）《晨报》2001年10月1日；《人民日报》2001年10月12日，转引自王逸舟等《恐怖主义溯源》，社会科学文献出版社2010年版，第141页。

全球化的背景之下，诸如物种的灭绝、海洋与河流的严重污染、全球性的气候变暖、臭氧层的破坏等生态性的安全威胁，恐怖主义与跨国犯罪的盛行，高危流行性疾病的迅速传播等，使得任何国家都不可能置之事外，也不可能单凭自身的力量就能解决好。

二 非传统安全及其伦理观的基本特性与现实困境

非传统安全作为一种“由非军事武力所造成的生存性威胁的自由”的安全理论，具有与传统安全不同的根本特性，同时也面临着诸多现实的困难与挑战。

（一）非传统安全及其伦理观的基本特性

有关非传统安全的特性，学者们有过很多极有见地的阐述，为我们了解非传统安全及其伦理观的特性提供了十分有益的借鉴。

在朱峰教授看来，与传统安全相比较而言，非传统安全具有如下四个特性：（1）非传统安全主要指向“跨国家”的安全互动，以及国家内部产生的诸如现已较为常见的“种族冲突”等安全威胁。（2）非传统安全着重研究的是“非国家行为体”所带来的安全挑战。这些“非国家行为体”包括恐怖主义、极端民族主义、跨国贩毒和人口走私组织以及煽动暴力和反人类思想的邪教组织等。（3）探究“非军事安全”在国家和国际安全中的影响是非传统安全研究的主要任务。非军事威胁之所以成为“安全问题”，是因为它们同样对人类的和平、发展与价值造成巨大危害。不解决这些非军事危害，人类就难以享有真正的安全。（4）非传统安全希望完成对安全观念的重构，更多将“人”——在概念解释中无差异、无区别的人类整体，视为安全主体和实现安全的目的，即非传统安全则将重点转向超越国家差异之上的社会和人的安全，以人类维持日常生活、价值和免予匮乏、天灾以及专制的迫害为最基本的内容和目的。①

在余潇枫教授看来，非传统安全具有问题的始发性、成因的潜在性、传递的扩散性、表现的多样性以及治理的综合性等特点。问题的始发性表

① 朱锋：《“非传统安全”解析》，《中国社会科学》2004 年第 4 期。

明，非传统安全在过去很少见或根本就没见过，但现在却变得日益“现实化”与“普遍化”；成因的潜在性表明，某些非传统安全问题诸如恐怖主义、流行性疾病等早已存在，但由于长期以来没有得到应有的重视和有效治理而演化成为人类的“生存威胁”、“跨国威胁”；传递的扩散性是指非传统安全大多是地区安全、全球安全和人类安全的问题；表现的多样性是指非传统安全威胁的来源是多元的、复杂的，更多的是来自非国家行为体，甚至是个人；治理的综合性是指非传统安全的跨国性使其具有极大破坏力与很强的蔓延性，需要对其进行跨领域、跨国家的综合治理与维护。①

当然，也有学者将非传统安全的特点概括为：（1）强调“冷战”结束和全球化不断扩展这个大的时代背景；（2）强调行为体的多样性以及多样性的行为体之间的安全关系问题；（3）强调非传统安全问题的跨国性；（4）强调非传统安全问题的不确定性及其变化性；（5）强调安全的非军事性；（6）强调问题解决的国际合作性、协商性；（7）强调各问题领域之间的联系性，不再孤立地单向性思考问题；（8）强调在安全概念和安全观念上要有新思维。②

显然，以上专家、学者对非传统安全特点的阐述无疑十分中肯和较具代表性，这表明学界对非传统安全问题的研究达到一个较新的高度。实质上，由于现实社会中，传统安全及其伦理观与非传统安全及其伦理观并非“泾渭分明”，在很多情况下它们还是交织在一起，这为我们准确区分和阐述它们之间的特性，增加了不少难度。但就非传统安全及其伦理问题而言，主要有以下四个特性。

首先，从非传统安全及其伦理问题产生的根源性看，非传统安全及其伦理问题产生的根源是全方位的。非传统安全及其伦理问题既可以来自大自然，也可以来自人类社会，也就是常言的“天灾”与“人祸”。这其中的“天灾”与“人祸”，又会可能随着人类改造自然和征服自然能力的提升，相互影响甚至是恶性循环。从某种程度上而言，“天灾”对人类安全带来的威胁具有不可抗拒性与难以预测性，其本身当然还谈不上伦理或道德问题，但是，由“天灾”所引发的各种人道主义灾难，甚至有些“天

① 余潇枫等：《非传统安全概论》，浙江人民出版社2006年版，第53—54页。

② 何忠义：《“非传统安全与中国”学术研讨会综述》，《世界经济与政治》2004年第3期。

灾”是人为或国家因素造成，或者与人为或国家因素密切相关等，就成了非传统安全及由其所引发的安全伦理问题。譬如由全球性的气候变暖所带来的各种灾难，人类可以说难辞其咎。“人祸”本身同样也会造成非传统安全及其伦理问题，如现代国家间的战争引发大量难民潮与人道主义灾难等。因此，不管是“天灾”还是“人祸”，其实质上都可能会导致非传统安全及其伦理问题的产生。

其次，从非传统安全及其伦理问题产生的条件看，非传统安全及其伦理问题的产生主要是在全球化浪潮背景之下，在信息化、现代化进程中引发的非传统安全及其伦理问题。正如前所述，有些非传统安全及其伦理问题其实早已有之，但其在很长时间内只处于“潜藏”的状态，或者归结为传统安全及其伦理问题的范围之内。全球化浪潮的迅猛发展使得世界经济一体化、信息高速化、交通便利化以及地球“村落化”等已成为客观现实。全球化的发展不仅催生了一些“新”的非传统安全及其伦理问题，而且为已有的“潜藏”的非传统安全及其伦理问题在全球范围内迅速蔓延提供了必要条件，进而增强和扩大了非传统安全问题对人类的威胁，促使某些“偶发性”和“局部性”的非传统安全及其伦理问题成为“常态性”与“全球性”问题。

再次，从非传统安全及其伦理问题涉及内容上看，非传统安全及其伦理问题涉及的内容更加复杂化与多元化。这些非传统安全问题主要表现为：“一是人类为了可持续发展而产生的安全问题，包括环境安全、资源利用、全球生态问题以及传染性疾病的控制和预防；二是人类社会活动中个体国家或者个体社会失控失序而对国际秩序、地区安全乃至国际稳定所造成的威胁，包括经济安全、社会安全、人权、难民等问题；三是跨国界的有组织犯罪，如贩卖人口、毒品走私等；四是非国家行为体对现有国际秩序的挑战和冲击，最典型的是国际恐怖主义；五是由于科技发展以及全球化所产生的安全脆弱性问题，例如网络安全、信息安全以及基因工程安全。”① 这些安全问题以及由其引发的伦理问题较之于传统安全及其伦理问题更加复杂化、多元化，从而也为有效应对由其所带来的挑战提出了更高要求。

最后，从安全及其伦理问题表现形式看，非传统安全及其伦理问题是

① 朱锋：《非传统安全解析》，《中国社会科学》2004年第4期。

在新的时代背景之下凸显的“新”的安全与安全伦理问题，其确实具有传统安全及其伦理问题所不具备的独特特性。那就是非传统安全及其伦理观表现为较强的全球中心主义色彩。①

全球中心主义可追溯到古希腊斯多葛学派。该学派认为，宇宙是一个统一的整体，它存在着一种支配万物的普遍法则，即“自然法”，亦称“逻各斯”或“世界理性”。在斯多葛派看来，自然法赋予每个人的理性是相同的，因此，所有人均具有相同的理性，都是平等的主体。由于宇宙是一个统一的整体，而人、社会与国家等只不过是宇宙整体的一部分，所以应该消除社会等级之间的差异，废除国家与国家之间的界限，组建成一个人类社会共同体即“世界国家”。显然，斯多葛派推崇的整体主义的世界国家观虽是建立在一种抽象假设基础之上，但却开创了全球中心主义先河。此后的但丁、卢梭、康德等都从不同视角论证了世界主义（世界国家观），为现代全球中心主义的形成与发展奠定了理论基础。20 世纪初，威尔逊在他的“十四点原则”中提出的“自由”、“自决”和“民主”等处理国与国之间关系的原则，则是将全球中心主义精神与集体安全观紧密结合起来并付诸实践，从而对当代国际关系的理论与实践产生了深刻影响。马克思的世界历史理论无疑对全球中心主义伦理观的形成有着重要贡献。在马克思看来，自 18 世纪以来，随着资本主义生产和交往方式的迅猛发展，世界已经成为一个具有统一整体与格局的历史。“资产阶级，由于开拓了世界市场，使一切国家的生产和消费都成为世界性的了……新的工业的建立已经成为一切文明民族的生命攸关的问题；这些工业所加工的，已经不是本地的原料，而是来自极其遥远的地区的原料；它们的产品不仅供本国消费，而且同时供世界各地消费。旧的、靠本国产品来满足的需要，被新的、要靠极其遥远的国家和地带的产品来满足的需要所代替了。过去那种地方的和民族的自给自足和闭关自守状态，被各民族的各方面的互相往来和各方面的互相依赖所代替了。物质的生产是如此，精神的生产也是如此。”② 这种生产力与生产关系的矛盾运动，推动了世界各民族、各地区的交往与联系，使各个民族和各个地区“狭隘的地域性”生

① 以下有关“非传统安全及其伦理观表现为较强的全球中心主义”的论述，参见余潇枫、林国治《论“非传统安全”的实质及其伦理向度》，《浙江大学学报》（人文社会科学版）2006 年第 6 期。

② 《马克思恩格斯选集》第 1 卷，人民出版社 1995 年版，第 276 页。

产实践活动被纳入全球性的大生产实践体系之中来，世界也就成为在时间与空间、生产力与交往发展的特定水平、线性历史观与普世价值论等上的有机统一，世界历史的发展也必将由异化的资本主义世界历史向人类理想的共产主义世界历史迈进。质言之，马克思的世界历史理论是一个标志着人类社会发展具有“共同性”、“统一性”和“全球性”的理论体系，它最终关注的就是以全球为中心的全人类的共同利益和共同价值，所体现的就是一种全球中心主义的价值诉求。

实质上，全球中心主义的日益普及，同科学技术的迅速发展以及社会的不断进步所促使的全球一体化进程的加快、市场经济的全球性扩张以及人类社会文明的迅速发展密切相关。全球一体化发展势必使人们的视野从民族、国家、地区转向全球，形成一种“全球认同”。全球化浪潮的到来使人们深深意识到他们所面临的安全挑战不再仅仅限于民族、国家和地区之内的军事和政治方面，而是对全人类所形成的来自包括国家在内的全球的、全方位的安全挑战。实质上人们对所有安全问题的关注，最终都可以归结到对人类自身安全的关注与伦理关怀上来。非传统安全及其伦理观所体现的恰恰是较强的全球中心主义的安全伦理观。这表明原有的单纯强调以国家为中心、国家的利益就是正义的利益等传统安全及其伦理观，已无法适应新时代的安全及其伦理观发展的需要，而是要拓展到传统安全及其伦理问题之外，包括其他危及人类生存与发展的安全与伦理问题即非传统安全及其伦理问题领域。

（二）非传统安全及其伦理观的现实困境

非传统安全及其伦理问题的凸显表明，人类安全及其伦理问题正面临着前所未有的严重挑战。这些挑战包括：（1）非国家行为体，如“三股恶势力”（恐怖主义、民族分裂主义与宗教极端主义）、跨国界的有组织犯罪（海盗、贩卖人口、毒品与军火走私、洗钱、非法移民等）给人类的生存与发展带来严重威胁以及由此引发的安全及其伦理问题；（2）全球化以及科技的迅猛发展产生的一些新的危及人类生存与发展的安全及其伦理问题，如网络安全、信息安全、基因工程安全等；（3）国家行为体（包括国家行为体自身、国家行为体之间）的失控、政策失误、决策错误甚至战争等引发的安全危机及其伦理问题，诸如能源危机、文化信仰危机、生态环境危机、粮食危机、金融危机、难民潮、人道主义灾难等；（4）自然界的各种灾难给人类造成的各种安全威胁及其引发的安全与伦理问题，如火山、地震、海啸、泥石流、洪水、干旱以及流行性疾病等。这些非传统安全及其伦理问题的挑战已经超出了传统安全及其伦理问题的范围而变得更加复杂化与多元化，需要我们以全新的思维和方式去应对。

从理论而言，非传统安全及其伦理观是相对于传统安全及其伦理观而言的新安全理论，是人类安全及其伦理观发展的新阶段，两者理所当然是"泾渭分明"，各有所指，并自成体系。非传统安全所指的是"一切免予由非军事武力所造成的生存性威胁的自由"①，是区别于传统安全（即国家主权、领土、军事与政治安全）之外的由其他各个方面的威胁所导致的安全问题。较之于传统安全及其伦理问题的行为主体（国家），及其所指涉的对象的单一性（国家）而言，非传统安全及其伦理问题的行为主体及其所指涉的对象是多元的。从伦理价值目标上看，传统安全的伦理价值目标同样也是单一的，即维护国家安全是唯一的价值目标与道德诉求，而非传统安全的伦理价值目标则是多元的，总体上表现为较强的全球中心主义伦理色彩，维护和实现其所指涉对象的安全就是正义和道德的。

然而，在现实中，非传统安全及其伦理问题与传统安全及其伦理问题在很多时候又交织在一起，使得一些安全与安全伦理问题在一定程度上难以单纯地从非传统安全及其伦理问题视角加以阐述。譬如，作为一种新的安全身份出现的信息安全问题，从理论上一般可将其划归为非传统安全及其伦理问题。毕竟，从其指涉的对象而言，主要是指信息社会中的信息安全问题而非国家安全。但由于信息安全的行为主体是多元的，既可以是非国家行为主体，也可以是国家行为主体。如果从前者（非国家行为体）视角看，信息安全当然是属于非传统安全问题，其引发的伦理问题当然也是非传统安全伦理问题；但是从后者（国家行为体）视角看，在高度信息化环境下，信息安全问题又会对国家安全尤其是军事安全构成巨大威胁，其又可摇身变成一种威力强大的军事手段或战争武器，即成为信息化战争的主要方式。这样，信息安全同时也成了传统安全及其伦理问题。再者，如"三股恶势力"问题，从安全界定上属于非传统安全问题，但这些非传统安全问题却随着国家的介入而转变成传统安全及其伦理问题。"9·11"恐怖主义袭击造成大量无辜平民伤亡以及重大财产损失，其显

① 余潇枫、林国治：《论"非传统安全"的实质及其伦理向度》，《浙江大学学报》（人文社会科学版）2006年第6期。

然是属非传统安全及其伦理问题，但是事后的美国及其盟友以反恐为借口发动对阿富汗和伊拉克的战争，使得原有的非传统安全及其伦理问题，最终却以传统安全的方式来解决。这样，使得非传统安全及其伦理问题最终转变为传统安全及其伦理问题。民族分裂主义同样原本属于非传统安全及其伦理问题，但是，很多民族分裂主义的幕后往往受一些霸权主义国家或敌对国家暗中或者明目张胆的支持，从而又使其成为传统安全及其伦理问题。此外，因研究者的视角及立场等不同，也会导致何者为传统安全何者为非传统安全的争议。非传统安全与传统安全之间的诸多争议是，为何在第三世界造成大量生命损失的事件如饥饿、疾病、内战等却没有在西方被建构为安全问题。由于不同的视角会以不同的方式建构现实事件，所以不存在现实世界与国际安全研究之间一对一的简单对应关系。事件与事实的描述也同样要受到特定方法路径中安全概念的影响。①

实质上，非传统安全及其伦理问题与传统安全及其伦理问题的交叉性以及各自在特定情况下相互转化性等特点，使得无法仅从非传统安全及其伦理问题视角去解决其面临的问题。譬如能源安全问题，其作为非传统安全问题，实质也是当今世界某些国家不惜发动战争的主要原因。西方霸权主义国家往往还打着“人道主义”旗帜，以避免“人道主义灾难”发生，或者是防止“大规模杀伤性武器”扩散这样的非传统安全问题的幌子，不惜对一个主权国家发动战争。“一旦某国政府不能有效处理面对的非传统安全问题，或者说治理失败或出现内乱的局面而导致‘外溢’，那么就有可能面临外部介入或国际干预。有些发展中国家一时无法有效解决本国和本地区的非传统安全问题，使得一些西方国家借机鼓吹‘失败国家’、‘失败政府’的潜在危险论并要求进行国际干预。”② 如美国及其盟国以防止“人道主义灾难”为由，发动武装干预利比亚内战的战争，进而引发更大的“人道主义灾难”，使得安全及其伦理问题由原本是非传统安全及其伦理问题向传统安全及其伦理问题转变，并最终又变成非传统安全及其伦理问题。最终形成了“非传统安全—传统安全—非传统安全”这样的“恶性”安全循环模式。

非传统安全及其伦理问题作为全球化过程中凸显的安全和安全伦理问

① ［英］巴里·布赞：《论非传统安全研究的理论架构》，《世界经济与政治》2010 年第 1 期。

② 俞晓秋、李伟等：《非传统安全论析》，《现代国际关系》2003 年第 5 期。

题，其从理论上突破了传统安全及其伦理观局限，有着十分重要的理论价值与现实意义。但是当前学界部分学者对非传统安全及其伦理问题的界定过于宽泛，对主权国家可能形成某种威胁与挑战，以及其具体的可操作性等问题担忧，认为这些问题有可能会促使非传统安全及其伦理问题在理论与现实上陷入困境。“非传统安全领域问题安全化的现象，将导致安全问题的泛滥。无论对成员国还是联合国组织自身来说，将人类面临的所有社会问题、经济问题和政治问题都加上‘安全’一词，可能导致政策重点不突出、力量使用分散、疲于应付的局面”。[①] 与此同时，非传统安全及其伦理观强调安全及其伦理问题的跨国性、全球性等特点，不论使其在一国范围，还是在全球范围实践操作上，都存在着较大难度。毕竟，其所强调的是国家间“一荣俱荣、一损俱损”的现实情况，在当今“和平与发展”成为时代主题条件下，依然面临着传统安全及其伦理问题的挑战。也就是说，传统的国家安全、国家利益的主导性，往往使得非传统安全及其伦理问题的解决，难以得到有效的认同与合作。当今国际社会所面临的现实是，尽管非传统安全及其伦理问题已经凸显，但传统安全及其伦理问题依然处于主导性的地位。第二次世界大战以来尤其是“冷战”结束后，尽管发生世界性战争的威胁有所减缓，但是地区性的战争与武装冲突从来就没有停止过。世界各国间的军备竞赛，并未因非传统安全及其伦理问题的凸显而有所减缓，相反还有进一步强化的趋势。各国在增加军费开支、加速高科技武器研发等方面都不遗余力，如美国的导弹防御系统及其最新研发在较短时间内实现对全球实施快速打击的“空天武器系统”，势必会引发新一轮军备竞赛。非传统安全及其伦理问题的凸显，当然需要全球范围内的合作方能有效解决，但是，在国家安全及其利益至上的现实条件下，这必然影响非传统安全及其伦理问题解决的力度与可执行度。“在解决全球性问题上，国家之间的博弈仍是主调。随着经济全球化的发展，各国面临的共同问题日益增多，环境污染、人口爆炸、核扩散、跨国犯罪、恐怖活动以及毒品等问题已经成为国际社会共同面临的挑战。解决这些问题既是为了全球的共同利益，同时也是为了主权国家自身的利益。在解决这些问题的过程中，各国之间需要进行谈判，由于威胁程度不同，各类问题的紧迫性也不一样，各国的政策和态度也会有巨大的差异，谈判过程就

---

① 李东燕：《联合国的安全观与非传统安全》，《世界经济与政治》2004 年第 8 期。

变成了博弈过程，谁该承担更多的义务？美国退出《京都议定书》就是这一困境的结果”。①

虽说非传统安全及其伦理观是针对传统安全及其伦理问题之外的新的安全及其伦理问题提出，并为我们更好地应对新的安全及其伦理挑战提供了更加广阔的视域与方法，但是，要有效应对这些新的安全及其伦理问题挑战，却离不开传统安全的主体——国家这个行为体，或者说主要还得依靠国家行为体的有效作为，更何况一些非传统安全及其伦理问题的产生本身就是由国家行为体造成的。就算是纯粹的非传统安全及其伦理问题，诸如传染性疾病、全球性气候变暖等，也不可能绕开主权国家这个行为体来加以有效解决。这表明非传统安全及其伦理问题的解决，不可能忽视传统安全及其伦理观指导性的作用，虽说非传统安全威胁具有全球性，其有效维护会涉及大量的跨国性组织，但非传统安全及其伦理问题的解决，却不能脱离主权国家这个行为体；相反，其必须主要依靠主权国家这个行为体。正如一些学者所言，非传统安全从安全主体、安全目标、安全威胁和安全手段四个方面对传统安全理论提出了挑战。然而，每个层面的冲击又都一定程度带来了新的理论困惑。非传统安全问题的兴起并未从根本上否定传统国家安全理论的解释力，尽管非传统安全威胁不尊重国家主权和边界，但非传统安全问题的解决却必须以尊重国家主权和边界为前提。②“非传统安全的跨国性带来研究的复杂性。非传统安全的维护涉及大量跨国组织等，其行动的跨国有两重效应。一是其行为必然会影响到国家间的关系，二是跨国组织影响到个人的安全后，又会使政府采用行动来保护个人免受威胁，这样非传统安全就涉及个人、次国家的团体、国家、超国家等多层次的互动，从而导致研究的复杂性。”③ 由此可见，非传统安全及其伦理观确实面临诸多现实难题与挑战。

“非传统安全问题提出了对传统安全理论的挑战与质疑，暴露了国家中心论的缺失和现实主义国际体系论的缺陷。但是，不能因此过分夸大非传统安全问题对整个国际关系理论的冲击程度，它并未从根本上否定基本国际关系理论，特别是国家安全理论的解释力。非传统安全问题的解决必须与传统安全问题的解决相互协调，非传统安全不论多么非传统或反传

① 刘胜湘：《国家安全观的终结？——新安全观质疑》，《欧洲研究》2004年第1期。

② 潘忠岐：《非传统安全问题的理论冲击与困惑》，《世界经济与政治》2004年第3期。

③ 余潇枫等：《非传统安全概论》，浙江人民出版社2006年版，第59页。

统，它都难以摆脱传统安全的纠缠”。[①] 实质上，无论传统安全及其伦理观还是非传统安全及其伦理观，也无论从理论上还是实践上，它们都有各自的缺陷与局限性。也就是说，单纯依靠任何一方应对当今面临的安全及其伦理问题，都难以达到应有的效果和既定目的。然而，非传统安全问题的凸显表明人类所面临的安全环境发生了重大变化，也使人类面临着前所未有的安全及其伦理困境。非传统安全及其伦理问题实质上也是一种警示，它告诫人类需要不断寻求摆脱安全及其伦理问题困境的有效途径，为人类最终获取自身安全与和谐发展带来新的希望。

① 潘忠岐：《非传统安全问题的理论冲击与困惑》，《世界经济与政治》2004 年第 3 期。

第五章 “类安全”及其伦理观

自人类诞生以来，人们无时不在关注自身的安全与发展，从个体人的安全、家庭的安全、族群的安全，到国家、地区以及国际的安全，并由此产生了借以维护人类自身安全与发展的风俗习惯、伦理道德、相应制度、法律法规以及国际组织等。但所有这些对安全及其伦理问题的关注与维护，终究都可以归结到全人类自身的安全及其伦理问题之上，即归结到“类安全”及其伦理问题之上。“类安全”及其伦理观，主要是针对之前人类有关安全及其伦理问题理论与实践的不足，尤其是针对当前仍处于主导性地位的传统安全及其伦理观与非传统安全及其伦理观在理论与实践上的局限与困境，而提出的力图用以解决人类面临的诸多安全及其伦理困境的新安全理论。基于原有单纯以血缘安全、国家安全和国家安全外的其他方面的安全为核心的安全及其伦理理论的缺陷与局限，“类安全”及其伦理观强调，要更好地维护和解决人类面临的安全及其伦理问题，摆脱当前的“安全困境”，需要把安全及其伦理问题关注的核心置于人这个作为“类”的整体之上，也就是只有从“类”的视角审视人类安全及其伦理问题，才能最终更加有效地解决人类面临的安全及其伦理问题困境。

一 “类安全”内涵及其伦理意蕴

人类安全观的演变及其伦理建构在经历了早期“族群”安全及其伦理观，到国家产生后逐渐形成的传统安全及其伦理观，再到第二次世界大战以来尤其是冷战结束后凸显的非传统安全及其伦理观表明，人类自始至终都在孜孜以求的安全及其伦理问题，尚未因人类社会的进步以及科学技术的发展而得到有效的解决，人类依然面临着各种各样的安全威胁。然而，在如何应对安全及其伦理问题的挑战方面，人类确实做出了诸多卓有成效的工作并取得了惊人的成绩。不管是早期人类通过“血缘族群”的方式（“族群”安全），还是国家产生后借助国家的方式（传统安全），抑或是通过国家间以及其他组织、团体间的合作方式（非传统安全），都在不同程度上对人类的安全及其伦理问题的解决，提供了行之有效的方式和实践路径。

在人类社会早期，人类尚未形成完整的观念，此时人类生活在以群体为本位的历史时期。“当人类生活在以群体为本位的历史形态时，群体的价值就是人的价值，群体的道德标准就是人要遵循的行为规范，那时候伦理的类价值水平只能处在‘群体化价值’之中”。[①] 因此，此时人类的安全及其伦理观也只能停留在以血缘关系为核心的“族群”（部落）安全的范围之内。进入阶级社会以来，国家取代了原有氏族、氏族联盟而成为独立主体，国家安全成了所有安全的焦点。个体、群体乃至民族的安全都统归到国家的安全范围之内。在国家安全占主导地位的情况下，人类的安全观也有所拓展，人们对安全的理解与关注不再仅仅局限于“个体”、“族群”与部落的安全，而是整个民族、国家的安全，为了维护国家的安全与发展，国与国之间甚至结成各种形式的国家联盟并以此去对抗其他的国家、国家联盟。史无前例的两次世界大战便是这种以国家安全为核心利益的集中体现。以国家安全为重点和主要内容的传统安全及其伦理观的出现，较之原有的注重“个体”、“族群”安全而言是一个重要的进步。但是，这种过于注重国家核心利益的安全及其伦理观，割裂了人们对人类整体利益与安全的关注，使得国家与国家之间为了各自利益与安全而相互竞争、对抗甚至是兵戎相见，进而损害的不仅仅是国家与国家之间的利益，而且也损害了人类的整体利益。当今世界所存在的南北问题、人类生存环境恶化等一系列问题不能说与此无关。非传统安全及其伦理观的提出，为有效应对当今面临的传统安全外的安全及其伦理问题提供了更加广阔的思路，但是其面临的困境也表明，要解决好人类所面临的安全及其伦理问题，还得有新的思路与方式。

当今世界全球化的趋势日益加快。全球化使得世界各国在产品制造、商品贸易、技术交流、人才流动以及资本流通等方面日益增多，国家间的相互依赖性逐步增强，并逐渐发展成为“你中有我，我中有你”，“一荣

① 余潇枫、张彦：《人格之境——类伦理学引论》，浙江大学出版社2006年版，第15页。

俱荣、一损俱损”的世界格局。实质上，包括经济、政治以及文化等在内的全球化对人类原有的制度、价值、观念等形成了整体性的冲击，它凸显了当今国际社会中国家与国家间的相互依存性，以及利益与风险的共存性；凸显了和平与发展成为时代主题条件下国际社会合作机制作用的重要性；凸显了人们必须树立包括合作意识、求同存异和竞争意识在内的全球意识。这也表明在全球化背景之下，人类利益具有高度的一致性与共存性。然而，在这众多事关人类的利益当中，人类自身的安全与发展无疑是最具根本性的利益。相对于以血缘安全为核心的“族群”安全及其伦理观，以国家安全为核心的传统安全及其伦理观，以国家安全外的其他危及人类安全的多元主体为核心的非传统安全及其伦理观所面临的理论与现实困境而言，我们需要一种全新的安全及其伦理观。这种全新的安全及其伦理观既不是把安全的对象局限于“个体”与族群之内，也不是把安全的对象局限于民族与国家之上，更不是把安全对象局限于国家安全之外的其他方面的安全之上，而是把安全对象界定于包括前面所有各个要素的安全在内的整个人类的安全。“全球性危机的频频出现，使人类认识到个体本位生存方式存在的缺失与弊端，而这些缺失与弊端按以往的生存哲学与伦理范式难以解释和解决，于是体现‘类’本位的伦理道德的‘类生命—类价值’范式就显现出重要的意义”。[①]“类安全”及其伦理观正是在这种情况下，试图用新的视角与方式以解决人类所面临的安全及其伦理问题。实质上，不管是“类安全”还是“类安全”伦理观，都涉及一个非常重要的范畴——“类”。毕竟，“类”所固有的特性是我们理解“类安全”的钥匙，也是我们破解当今人类所面临的安全及其伦理困境的关键要素。

（一）“类安全”内涵

“类”这个概念从其普泛意义说，只是表示自身同一性、他物统一体的意思，它是物质存在固有的普遍的特性。但是，“类”却不构成物质的本质和特征，它只是属于人所特有的本性。物是属于它的“种”的，它的“类”表现的只是种的外在性联系；唯有人才打破了种的限界以类的普遍联系为自己本性，才能称作“类存在物”。[②] 可见，所谓“类”实质

① 余潇枫、张彦：《人格之境——类伦理学引论》，浙江大学出版社2006年版，第15页。

② 高清海等：《人的“类生命”与“类哲学”》，吉林人民出版社1998年版，第235—236页。

是指人所特有的属性，是"人性规定的特有理念"。类代表着一种最高的统一性，体现着不同物之间本质性的一体关系，但它并不排除内在的差异性只是把它们组织成有机的整体。类的统一体是以个体的独立性为前提，内含自由个性差异的多样性、多元化的统一。[①] 在马克思看来，人的发展经历三个阶段，即人的依赖关系、以物的依赖性为基础的人的独立性和建立在个人全面发展和他们共同的社会能力成为他们社会财富这一基础上的自由个性。人的依赖关系（起初完全是自然发生的），是最初的社会形态，在这种形态下，人的生产能力只能是在狭隘的范围内和孤立的地点上发展着。以物的依赖性为基础的人的独立性，是第二大形态，在这种形态下，才形成普遍的社会物质交换，全面的关系，多方面的需求以及全面的能力体系。建立在个人全面发展和他们共同的社会能力成为他们的社会财富这一基础上的自由个性是第三个阶段。[②] 而个人发展的第三个阶段实质上就是"自由人的联合体"阶段，它是超越群体本位和个体本位的人类发展的"类存在"状态阶段。人的以类为本位和主体的自觉的"类存在"状态，就是人与人完成了的本质的统一、人与外部世界完成了的本质的统一，人与自身本质也完成了的本质的统一的存在状态。[③] 在这种存在状态中，"人"已不再是超越个体之上、存在于个人之外的那种实体大我，同样也不再是彼此孤立、相互分裂的单子式存在的小我，而是普遍地存在于每一个体之中，又把一切个体从本质统一为整体的"类"存在。人与人之间不再有"人"的分别，而只有个性的不同，也就是说他们在人格上是完全平等的，个性上是充分自由的。同样，人并不把自己局限于脆弱的生命，人还有着超越生命的永恒本质；人是个体存在，人也不以狭隘的个体形态为满足，人还有着超个体的无限存在形态；人以自我为中心，人并不封闭自己孤立的自我牢笼，人同时融合了广漠的唯我天地；人即世界，世界即人，人天融汇于一体，这就是"类存在"。[④]

动物和它的生命活动是直接统一的。……人则使自己的生命活动本身变成自己的意志和意识对象。……有意识的生命活动把人同动物的生命活

---

① 高清海等：《人的"类生命"与"类哲学"》，吉林人民出版社 1998 年版，第 235—245 页。

② 《马克思恩格斯全集》第 46 卷，人民出版社 1979 年版，第 104 页。

③ 高清海等：《人的"类生命"与"类哲学"》，吉林人民出版社 1998 年版，第 238 页。

④ 同上书，第 242—245 页。

动直接区别开来。正是由于这一点，人才是类存在物。或者说，正因为人是类存在物，他才是有意识的存在物，也就是说，他自己的生活对他是对象。仅仅由于这一点，他的活动才是自由的活动。[①] “类”作为人固有的特性，以及人的发展所必须经历的第三个阶段，即“类存在”状态阶段，为人类最终形成新的安全及其伦理观——“类安全”及其伦理观，提供了必要前提和理论基础。

由此可见，所谓“类安全”实质是指关心和维护作为“类存在体”的人的安全，即把人的安全维护建立在人之所以为人的本质统一体的“类”的安全之上的安全。“类安全”观表明，人类有关自身安全的理论需要摆脱原有的以血缘关系为中心、以“族群”为本位的安全观和以国家为核心、以个体为本位的传统安全观等的局限性，进入到以人之为人的“类存在体”为核心、以作为一个整体的“类”的安全为本位的阶段。这同时也表明人们对安全伦理观的认识，需要超越狭隘的以“血缘族群”生命安全为核心的伦理关怀和单纯以国家安全等为核心的伦理关怀，转向以人之为人的“类生命”与“类价值”为核心的伦理关怀。从某种程度而言，“类安全”及其伦理观统摄并超越了“族群”安全及其伦理观、传统安全及其伦理观和非传统安全及其伦理观所蕴含的安全诉求，把安全及其伦理关怀的视角真正转移到作为“类存在体”的人之为人的安全之上。

（二）“类安全”的伦理意蕴

“走向类的存在是人类发展的未来。能否实现这个理想，取决于我们是否能走出自身封闭的单子式自我的存在状态。每个人获得类本性，每个民族国家获得世界性，人类才能走出困境，走向未来。把这个可能变成现实的追求，呼唤着‘类’的理念。人的类本性是人类发展的确证，任何对人的类本性背离的观念与行为，都不能给人类带来真正的发展”。[②] 实质上，“类安全”伦理观的形成，很大程度取决于人类在多大程度上形成“类”理念，最终形成“类存在体”。“从‘类生命—类价值’伦理意识看，任何不利于人的‘类存在’生存方式的局部行动必然将让位于以全球利益为核心的具有‘类价值’伦理性质的世界性行动，并且以‘类人格’的获得为伦理的‘世界公民’将成为人的现代化进入自觉‘类体’

① 《马克思恩格斯全集》第1卷，人民出版社1956年版，第79页。

② 高清海等：《人的“类生命”与“类哲学”》，吉林人民出版社1998年版，第265页。

时代的新的目标。这样，以‘类生命—类价值’为伦理学理论基点的全球视野、全球意识、全球利益、全球命运……就不能不成为现代社会各民族、各国家、各地区所必须共同遵守的伦理价值坐标”。[①] 因此，“类安全”伦理观的形成，有赖于“类生命—类价值”伦理观的形成。也就是说，人类如果将其自身视为“类存在体”，形成并践行“类生命—类价值”伦理观，就会有共同的安全认同伦理观——“类安全”伦理观的形成和践行。

如前所述，安全认同不仅仅是安全行为主体在与客体的相互作用过程中所形成的一个较为复杂的心理与社会实践过程，而且更为重要的是它也是一个有关安全的伦理价值的形成与发展过程，即安全认同伦理精神的形成与发展过程。“认同是自我与他者之间的一种关系的认定，是共同体成员对现实境遇中生存价值归属的自我确定。任何行为者作为体系中的一部分总是在他所属的共同体中，通过互动确定其生存认同的价值取向”。[②] 因此，安全认同的伦理精神实质就是行为体之间在现实的关乎自身安危的生存境遇中，通过互动而确定的在安全伦理问题上达成较为一致的价值取向与道德认同。“国与国之间的关系不仅需要共同利益，而且需要共同价值”。[③] 物质力量固然重要，精神（价值）力量也不可缺失。实质上，人们在多大程度上避免“安全认同危机”的产生，以及最终摆脱“安全困境”的魔咒，主要取决于人们赖以生存与发展的物质需求的满足，以及在安全认同伦理价值上的共识。也就是说，一方面，主要取决于人们面临的客观生存环境的具体状况，即客观生存条件能够满足人们的安全需要，或者说世界各国人民的共同物质利益得以满足；另一方面，更为重要的是取决于人们能否形成“类”的理念，形成并践行“类生命—类价值”的伦理共识，从而在安全伦理价值上达成较为一致的认同。或者说取决于人们能否形成并践行共同的安全认同伦理观——“类安全”伦理观。

“类安全”伦理观（共同的安全认同伦理观）实质上是指具有不同文化、价值背景等的人们之间在“相互尊重”、“和而不同”以及“求同存异”基础上，把人的安全作为一种“类存在体”的安全来加以考察，在

---

① 余潇枫、张彦：《人格之境——类伦理学引论》，浙江大学出版社 2006 年版，第 16 页。

② 余潇枫：《“认同危机”与国家安全——评亨廷顿：我们是谁?》，《毛泽东邓小平理论研究》2006 年第 1 期。

③ 庞中英：《全球治理与世界秩序》，北京大学出版社 2012 年版，第 220 页。

观照作为个体的人的安全基础之上，又超越个体安全并关乎到整个人类的生存与发展的安全伦理观。因此，“类安全”伦理观是建立在以差异性为基础之上的普遍性与多样性相统一的安全伦理观。随着社会生产力与科学技术的不断发展与进步，人们面临的客观物质生存环境或许会随之得以改善并将有可能最终得到解决。但是，没有人们一致的安全认同伦理观或“类安全”伦理观的形成与普遍认可，人们所面临的“安全困境”以及安全问题就不可能得以有效解决。毕竟，单凭物质手段是无法使人们感到安全或实现真正的安全。正如美国学者罗伯特·杰维斯（Robert Jervis）所认为的那样：“一个国家增强自我安全的行动必然削弱其他国家的安全感，但是，这样做只能使其他国家以同样的方式加强自己的军备。结果就会出现国家之间不断升级的军备竞赛，最后是所有国家都因为增强了军备而感到更加不安全。”① 不管是国家还是其他行为体，其所面临的境况大都如此。

为此，形成和践行“类安全”伦理观，就当前以及未来相当长时间内，都是十分必要而又相当艰巨的任务，它是解决人类“安全困境”，实现人类“普遍和持久安全”的最关键要素。

二 “类安全”及其伦理观的文化底蕴与现实基础

形成和践行“类安全”及其伦理观（共同的安全认同及其伦理观），就当前以及未来相当长时间而言，不仅十分必要，而且也具有可行性。也就是说，人类形成和践行“类安全”及其伦理观有着坚实的文化底蕴和现实基础。

（一）“类安全”及其伦理观的文化底蕴

“类安全”及其伦理观形成与践行有着坚实的文化底蕴：人所固有的“类本性”以及人类文明的多样性与共生性。这是形成和践行共同的安全认同及其伦理观，即“类安全”及其伦理观的坚实基础。

---

① ［美］罗伯特·杰维斯：《国际政治中的直觉与错误知觉》，秦亚青译，世界知识出版社2003年版，第7页。

马克思所言的人的发展所经历的“三个阶段”，实质上就是人的“类本性”的形成、发展和成熟的阶段。人的“类本性”在经历过以血缘关系为中心、以“族群”为本位阶段，以及正在经历的以国家为中心、以个体为本位的阶段后，必将进入以人之为人的“类存在体”为中心、以人作为一个整体的“类”为本位阶段，这是人类发展的必然规律。人的“类本性”一旦形成，在其处理人与人、人与自然和人与社会关系时，就会遵循并践行“类”的准则。这种“类”的准则主要表现为：“在人与人的关系上，把人的单纯依赖性和独立性转变为依赖性与独立性相统一的人类性，在人与自然的关系上，把人对自然进行征服的对立性转变为人与自然的和谐统一性；在现实与理想的关系上，把单纯的实现利益和抽象的价值理想转变为追求现实利益与价值理想相统一的生活态度；在国家关系上，把狭隘国家本位和抽象的世界本位转变为民族国家世界性融合的人类共同体。”① 显然，在全球化、风险社会以及传统安全与非传统安全交替凸显条件下，人内在所固有的“类本性”表明，人类是需要也可以在安全问题上形成和践行“类安全”及其伦理观，毕竟，人类终究是一个以国家为主体的“命运共同体”。

此外，人类文明的多样性与共生性是“类安全”及其伦理观形成与践行的重要体现。

文明是相对于野蛮而言的一个概念，人类由野蛮时代步入文明时代是与特定的社会经济关系相联系并受特定社会生产力发展水平限制。一般而言，文明是指人类发展到一定程度之后所形成的积极成果与进步状态。它包括物质文明、精神文明、政治文明与生态文明。文明是人类社会发展的过程中，随着阶级的产生、国家的建立、民族的出现以及文字的形成等而产生并得以不断发展。摩尔根在《古代社会》一书中就指出：“氏族的消亡与有组织的乡区的兴起，大体上可以作为野蛮世界与文明世界的分界线。”也就是说，人类文明是随着社会生产力的发展以及生产关系、社会关系的变化而产生，与特定生产力发展水平相联系并反映特定社会历史发展的真实状况。人类文明至今可以划分为：奴隶制文明、封建制文明、资本主义文明、社会主义文明以及将来的共产主义文明。

① 高清海等：《人的“类生命”与“类哲学”》，吉林人民出版社1998年版，第265页。

人类文明的发展具有特定规律性。它的不同发展阶段除了受特定经济以及社会生产力影响之外，还受不同民族意识、礼仪规范、宗教思想、风俗习惯以及发展环境等的影响而具有多样性。亨廷顿认为“冷战”后时代的世界是一个包含七个或八个文明的世界①，汤因比在《历史研究》一书中把人类文明归纳为 21 种。② 实质上，人类文明是人类社会实践尤其是生产实践的产物，因而具有共生性（同一性）；此外，由于世界各国的自然地理环境、生产方式、文化传统不同，人们以生产实践为基础的社会实践也表现出不同特点，因而其所形成的人类文明也各具特色，这也表明了人类文明的多元性与多样性。在当今西方，有关人类文明多样性以及它们之间关系的阐述主要有两种观点：文明冲突论与文明共存论。主要代表人物为美国的塞缪尔·亨廷顿和德国的哈拉尔德·米勒。

亨廷顿认为，主导全球政治的将是文明的冲突，文明之间的断层线将成为未来的战斗线。在他看来，人类文明的冲突是不可避免的，而主导人类冲突的根源主要是文化（文明）上的差异。他说：“在这个新的世界中，区域政治是种族的政治，全球政治是文明的政治。文明的冲突取代了超级大国的竞争。在这个新的世界里，最普遍的、重要的和危险的冲突不是社会阶级之间、富人和穷人之间，或其他以经济划分的集团之间的冲突，而是属于不同文化实体的人民之间的冲突。”③ 他认为，主要原因有以下三点：一是文明的差异不仅实际存在，而且是根本性的。他认为，不同的文明由于其历史、语言、文化、传统、宗教等的差异，由此而形成的观念分歧比政治思想和体制的差异更为根本，正是这些分歧与差异导致不同文明之间的冲突。二是全球的经济现代化和社会变革进程正把人们从长期以来的地方属性中分开，削弱民族国家的属性，世界的距离在缩小，不同文明的相互影响日益加深。这种日益加剧的相互影响反过来又加剧了人们的文明意识，加剧了历史上由来已久的分歧和敌对情绪。三是西

---

① 亨廷顿把文明分为中华文明、西方文明、印度文明、拉美文明、斯拉夫东正教文明、伊斯兰教文明、非洲文明和日本文明。参见［美］亨廷顿《文明的冲突与世界秩序的重建》，周琪等译，新华出版社 2002 年版，第 29 页。

② 汤因比把文明分为：中国文明、墨西哥文明、印度文明、埃及文明、希腊文明、安第斯文明、远东文明、玛雅文明和巴比伦文明。参见［美］威廉·麦克高希《世界文明史——观察世界的新视角》，董建中、王大庆译，新华出版社 2003 年版，第 32 页。

③ ［美］亨廷顿：《文明的冲突与世界秩序的重建》，周琪等译，新华出版社 2002 年版，第 7 页。

方文明以其独特的双重作用，把自己的价值观向世界各地推销，这必然与其他再度崛起的非西方文明发生正面撞击，从而不可避免地导致文明冲突。

实质上，亨廷顿的文明冲突论表明，以西方中心论自居的西方文明已开始衰落，西方文化所凭借的技术进步、经济发展以及国家和军事优势，并长期处于世界主导地位的时代正遭到严重挑战。众多的非西方文明再度崛起，必然会与西方文明发生碰撞，西方文明所受到的排斥将进一步加大，而一个多元化文明的世界正应运而生。不可否认，亨氏以全球的战略眼光，抓住了当今世界矛盾运动的一个重要特征进而提出文明冲突论，显然有其道理。但是过于强调人类文明的冲突性而忽视人类文明的共存性与共生性，无疑有失偏颇。为此，亨廷顿的文明冲突论遭到了包括西方国家在内的很多有识之士的质疑，哈拉尔德·米勒就是其中最具代表性的一位。

哈拉尔德·米勒对亨廷顿所断定的文明冲突论持否定态度。他认为，亨氏陷入了将复杂的国际关系简单套入“敌我对抗”的政治理论模式里。在米勒看来，简单地渲染或接受这种片面的世界观或敌对论是极其危险的。“国际关系的理论应该充分考虑这一个事实，即今日世界的‘非同时性的同时性’，它是由全球化的强烈过程而引发的……对国际政治分析来说，简单化则是一种不幸。一个多元化的世界，一个给文明带来危机和挑战的世界，当然也需要一个多元化的观察视角”。① 在他看来，我们的世界不应是文化（文明）的对抗，而是文化（文明）的共存与对话；国际社会应该通过谋求合作来替代简单对抗；应该确保和利用好国际关系的多样性。全球文明的共存只能是对各种文化（文明）表现出足够的宽容方可实现。② 人类文明的产生与存在是共生性（同一性）与多样性的统一。实质上，人类文明的共存是集多样性与共生性为一体的共存，是各种不同文明相互融合、扬弃的最终结果。“主宰我们时代的政治、经济和社会的强大推动力将会给人类带来巨大的危险，同时它也创造了难得的机会，使人类各民族之间的危险敌对性有可能得以调和。文明的冲突现象并非自然之力的结果，而是人为引起的，因此人类完全可以依靠自身的力量来逾越

① ［德］哈拉尔德·米勒：《文明的共存——对塞缪尔·亨廷顿“文明冲突论”的批判》，新华出版社2002年版，第28页。

② 同上书，第2页。

这个障碍。”[1]“全球的发展使得我们有理由相信，不同文化背景的国家之间，共同点会更广泛地得以扩大，而不是缩小，只要我们努力寻求，就能在世界各地找到对话的伙伴和合作意向。”[2] 显然，相对于亨廷顿的文明冲突论而言，米勒的文明共存论更具全面性与说服力。实质上，人类文明的发展史就是一部世界各区域性文明的形成、发展以及彼此冲突涤荡而又相互融合的历史。罗素在《中西文明比较》一文中指出：“不同文明之间的交流过去已经多次证明是人类文明发展的里程碑。希腊学习埃及，罗马借鉴希腊，阿拉伯参照罗马帝国。中世纪的欧洲又模仿阿拉伯，而文艺复兴时的欧洲又仿效拜占庭帝国。”[3] 对于中华文化（文明）而言，情况也大致如此。汤一介先生在《文化交流与人类文明进步》一文中就对中国文化的形成与发展作了论证。在他看来，今天中国的文化实际是在五六千年的发展历程中不断吸收各民族、各国家、各地域文化的基础上形成的。在这漫长的过程中，有两次重大的外来文化深深地影响了中国文化的进程。第一次是自公元一世纪以来印度文化的传入；第二次是外来文化的大量传入应该说是自 16 世纪末，特别是自 19 世纪中叶西方文化的传入。这两次重大外来文化的传入大大影响了中国文化的发展。他进而指出，就各国的文化发展的历史看，文化（自然包括哲学）的发展大体上总是通过“认同”与“离异”两个不同的阶段来进行的。“认同”表现为与主流文化的一致和阐释，是文化在一定范围内向纵深发展，是对已成模式的进一步开掘，同时也表现为对异己力量的排斥和压抑，其作用在于巩固原有的主流文化已经确立的界限与规范，使之得以定型和凝聚；“离异”则表现为对原有主流文化的批判和扬弃，即在一定时期内，对原有主流文化的否定和怀疑，打乱既成的规范和界限，以形成对主流文化的冲击乃至颠覆。[4] 故此，一部中华文化（文明）史，实质上同样也是一部同世界各种文化（文明）相互交流、碰撞、融合的历史。显然，人类文明之间的交流与碰撞应该是各种文明发展的强大动力，而不应是各种文明之间的相互冲突与战争。“文明多样性是人类社会的基本特征，也是人类文明进步的

① ［德］哈拉尔德·米勒：《文明的共存——对塞缪尔·亨廷顿“文明冲突论”的批判》，新华出版社 2002 年版，第 2 页。

② 同上书，第 289 页。

③ 成中英：《中国文化的现代化与世界化》，中国和平出版社 1988 年版，第 6 页。

④ 汤一介：《文化交流与人类文明进步》，《中国文化研究》2002 年第 6 期。

重要动力。在人类历史上，各种文明都以自己的方式为人类文明进步做出了积极贡献。存在差异，各种文明才能相互借鉴、共同提高；强求一律，只会导致人类文明失去动力、僵化衰落。各种文明有历史长短之分、无高低优劣之别”。[①] 习近平同志强调：“文明因交流而多彩，文明因互鉴而丰富。文明交流互鉴，是推动人类文明进步和世界和平发展的重要动力。”[②]

由此可见，人类文明的多样性与共生性是人类社会存在与发展的重要体现，也是人类文明自身存在与发展的根本特性，它符合人类文明的发展规律。毕竟世界上任何事物都是多样性与共生性的统一。离开了多样性与共生性的世界也就不成为世界，离开多样性与共生性的文明同样也不能成为世界文明。人类文明的多样性与共生性表明，世界范围内的各区域性的文明并不是孤立地存在的，它们也不是水火不相容的，而是在相互交流与撞击中共同发展。既然人类文明具有多样性与共生性，那么我们就必须尊重每一个文明特性及其存在与发展的规律，而不是以其中的一种文明去反对或取代另一种文明，更不能以文明的优劣或以文明冲突论为由去推行霸权主义和强权政治，而是要平等看待和尊重每一类文明，从而更好地维护人类文明的生存与发展。

同样，人类文明的多样性与共生性表明，人类确实具有“类本性”特性，这种“类本性”特性又是通过人类文明的多样性与共生性加以体现。因此，人固有的“类本性”特性以及人类文明的多样性与共生性使得人类最终能够形成和践行“类安全”及其伦理观。这表明我们不仅已经在文化层面具备了形成和践行“类安全”及其伦理观所需的条件，而且当今人类社会面临“安全困境”的客观现实，也要求我们必须树立起以“类安全”为主体的安全与安全伦理观，从人类整体利益的视角去考量人类的利益与安全，进而更好地去维护人类的生存与发展。

（二）“类安全”及其伦理观的现实基础

人的发展所体现出来的“类本性”以及人类文明的多样性与共生性表明，我们需要也可以从以维护人类整体利益与安全为核心的“类安全”及其伦理观视角出发，去观照人类自身的利益与安全。全球化的迅猛发展，世界一体化进程的加快以及风险社会的来临，为“类安全”及其伦

① 胡锦涛：《努力建设持久和平、共同繁荣的和谐世界》，《人民日报》2005年9月16日。
② 习近平：《在联合国教科文组织总部的演讲》，《人民日报》2014年3月28日。

理观的形成和践行提供了重要现实条件。此外，传统安全与非传统安全问题的交织凸显也是形成和践行共同的安全认同伦理观，即“类安全”伦理观的现实需求。

第二次世界大战后特别是“冷战”结束以来，全球化浪潮已经波及世界经济、政治、文化等领域，地球正日益“村落化”，全球范围内的资金、技术、人员、信息、商品等流动加速，使得生活在地球上的每一成员无不感受到全球化浪潮冲击。由此，也就带来各种全球性的问题并促使人类共同利益的形成。人类这种共同利益包括人们通过全球化的方式来共享人类的共同文明成果，同时也必须面对全球化和风险社会带来的共同挑战。这些挑战主要有：

（1）全球安全，包括国家间或区域性的武装冲突、核武器的生产与扩散、大规模杀伤性武器的产生和交易、非防卫性军事力量的兴起等。

（2）生态环境，包括资源的合理利用与开发、污染源的控制和稀有动植物的保护，如国际石油资源的开采、向大海倾倒废物、空气污染物的越境排放、有毒废料的国际运输、臭氧耗竭、生物多样化的丧失、渔业过度捕捞、气候变化等。

（3）国际经济，包括全球金融市场、贫富两极分化、全球经济安全、公平竞争、债务危机等。

（4）跨国犯罪，如走私、非法移民、毒品交易、贩卖人口、国际恐怖活动等。

（5）基本人权，如种族灭绝、对平民的屠杀、疾病的传播、饥饿与贫困以及国际社会不公正等。[①]

以上人类面临的共同挑战尽管是以人类共同利益的否定性方式出现，但其以不可争议的事实告诉我们，人类的共同利益在全球化浪潮下愈加紧密和日益扩大。“全球游戏正在各种存在之间形成越来越强的相互依存性，这是一个存在论上的根本变化，我概括为‘共在先于存在’的存在状况，于是，任何一个存在的自私利益最大化已经不再可能，不仅做不到，而且必定自我挫败。比如说，现代帝国主义的霸权策略为什么越来越行不通，为什么效果越来越差？原因就是新游戏的存在状况变化了。这种存在状况的变化意味着：在新游戏里生存，人人不仅需要算小账，即使自

① 俞可平：《论全球化与国家主权》，《马克思主义与现实》2004 年第 1 期。

私自利，也不得不算大账，否则无法生存。既然存在取决于共在，那么就变成了人人有责的事情了”。① 显然，人类共同面临的共同利益表明，人类需要形成并践行“类安全”及其伦理观。

全球化浪潮波及世界范围内经济、政治、文化等领域，不仅使人类形成了共同利益，而且也使得原有的安全理念受到新的挑战。原有的以领土安全与主权安全为重点，以使用军事武力为标志，以安全的主体仅为国家行为体的传统安全及其伦理观和以人的安全与社会安全为重点，以使用非军事武力为标志，以安全的主体变成国家以及非国家行为体为行为主体的非传统安全及其伦理观交织凸显，使得人类安全及其伦理观有了新的表现。首先，两极对峙的结束以及世界朝多极化方向的发展，使得日趋紧张的国际关系有了一定程度缓和，但传统安全及其伦理问题并未因此得以解决。东欧剧变与苏联解体使得两大阵营原有对抗不复存在，使得那些原来将自身安全捆绑在两大阵营战车之上的国家有了独立自主选择维护自身安全的方式；世界朝多极化方向发展，在一定程度遏制了霸权主义和强权政治，从而缓解了传统安全的威胁，但是，诱发传统安全的因素依然存在。霸权主义、强权政治以及由非传统安全引发的各种安全问题，是传统安全的威胁依然存在并复杂化的根源。其次，全球化发展使得国与国之间的利益关系更加紧密，国家间进一步认识到“和则两利、斗则俱伤”的道理。最后，全球化的发展凸显了有别于传统安全的新安全——非传统安全。“非传统安全是一个动态性概念，它体现了安全现实的变化和安全理论的拓展，是对应于全球化时代世界格局转变，在军事、政治领域之外产生大量严重危及国家与人类社会整体的威胁和危险而形成的区别于传统安全的理论观照与现实关注”。② 非传统安全涵盖的领域十分广泛，包括环境恶化、能源短缺、严重的传染性疾病蔓延、金融危机、跨国犯罪、难民潮等危及人类安全的各种问题，要解决这些危及人类安全问题，单纯依靠传统安全模式的方式显然是力不从心的，这需要世界范围内各国的通力合作。

此外，在全球化与风险社会的背景之下，在传统安全与非传统安全交

---

① 赵汀阳：《游戏改变之时的反思》，http：//news. ifeng. com/exclusive/lecture/special/zhaotingyang/。

② 余潇枫、林国治：《论非传统安全的实质及其伦理向度》，《浙江大学学报》（人文社会科学版）2006 年第 2 期。

织凸显情况下，要解决好人类安全及其伦理问题，仅仅从国家、民族或者地区的视野去观照显然不够，也难以奏效。毕竟，非传统安全不能忽视这样一个事实，一方面，越来越多的对国家和人类的生存威胁大都来自战争和军事领域之外，用传统安全很难涵盖这些新的变化；另一方面，非传统安全与传统安全之间又并不是泾渭分明，它们往往交织在一起。传统安全问题会直接带来非传统安全问题；反之亦然。传统安全与非传统安全交织凸显的现实表明，我们必须跳出原有的以国家、军事安全为中心的传统安全及其伦理观的窠臼，超越民族、国家等狭隘安全及其伦理思想的局限，站在全球的视角高度，从人的“类”的利益与安全出发，形成共同的安全认同伦理观，按照“类安全”及其伦理观的原则，来处理在全球化过程中出现的各种涉及人类安全与发展的问题。

由此可见，形成和践行“类安全”及其伦理观不仅必要，而且可行。“类安全”及其伦理观的精神实质在于，我们不仅要从国家、民族的安全与利益出发，更要从整个人类的安全与利益出发，把整个人类社会的安全与可持续发展作为安全的根本出发点与归宿。只有这样，才能够最终实现人类社会的“优态共存”与“和谐共处”。

三　“类安全”及其伦理观的践行与挑战

“类安全”及其伦理观作为人类安全观演变及其伦理建构的突破与创新，其形成与践行必将为我们有效解决人类面临的“安全困境”提供全新思路。人的“类存在”特性，风险社会的来临与凸显，全球化浪潮下人类共同利益的强化，以及传统安全与非传统安全的交替凸显等表明，人类需要形成和践行“类安全”及其伦理观，才能有效解决自身的“安全困境”，而且也具备了一定的基础与现实条件。当然，在目前情况下，要在全世界范围完全形成与践行“类安全”及其伦理观，解决人类面临的“安全困境”和实现人类的共同繁荣与持久和平的目标，还面临诸多现实挑战。

（一）“类安全”及其伦理观的践行

作为人类安全及其伦理观突破与创新的“类安全”及其伦理观，其有效践行必将有利于破解人类面临的“安全困境”。人类发展的“类本性”和人类文明的多样性与共生性，风险社会的来临与凸显，全球化的迅猛发展以及由此引发世界一体化进程的加快，以及传统安全与非传统安全问题的交织凸显表明，人类实质是可以通过自身的不断努力，形成并践行“类安全”及其伦理观，最终有效摆脱人类面临的“安全困境”，实现人的安全、自由和全面发展。当然，在现阶段条件下，要有效践行“类安全”及其伦理观，还有很多工作有待进一步去拓展。

1. 正确处理人类安全及其伦理问题的个性与共性的关系

人类的安全及其伦理问题实质上最终都可以归结为人的“类安全”及其伦理问题。“类安全”及其伦理问题所体现的是人作为“类存在体”的安全及其伦理关怀，因而，其所关注的不仅是作为个体的人的安全，而且还包括由人所组成的各类组织乃至于国家、国际共同体等在内的整个人类的安全。人类安全及其伦理观从早期的“族群”的安全及其伦理观、传统安全及其伦理观、非传统安全及其伦理观再向“类安全”及其伦理观演变的历史表明，人类的安全及其伦理问题，从本质而言，无非是如何正确处理安全及其伦理问题中的个性与共性（普遍性）关系的问题。

安全及其伦理问题中的个性问题涉及的是安全主体中的个体安全及其伦理问题。由于安全主体中的个体各具特色，不同的安全主体作为个体的存在因其所处社会环境、自身状况以及对安全目标的祈求等不同，因而，他们各自对安全理念的理解、安全手段的获取、安全内容的维护等会表现出不同特性。一般而言，前国家时期作为“个体”的人的安全获取，主要是依靠和借助其所属的血缘氏族、部落或者是部落联盟来实现。自国家产生后，作为个体人或者组织的安全的获取主要是来自其所属国家，也就是国家是作为个体的人或组织安全的主要提供者。国家的出现不仅有效地解决了“霍布斯疑虑”中的“所有人反对所有人”的“非安全”状态，而且成为作为个体的人或组织安全的主要依托和有效的保护者。尤其是在民族国家产生后，国家的安全甚至发展成为与作为个体的人或组织的安全合二为一的状态，即国家的安全就是个体的人或组织的安全。显然，国家产生后，作为不同需求和各具特性的个体的人或组织的安全获取是主要通过其所属国家来实现，个体的安全祈求主要通过国家的安全来体现，个体安全需求的多样性与差异性实质上已经统归于国家安全之中。但这并不能说明作为个体的人或组织安全需求的多样性与差异性的消失，个体的人或组织安全的多样性与差异性不仅存在，而且在特定情况下与国家安全还存在不一致甚至是冲突的情况。也就是说，国家安全并不一定等同于个体的人或组织的安全，国家既可以成为个体安全的保护者，也可以成为个体安全的威胁者。“个人的安全陷入一个循环的悖论，在其中它既依赖于国家又为国家所威胁。由于在国际体系中与其他国家的相互作用，国家可从多方面对其国内个人构成威胁”。① 比如，斯大林时期很多苏联公民的个人安全就遭到以“维护国家安全”为借口的威胁与伤害。“按保守估计，他造成了不少于2000万人，可能甚至超过2500万人的死亡”。② 此外，作为国际体系下的国家安全依然是作为个体安全而存在，并具有多样性与差异性，而且在国际社会无政府状态下国家安全的获取往往又是自助式的。这样，作为个体存在的国家安全的个体性表现得更为明显。国家作为现代国际体系下最具权威性和影响力的个体，其对安全理念的解读以及其对维护自身安全手段的采用等，很大程度上影响其他个体甚至是整个国际体系乃至全人类的安全。由此可见，任何忽视、无视或者是随意践踏个体安全存在的观念和行为，不仅在理论上会丧失其生命力和应有的指导作用，而且在实践中会使安全及其伦理问题无法得到有效解决，甚至会产生灾难性的后果。

当然，强调安全及其伦理问题的个性，并非要否定安全及其伦理问题的共性问题。实质上，安全及其伦理问题的个性中体现着共性，而安全及其伦理问题中的共性则贯穿于其个性之中。安全及其伦理问题的共性是指同时涉及所有安全主体的安全及其伦理问题，或者说是所有安全主体为了维护生命的安全与发展而必须共同面对的安全及其伦理问题，也就是安全的普遍性问题。故此，安全及其伦理问题的共性主要体现为维护人的生命安全和确保其顺利发展，一起应对共同的安全威胁与挑战。维护人的生命安全和确保其顺利发展是所有安全行为体寻求自身安全的根本，也是安全及其伦理问题的共性或根本属性，任何个体、组织、国家乃至国家联盟等在追寻自身利益与安全过程中，如果脱离了人作为“类存在体”的生命安全这个根本，显然最终也无益于自身安全与利益的实现。习近平指出：“一个国家要谋求自身发展，必须也让别人发展；要谋求自身安全，必须

① ［澳］克雷格·A. 斯奈德等：《当代安全与战略》，吉林人民出版社2001年版，第99页。

② ［美］布热津斯基：《大失控与大混乱》，中国社会科学出版社1994年版，第17页。

也让别人安全；要谋求自身过得好，必须也让别人过得好。”①

由此可见，安全及其伦理问题的个体性与共性关系实质就是一个集多样性（差异性）甚至是冲突性为一体的统一体，其中，多样性（差异性）与共存性是这个统一体状态的真实写照。安全及其伦理问题的个性与共性的关系表明，无论是作为个体人的安全、组织的安全还是国家的安全，都无可避免地要求我们需要从个体视角出发关注各自的安全，但需要强调的是，个体在寻求自身安全过程中，既要根据自身特性和所处环境的不同作出适合自身安全需求的选择，同时又要尊重和兼顾其他主体的安全，不损害其他主体的安全，并且从道德上确认这种行为是善的行为。“安全应该是普遍的。不能一个国家安全而其他国家不安全，一部分国家安全而另一部分国家不安全，更不能牺牲别国安全谋求自身所谓绝对安全。否则，就会像哈萨克斯坦谚语说的那样：‘吹灭别人的灯，会烧掉自己的胡子’。”②

此外，当今理论界提出的“人的安全”这个新命题，在一定程度上体现了人们对安全及其伦理问题的个性与共性关系的关注。“人的安全”命题的提出和发展表明，当今人们对安全问题的研究越来越深入到平民和日常生活，各国以政府为本的外交宗旨已经纷纷转向以民为本，而以民为本的具体含义就是以人为本和以日常生活为本。人的安全和日常生活安全已经成为国家安全之本，人的安全“高于”国家安全，“人的安全”是“国家安全”的终极目的。③ 人类安全委员会的报告中指出：“人的安全的目的是通过发展人类自由和实现人生价值来保护人类生命至关重要的核心。人的安全意味着保障人类的基本自由——自由是生命的精髓。它意味着保护人类免受严重的、普遍的威胁和危险情况的伤害；它意味着通过多种途径增强人类的能力和抱负；它意味着通过创造相应的政治、社会、环境、经济、军事和文化体系，来建构人类的生存和尊严。生命的关键核心是人们享有的一系列基本权利和自由。但是不同的人、不同的社会对什么是‘生命核心’，什么是‘关键’有不同的答案。因此，人的安全的任何

---

① 习近平：《携手合作 共同维护世界和平与安全——在“世界和平论坛”开幕式上的致辞》，http：//news. xinhuanet. com/politics/2012－07/07/c_ 112383083. htm。

② 习近平：《积极树立亚洲安全观共创安全合作新局面——在亚洲相互协作与信任措施会议第四次峰会上的讲话》，《人民日报》2014 年 5 月 22 日。

③ 潘一禾：《“人的安全”是国家安全之本》，《杭州师范学院学报》（社会科学版）2006 年第 7 期。

概念肯定都是动态的。这也是为什么我们没有提出一个关于‘人的安全’包含条目的详细列表的原因。”[①] 当然，学界也存在对人的安全命题的质疑。在巴里·布赞看来，国际安全理论的一个独特之处在于研究不同“社会集体”（social collectivities）之间的互动关系，但“还原主义”的安全思维却抹杀了这一特点。虽然从道义上可以把个体构建为最终的安全指涉目标，但要付出的代价却是丧失了对“集体行动者”（collective actors）的分析维度。人作为“集体行动者”，既是安全的提供者，又天然地拥有生存的权利。个体不是孤立于社会而存在的，他们存在的意义来自其所依托的社会。从这个意义上说，个体并非某种其他一切事物能够或应当被还原或被从属于的底线，即安全研究不应该以个人（个体层面）来取代或牺牲其他单位层面的存在。“人的安全”的概念把所有可能的安全指涉对象都引向了个体，却排除了其他应有的指涉对象——“集体”（以人类自身为前提的安全主体）以及“生态”（非以人类为前提的安全主体，如生态安全或环境安全）等，从而忽视了其他安全议程的道义主张和安全化的具体实践。[②]

显然，理论界对何为人的安全的界定以及其与其他方面安全的关系等还存在着不同解读，但其强调对人的生命价值的尊重与伦理关怀无疑是一致的。实质上，关注人的生命安全，尊重人类生命的价值（即安全及其伦理的共性）理应贯穿于各个个体安全的始终，不管个体安全以何种面貌或形式出现。毕竟，脱离人的生命安全或否定人类的生命价值去谈论安全及其伦理问题，显然毫无意义可言。安全及其伦理问题的共性表明，作为具有多样性（差异性）甚至冲突性的安全及其伦理的个体（个性）之间的矛盾并非不可调和。个体无论是个人、组织还是国家，在寻求安全时理应、也可以做到对人作为“类存在体”安全的尊重和伦理关怀。安全及其伦理问题中的个性与共性的相互依存关系表明，任何个体安全（包括作为个体的国家安全）的维护与实现，都不可能置其他个体安全于不顾，而应该将两者统合起来加以考虑，才能有效地维护和实现共同的安全。“安全应该是包容的。应该把亚洲多样性和各国的差异性转化为促进

① 转引自［加拿大］保罗·埃文斯《人的安全与东亚：回顾与展望》，《世界经济与政治》2004年第6期。

② ［英］巴里·布赞：《“人的安全”：一种“还原主义”和“理想主义”的误导》，《浙江大学学报》（人文社会科学版）2008年第1期。

地区安全合作的活力和动力，恪守尊重主权、独立和领土完整、互不干涉内政等国际关系基本准则，尊重各国自主选择的社会制度和发展道路，尊重并照顾各方合理安全关切”。[①] 也只有这样，才能有效化解安全及其伦理困境，真正实现人类持久和平与安全。

2. 坚持全球范围的可持续发展战略

“类安全”及其伦理观作为关注人作为“类存在体”安全及其伦理观，其有效践行必然要求人们在寻求各自安全与发展时，不仅要关注个体安全与利益，而且还需兼顾其他主体的安全与利益；不仅要注重眼前的安全与利益，而且更要关注长远安全与利益。这实质就是要求世界各国必须坚持可持续安全和可持续发展战略，站在人作为“类存在体”的安全与利益的视角上去观照人类的安全与发展。

邓小平指出：“中国解决所有问题的关键是要靠自己的发展。”这同样可套用于“解决当前世界所面临的所有问题的关键也是要靠世界各国的共同发展”这个命题。我们主张，各国和各国人民应该共同享受发展成果，世界长期发展不可能建立在一批国家越来越富裕而另一批国家却长期贫穷落后的基础上。[②] 人类所面临的各种问题（包括“安全困境”问题在内）的解决，关键还是要靠世界各国的不断发展，而且必须是各国的可持续发展。“发展是安全的基础，安全是发展的条件。贫瘠的土地上长不成和平的大树，连天的烽火中结不出发展的硕果”。[③] 世界环境与发展委员会在 1987 年《我们共同的未来》的报告中指出，可持续发展是指“既能满足当代人的需要，又不对后代人满足其需要的能力构成危害的发展”。其主要内容有：（1）突出发展的主题，发展与经济增长有根本区别，发展是集社会、科技、文化、环境等多项因素于一体的完整现象，是人类共同的和普遍的权利，发达国家和发展中国家都享有平等的不容剥夺的发展权利；（2）发展的可持续性，人类的经济和社会的发展不能超越资源和环境承载能力；（3）人与人关系的公平性，当代人在发展与消费

① 习近平：《积极树立亚洲安全观 共创安全合作新局面——在亚洲相互协作与信任措施会议第四次峰会上的讲话》，《人民日报》2014 年 5 月 22 日。

② 习近平：《顺应时代前进潮流 促进世界和平发展——在莫斯科国际关系学院的演讲》，《人民日报》2013 年 3 月 24 日。

③ 习近平：《积极树立亚洲安全观 共创安全合作新局面——在亚洲相互协作与信任措施会议第四次峰会上的讲话》，《人民日报》2014 年 5 月 22 日。

时应努力做到使后代人有同样发展机会，同一代人中一部分人的发展不应当损害另一部分人的利益；（4）人与自然的协调共生，人类必须建立新的道德观念和价值标准，学会尊重自然、师法自然、保护自然，与之和谐相处。①

可持续发展战略针对的主要是什么是发展以及如何发展的问题。发展是人类的永恒主题，人类只有不断发展才能使自身生命和种族得以延续。然而，自工业革命尤其是第二次世界大战以来，随着科学技术的不断发展以及人类征服自然、改造自然能力的不断增强，人类在谋求自身发展过程中所造成的严重的生态危机与资源危机日益凸显，并成为危及人类生存与发展的重大安全与安全伦理问题。这些危及人类生存与发展的安全与安全伦理问题包括由非可再生资源（如金属矿、煤、石油、天然气）的大规模开采与不合理利用所引发的能源危机（能源安全），由环境污染（如大气污染、水污染、固体污染、噪声污染、核污染）、全球气候变暖、物种灭绝以及森林面积的锐减等所引发的生态危机（生态安全），以及由能源危机和生态危机共同作用所引发的传统安全与非传统安全的交织凸显等。这表明人类要有效消解因其自身发展带来的各种困境与安全威胁，做到可持续安全，就必须坚持共同发展和可持续发展战略。

实质上，由人类发展所带来的各种危机所涉及的不仅仅是人类发展问题，而且同时也涉及人类的安全及其伦理问题。能源危机（能源安全）问题实质上是能源供给和使用所引发的各种危及人类生存与发展的安全及其伦理问题。由于在当今能源需求比例中占主导地位的能源绝大多数都是不可再生能源，因而，由能源供应紧缺所引发的生存“安全困境”，以及围绕能源争夺所爆发的国际冲突与战争（如第二次世界大战后的两伊战争、海湾战争、伊拉克战争、利比亚战争），已经越来越严重地威胁着人类的安全。由能源使用不当所引发的安全危机（如苏联的切尔诺贝利核电站事故、美国的三里岛核电站事故、日本的福岛核电站事故等）也在不断地向世人敲起安全警钟。生态危机（生态安全）问题指由人与自然的不和谐相处所导致人类生存环境恶化所引发的危及人类生存与发展的安全及其伦理问题。生态安全具有首要性、全球性、紧迫性和代际性四个特点，其中首要性指生态安全是人类的“第一安全”、终极安全，是人类最

① 奚洁人：《科学发展观百科辞典》，上海辞书出版社2007年版。

基本的生存需要和安全保障，是人类生存发展的第一需要；全球性指生态安全危机是所有国家、全人类的共同问题，具有“一荣俱荣、一损俱损”特性；紧迫性指全球范围内的生态危机已经到了十分严峻而紧迫的地步；代际性指生态危机的“成本”和生态安全的“效益”会随着代际转移、拓展、延伸。①

可见，人类在谋求自身生存与发展过程中所引发的能源危机、生态危机等，已经严重威胁人类自身的安全与发展。能源危机与生态危机的全球性与紧迫性等特性，使得人类要有效消解因自身发展所带来的各种困境与安全威胁，实现可持续安全，必须坚持可持续发展战略。“人类只有一个地球，各国共处一个世界。共同发展是持续发展的重要基础，符合各国人民长远利益和根本利益。我们生活在同一个地球村，应该牢固树立命运共同体意识，顺应时代潮流，把握正确方向，坚持同舟共济，推动亚洲和世界发展不断迈上新台阶”。② 这应当是当今世界各国在寻求自身安全与发展时必须做出的明智抉择。毕竟，各国只有坚持可持续发展战略，才能有效化解自身在发展过程中产生的能源与生态等方面的安全危机，最终确保自身安全与发展。同时，各国坚持的可持续发展所带来的成果，必然会加深和坚定各国对可持续发展战略理念的理解，进而达成“可持续发展是人类共同的和普遍的权利”、“可持续发展是可持续安全的根本保障”和“可持续发展是解决人类作为‘类存在体’的安全的根本保证”共识。尊重各自发展需求与加强彼此间合作，并承担相应的责任和义务，无疑又是实现各国可持续发展的重要先决条件。正如1991年6月《北京宣言》所指出的：“发达国家对全球环境的恶化负有主要责任。工业革命以来，发达国家以不能持久的生产和消费方式过度消耗世界的自然资源，对全球的环境造成损害，发展中国家受害更为严重。”因此，发达国家在坚持可持续发展的同时，有责任和义务在技术和资金等方面帮助广大发展中国家摆脱贫困和保护环境，推行和促进可持续发展战略在这些国家的实施。

总之，坚持可持续安全与可持续发展战略，客观上要求我们把人类安全与发展置于科学发展之上，从人作为“类存在体”的安全与发展出发，尊重人作为“类”的生命价值和满足以人作为“类”的安全与发展的需

---

① 余潇枫等：《非传统安全概论》，浙江大学出版社2006年版，第133—134页。

② 习近平：《共同创造亚洲和世界的美好未来——在博鳌亚洲论坛2013年年会上的主旨演讲》，《人民日报》2013年4月8日。

要作为出发点和归宿，统筹兼顾各方面的安全和利益，努力实现个体、社会、国家以及世界的全面进步与和谐发展。

3. 加强国际合作机制建设并通过对话方式解决各类矛盾与争端

"类安全"及其伦理观表明，人作为"类存在体"，其利益与安全的维护与实现，应当是从人之为人的视角出发，做到尊重作为个体人的安全与尊重其他个体、组织、国家乃至世界的安全相结合；既要尊重个体、组织、国家等当前的利益与安全，也要放眼人类长远利益与安全，也就是要坚持做到可持续安全。这除了从安全及其伦理理念上要求人们必须如此，还应当在世界范围内加强制度上的建设与合作。由于当今世界人类所面临的诸多安全及其伦理问题，不再是单个个体或国家所面临的个体问题，而是全球性的安全及其伦理问题。"越来越多的事实证明，在全球性问题面前，任何国家既无法独善其身，又无力独自应对，加强全球范围内的协调与合作是有效应对全球性问题的必由之路"。[①] 这些全球性安全与伦理问题的解决，不是个体凭单边行动所能企及，而是需要通过多边机制，甚至是借助全球性的合作方能奏效。

国家产生以来，人类所面临的各种安全及其伦理问题往往是通过国家的强制性措施甚至是武力的方式来解决。国家成为个体安全强有力的庇护者并进一步神圣化，甚至出现国家的安全等同于个体安全的状况。但是历史一再证明并将不断证明，国家的安全并非就是个体人的安全，通过战争尤其是现代战争或军事的方式并不能有效解决人类的安全及其伦理问题。"现代战争的毁灭性，使得战争部分失去了作为国家政策工具的意义，战争性质的变化以及全球相互联系使传统的国家安全观过时了，因为任何国家都热衷于建设大规模毁灭性武器，那么任何国家都不能通过单边军事措施来保护其安全。……我们要么与所有国家享有共同安全，要么什么都没有；国际安全必须建立在共享生存基础上，而不是建立在以彼此毁灭相威胁的基础上"。[②] 因此，要有效解决人类面临的安全及其伦理问题或者"类安全"及其伦理问题，需要通过国家间的彼此合作，加强国际合作机

① 陈晓东：《全球安全治理与联合国安全机制改革》，时事出版社2012年版，第71页。

② Robert C. Johanson, "A Policy Framework for World Security", in Michael T. Klare and Daniel C, Thomas, eds., World Security: Trend and Challenges at Century's End, New York: ST. Martin's Press, 1991, pp. 402, 404. 转引自苏长和《全球公共问题与国际合作：一种制度的分析》，上海人民出版社2006年版，第5—6页。

制方面建设，并通过对话方式来解决各类矛盾与争端。

在传统国际关系理论看来，国际社会实质上是一种无政府状态下的社会，作为个体国家安全的获取完全是自助式的。这样势必导致国家间的相互猜疑与不信任，使得各国在安全等方面的合作在长时期内难以得到有效为继，即便有合作，往往也是暂时的或权宜之计。显然，这种观点或假设随着国际形势的不断发展已无法完全解析当今国际社会特性，进而受到理论界的质疑。国际范围的现代化浪潮导致国际关系特性本质上的不一致，因为国际相互依赖的联系意味着国家间存在结构性联系，因而传统的基于无政府模式来概括国际环境根本特征的看法虽然不是错误的，但至少是不准确的了。① “尽管不存在任何合法的权威可以实行强制，国际舞台上的行为者都承认游戏规则，尊重正式和非正式的调节机制，接受义务约束，遵守合作惯例，而且以可以预见的方式行事”。② 由此可见，国际社会国家间的各种利益冲突、国家自身安全的获取等，实质是可以通过既有的国际规则、国际惯例或建立新的国际合作机制，通过对话协商等方式来解决，而不是诉诸武力或以武力相威胁的方式实现。“人类社会的规范就是理性克制的具体落实。其根本途径是，以人性之善规范人性之恶，以社会整体的共同需求规范个体私欲，使二者调和起来。在国际社会，由于没有权威政府和强制性的制度、法律和规范，更需要回归原初理性并以之建构为公众认可的规范。因为缺乏强制性，国际社会规范如同社会契约，必须既符合契约各方的角色期待又照顾各方的利益需要，才能起到弘扬善性、规制恶性的预期作用”。③

实质上，全球化迅猛发展、风险社会的来临以及非传统安全问题的日益凸显使得世界各国的共同利益不断增强，各国间的相互依存度也在进一步加深。这为世界各国为维护自身安全、增进自身利益而进行相互间的对话与合作提供了重要的前提条件。“各国在安全上的相互依存不断加深，共同点在增多，任何国家都难以单独实现其安全目标。只有加强国际合

---

① 苏长和：《全球公共问题与国际合作：一种制度的分析》，上海人民出版社 2006 年版，第 229 页。

② 皮埃尔·德·塞纳科伦斯：《治理与国际调节机制的危机》，《国际社会科学杂志》（北京）1999 年第 1 期。

③ 黄昭宇、高咏梅：《非传统安全问题生成当代世界的发展困境》，《江南社会学院学报》2010 年第 6 期。

作，才能有效应对全球挑战，实现普遍和持久安全”。[1] 尽管全球化条件下各国的竞争会加剧，但这种竞争并非是“零和”的博弈，而是通过相互间的对话与合作来达到“共赢”。“类安全”及其伦理问题作为全球性安全与安全伦理问题，使得安全及其伦理问题较之以往任何时候都复杂和难以解决，更需要世界各国在平等和相互尊重基础上加强彼此间的沟通、交流与合作来共同应对。“历史证明，‘冷战’时期以军事联盟为基础、以增加军备为手段的安全观念和体制不能营造和平。在新形势下，扩大军事集团、加强军事同盟更有悖于时代潮流。安全不能依靠增加军备，也不能依靠军事同盟。安全应当依靠相互之间的信任和共同利益的联系，通过对话增进信任，通过合作谋求和平，必须摒弃‘冷战’思维，培育新型的安全观念，寻求维护和平的新方式”。[2]“要努力使国际社会的持久和平建立在促进各国相互信任和共同利益的新安全观的基础上，应该通过对话增加信任，通过合作谋求安全”。[3] 实践证明，在人类安全及其伦理问题不断被挑战下的国际社会，是可以通过平等对话协商的方式来解决彼此间的争端，增强彼此间的互信与合作的。比如，东盟与中日韩的对话（10+3）、中日韩三国合作对话、北约与俄罗斯的经常性对话、欧盟委员会与俄的战略对话、八国集团同主要发展中国家（新兴经济体）的高层对话、20国集团峰会、中非合作论坛、博鳌亚洲论坛和亚洲相互协作与信任措施会议等。这些对话、峰会与论坛将有助于人类解决当今所面临的共同安全威胁，实现人类的共同利益。同时，这也是人类找到了践行“类安全”及其伦理观的有效途径。

4. 强化全球性的安全认同共识

在全球化、风险社会和传统安全与非传统安全交织凸显情况下，要解决好人类安全与发展问题，仅仅从国家、民族或者地区视野着手，显然不够也难以奏效。“我们主张，各国和各国人民应该共同享受安全保障。各国要同心协力，妥善应对各种问题和挑战。越是面临全球性挑战，越要合作应对，共同变压力为动力、化危机为生机。面对错综复杂的国际安全威胁，单打独斗不行，迷信武力更不行，合作安全、集体安全、共同安全才

---

① 江泽民：《论有中国特色社会主义》（专题摘编），中央文献出版社2002年版，第517页。

② 国务院新闻办公室：《中国国防白皮书》，《人民日报》1998年7月28日。

③ 江泽民：《在泰国国家文化中心的演讲》，《人民日报》1999年9月4日。

是解决问题的正确选择”。[1] 全球化的发展、风险社会的来临以及传统安全与非传统安全交织凸显的现实表明，我们必须跳出原有的以国家、军事安全为中心的传统安全及其伦理观的窠臼，超越民族、国家等狭隘的安全及其伦理观局限，站在全球视角，构建共同的安全认同及其伦理观（“类安全”及其伦理观），按照“类安全”（综合安全、共同安全、合作安全）及其伦理观原则，来处理在全球化过程中出现的各种涉及人类安全与发展的问题。“国际社会应该倡导综合安全、共同安全、合作安全的理念，使我们的地球村成为共谋发展的大舞台，而不是相互角力的竞技场，更不能为一己之私把一个地区乃至世界搞乱”。[2]

共同的安全认同及其伦理观或“类安全”及其伦理观的精神实质在于，我们不仅仅要从国家、民族的安全与利益出发，更要从整个人类安全与利益出发，把整个人类社会的安全与持续发展作为安全的根本出发点与归宿，只有这样，才能够最终实现人类社会的“优态共存”与“和谐共处”。罗伯特·吉尔平认为，国际政治的特征仍然像修昔底德所描述的那样，是自然力量与伟大的领导人相互作用……世界政治仍然是政治实体在全球无政府状态下争夺权力、威望和财富的斗争。核武器的出现并没有使人们放弃使用武力，经济相互依存并不能保证合作可以取代冲突。国际无政府状态必须以一种全球性的共同价值观和世界观来取代。[3]

显然，形成和践行共同的安全认同及其伦理观或“类安全”及其伦理观，在当前以及未来相当长的时间内而言不仅十分必要，而且通过人们的共同努力也可以实现。

胡锦涛同志在联合国成立60周年首脑会议讲话中指出，文明多样性是人类社会的基本特征，也是人类文明进步的重要动力。人类文明的多样性与共生性是人类文明的重要特征，也是其存在与发展的重要体现。事实上，文明作为人类社会发展到一定程度之后所形成的积极成果及其进步状态，它是多样性与共生性的统一。尽管在有关文明问题看法存在以美国的

---

① 习近平：《顺应时代前进潮流 促进世界和平发展——在莫斯科国际关系学院的演讲》，《人民日报》2013年3月24日。

② 习近平：《共同创造亚洲和世界的美好未来——在博鳌亚洲论坛2013年年会上的主旨演讲》，《人民日报》2013年4月8日。

③ ［美］詹姆斯·多尔蒂、小罗伯特·普尔茨格拉夫：《争论中的国际关系理论》第5版，阎学通等译，世界知识出版社2003年版，第91页。

塞缪尔·亨廷顿为代表的文明冲突论和以德国的哈拉尔德·米勒为代表的文明共存论之争，但是，人类文明发展史表明，人类文明是多样性与共生性的统一体。“主宰我们时代的政治、经济和社会的强大推动力将会给人类带来巨大的危险，同时它也创造了难得的机会，使人类各民族之间的危险敌对性有可能得以调和。文明的冲突现象并非自然之力的结果，而是人为引起的，因此人类完全可以依靠自身的力量来逾越这个障碍”。① 显然，我们并不否认文明的差异性甚至是冲突性，但关键在于其又是共生的。故此，我们可以通过共同努力找到彼此间的共同利益，求同存异，达成较为一致的安全认同及其伦理观，即形成以观照整个人类的生存与发展为核心价值的“共生”、“共存”、“共赢”的“类安全”及其伦理观。

在风险社会、全球化、人类文明的多样化、传统安全与非传统安全交织凸显以及国际安全复杂化的新时代背景之下，如何在全世界范围达成共识，形成和践行“类安全”及其伦理观，理所当然也就成为当今世界乃至中国所应关注的重点和焦点。

中国自古便是一个有着统一多民族传统的国家，安全认同以及由此所引发的民族认同与国家认同一直是中国传统政治的重要内容。在长期的民族共同相处与大融合的政治社会实践中，中国形成了以“和而不同”、“兼相爱、交相利”、“近者悦、远者来”以及“合纵连横”、“礼让为国”等为主要内容的“和合中庸、兼容共存”的安全认同及其伦理观。新中国成立特别是改革开放以来，中国作为一个负责任的发展中大国，便一直在维护世界和平与发展历史使命中发挥着重要的作用。在安全认同这个问题上，中国形成了自身的安全及其伦理范式。“两千多年前，中国先秦思想家孔子提出‘君子和而不同’的思想。和谐而又不千篇一律，不同而又不相互冲突。和谐以共生共长不同以相辅相成，和而不同，是社会事物和社会关系发展的一条重要规律，也是人们处世行事应该遵循的准则，是人类各种文明协调发展的真谛”。② 为此，中国创造性地提出并践行了维护人类共同安全的安全及其伦理范式——求同存异、和平共处、和而不

① 哈拉尔德·米勒：《文明的共存——对塞缪尔·亨廷顿“文明冲突论”的批判》，新华出版社2002年版，第2页。

② 江泽民：《在乔治·布什总统图书馆的演讲》，《人民日报》2002年10月25日。

同、合作共赢，建设和谐世界。①

求同存异、和平共处、和而不同、合作共赢，建设和谐世界，就是要坚持互利合作，以合作谋和平、促发展，实现人类的共同繁荣；坚持多边主义和包容精神，维护世界的多样性，国与国之间的和平共处，人与人之间的和睦相处，人与自然和谐的发展。其核心就是世界各国之间做到"互信、互利、平等、合作、和平、共赢"；其实质就是按照人类自身安全与发展的要求，形成和践行共同的安全认同及其伦理观——"类安全"及其伦理观，以互利合作谋求共同的安全与世界的和谐发展。事实上，求同存异、和平共处、和而不同、合作共赢，建设和谐世界作为一种新的安全理论范式，它凸显了践行共同的安全认同及其伦理观——"类安全"及其伦理观对人类自身安全与发展的重要性，超越了传统的国家中心主义安全伦理价值观的立场，确立了把人的安全作为一个"类"统一存在体的安全的优先性，进而体现了中国对安全认同问题的独特诠释，为正确处理安全认同危机，有效解决"安全困境"提供了广阔前景和正确方向。

事实证明，不管是传统安全问题还是非传统安全问题的解决，都需要世界各国共同努力与合作，需要形成和强化安全认同共识。"千百年来，人类都梦想着持久和平，但战争始终像一个幽灵一样伴随着人类发展历程。……在教科文组织总部大楼前的石碑上，用多种语言镌刻着这样一句话：'战争起源于人之思想，故务须于人之思想中筑起保卫和平之屏障。'只要世界人民在心灵中坚定了和平理念、扬起了和平风帆，就能形成防止和反对战争的强大力量"。② "我们国家的利益和命运与世界是紧密相连的。如果我们忽视或者放弃那些遭遇贫穷的国家和人民，我们将不但放弃了经济和市场发展的潜在机遇，而且最终失望会转变为暴力的冲突反过来伤害我们。如果我们只关注美国的下一代，而不是全世界所有下一代的教育问题，那么我们将不仅仅会失去某一个探索到新能源来拯救地球的伟大科学家，我们会使全世界的人民更易于陷入反美的情绪。所以，如果我现

---

① 2005年9月，在联合国成立60周年首脑会议上，胡锦涛同志发表了题为《努力建设持久和平、共同繁荣的和谐世界》的讲话，提出了构建和谐世界的新理念，明确阐述了建设和谐世界的内涵。中国政府提出必须致力于实现各国和谐共处、全球经济和谐发展以及不同文明和谐进步，建设和谐世界。并在2005年12月的《中国的和平发展道路》白皮书上，首次全面系统地向全世界阐述了和平发展道路的内容，强调中国将致力于实现与世界各国的互利共赢和共同发展，目标是建设持久和平与共同繁荣的和谐世界。

② 习近平：《在联合国教科文组织总部的演讲》，《人民日报》2014年3月28日。

在作为美国总统是称职的，是有作为的，那么部分的作为就将体现在我帮助美国人去深刻理解：他们的利益和你们的利益是相连的。这是个持续不断的任务——因为它往往不容易被人理解。”① 因此，只有世界各国不断加强彼此间的相互了解、信任与合作，在全世界范围达成并强化安全认同的共识，形成并践行共同的安全认同及其伦理观——“类安全”及其伦理观，建设和谐世界，坚持做到“民主平等”、“合作共赢”、“和睦互信”、“公正互利”、“共同发展”、“包容互鉴”、“文明对话”，才能最终实现人类持久和平与和谐发展。

（二）“类安全”及其伦理观的现实困难与挑战

无论是从理论还是从现实的角度上看，“类安全”及其伦理观的有效践行，是解决人类“安全困境”的重要途径。但是，在具体的实践过程当中，这还得面临人类理应通过何种有效的实践方式，以期形成共同的安全认同伦理观——“类安全”伦理观，以及在主要由各主权国家作为安全主体主导和利益、价值多元化为基本格局条件下的世界，通过何种方式来实现人类的共同利益和维护人类的共同安全——“类安全”等现实问题的挑战。

实质上，全球化浪潮、风险社会、传统安全以及非传统安全的交织凸显等造成的客观现实，已经使世人逐渐明白，人类在诸多重大利益、重要价值以及维护自身安全的维护等问题上，已经超越了阶层、阶级、民族、区域、国家甚至是地区的界限。这些问题逐渐成为全人类的共同利益、共同价值和共同问题。这些共同利益、价值以及自身安全的有效维护，不可能仅凭某一国家或组织就能够独自完成，而需要在全球范围内的各个组织，尤其是主权国家等的通力合作。但是，另一个不容忽视的客观事实是，世界很多主权国家从某种程度上而言都存在着谋求自身利益最大化的倾向。这在客观上又使得世界各国在涉及自身安全与利益的问题上时，将其置于首要的位置，并呈现出多元性、差异性甚至是冲突性的局面。为此，如何在特定时间和全球范围内形成并践行“类安全”及其伦理观，确实是我们面临的重大挑战。

从维护人类安全的当前与长远利益上看，如能从以维护作为“类存

---

① 《央视芮成钢访奥巴马：美国利益和世界紧密相连》，http：//finance. sina. com. cn/world/gjjj/20090403/13526063317. shtml。

在”的人的安全为中心的“类安全”视角去关注人类的安全，这无疑是一种较为理想的选择。然而，在现有的国际关系条件下，一方面，能够有效维护人类安全的主体主要是主权国家，在国际上具有重大影响力、能有效维护人类安全与发展的各类国际组织同样也是由主权国家参与，甚至一些在国际上具有较大影响力的非政府组织，其在很大程度上也受主权国家利益取向的影响和限制。不可否认，国家作为维护人类安全的最具实力的行为主体，其在维护人类安全以及实现人类共同利益等方面，有着其他行为体不能企及的优势，在当前以及未来，没有各主权国家的积极参与，人类的安全及其利益也就无从谈起。实质上，各主权国家在多大程度上能够形成共同的安全认同及其伦理观——“类安全”及其伦理观，主要取决于各国“利益交集”程度的大小，以及各国在多大程度上对这种“利益交集”或共同利益的认可。由于各主权国家在社会制度、民族特性、价值理念、国家发展程度、综合实力以及国家利益等方面，仍存在较大的差异性甚至是冲突性，各国只能或许更多地从本国的国家利益出发，来决定是否与其他国家和民族进行交往与合作，以及在何种程度上进行交往与合作。显然，当前要在各国利益差异性与冲突性比较大的情况下，促使各国形成并践行“类安全”及其伦理观，其难度是显而易见的。

另一方面，在威斯特伐利亚国际体系下的主权国家，在一定程度上依然是处于无政府主义的国际关系状态之中，势必使得人类对自身安全的维护，正如现实主义所言的那样，主要是依靠主权国家通过自助式方式来完成。这种自助式的安全表明，主权国家间在维护彼此的安全问题上依然难以做到彼此间的完全信任，最终的结果就是各国为了维护自身利益与安全，势必独自加强军备建设，军备竞赛由此而发，国家间的发生冲突和战争危险程度进一步加剧，人类自身安全也就难以得到有效维护。尽管当今世界国际关系并非如现实主义所描绘的那样令人悲观，但是，一个不可否认的事实是，以维护国家安全为核心的传统安全，在非传统安全凸显情况下，并没有因此而式微。霸权主义和强权政治打着诸如“维护人权”和“防止人道主义灾难”等各种幌子，将其价值观强加给世界其他国家，以及通过武力方式干涉他国内政的事情从来就没有停止过，由此所引发的局部战争和地区的动荡也从来没有消停。或许各主权国家间的军备竞赛尽管没有像“冷战”时期形成那么大的张力，但是，“冷战”后许多国家军费的不断增长与膨胀却是个不争的事实。

由此可见，尽管在风险社会来临与全球化迅猛发展的今天，世界各国间的整体性利益在不断增强，但并未意味着各主权国家间的利益差异性与冲突性的消失。“人的发展尚未真正超出个体主体阶段，对自身利益最大化的追求，客观上决定了个人、阶级、阶层乃至民族、国家，都不能不在极大程度上将自身利益置于重要地位。利益的多元化、价值的多元化仍是当今世界的基本格局。伦理的个体性仍是基本的特征。个体性必然表现为多样性、多元性、差异性。正因为如此，各种不同伦理观念的冲突便不可避免”。[①] 虽然在以主权国家作为维护人类自身安全的主要行为体，以及国家利益多元化、差异化甚至是冲突条件下，在以联合国为主要代表的国际组织以及各种非政府组织，仍无力亦无法取代主权国家来维护人类共同安全的现实状况下，人类要通过形成并践行共同的安全及其伦理观——“类安全”及其伦理观的方式，来有效解决人类所面临的“安全困境”，依然还有很长的路要走。

尽管“类安全”及其伦理观在现实国际环境中的践行依然面临诸多困难与挑战，尤其是主权国家往往将自身的利益与安全置于首先考虑的位置，但并不能因此就否认主权国家在考虑自身利益与安全时能够完全忽略或者损害其他国家的利益与安全。实质上，在现实条件下，国家间的利益与安全的交集只能是越来越大，任何国家的利益与安全都与其他国家的利益与安全紧密相连。因此，不能因当前所面临的困难与挑战就得出“类安全”及其伦理观在理论上的“虚无性”和具体实践上“不可操作性”的结论，这并非是不可跨越的障碍。此外，一种新理论的提出就算它是真理，但要被人们真正理解、认可与践行，可能需要很长的时间和艰苦实践方能达到。“类安全”及其伦理观作为一种新的安全理论，我们也许不能称之为真理，但就目前而言，它无疑为我们摆脱人类的“安全困境”，维护人类的安全与建设共同繁荣、持久和平的和谐世界提供一种崭新的思路与方法。要想达到此目的，我们深信同样需要很长时间和艰苦实践去理解、认可并践行这种理论。

---

① 胡贤鑫：《从群体伦理到类伦理——伦理的历史走向》，《马克思主义与现实》2003 年第 5 期。

第六章　人类安全及其伦理观的“挑战”

人类安全观的演变及其伦理建构过程实质是一个由简单到复杂、由单一到多样的历史发展过程。人类面临的安全风险与挑战，因社会生产力发展、科学技术进步、全球化以及信息社会的来临比以往任何时候都大。20世纪中期以来，人类安全及其伦理观所面临的“挑战”从现实层面看表现为风险社会的到来，从理论层面上看则表现为非人类中心主义的兴起与快速传播。

一　人类安全及其伦理观的现实“挑战”——风险社会

德国著名的社会学家乌尔里希·贝克（Ulrich Beck）第一次系统地提出和阐述了风险社会思想。贝克将风险问题和现代性问题结合起来加以反思，提出了风险社会理论。这不仅意味着人类面临着一个崭新的社会——风险社会来临，而且也意味着人类在安全及其伦理领域即将面临更大的“挑战”。

（一）风险与风险社会

有关风险的界定学术界存在着不同见解。统计学、精算学、保险学等学科把风险定义为某个事件造成破坏或伤害的可能性或概率；玛丽·道格拉斯和维尔达沃斯基等把风险定义为一个群体对危险的认知，是社会结构本身具有的功能，作用是辨别群体所处环境的危险性；社会学家卢曼认为，风险是一种认知或理解的形式，强调风险并非一直伴随着各种文化，而是在具有崭新特征的20世纪晚期，因全新问题而产生的，风险具有时间规定性的概念，是一种非常不同的时间限制形式，或者说是一种“意外（偶然）出现的图式”。[①] “风险概念表明了人们创造了一种文明，以便使自己的决定将会造成不可预见的后果具备可预见性，从而控制不可控制的事情，通过有意采取的预防性行动以及相应的制度化的措施战胜种种副作用”。[②] 贝克认为，风险是一种应对现代化本身诱发并带来的灾难与不安全的系统方法，与以前危险不同的是，风险是具有威胁性的现代化力量以及现代化造成的怀疑全球化所引发的结果，风险及其结果在政治上具有反思性，是预测和控制人类行为未来后果的现代方式，是政治动员的主要力量。[③] 显然，西方学者对风险的界定更多是将其同现代性结合在一起，认为风险是伴随现代科学技术进步与发展而创造出来用以描绘未来社会发展所带来伤害与威胁的不确定性与可能性的词汇。《辞海》把风险解释为“人们在生产建设和日常生活中遇到能导致人身伤害、财产损失及其他经济损失的自然灾害、意外事故和其他不测事件的可能性”。故此，从某种意义而言，风险可以看作是在科学技术迅猛发展的现代社会，那些业已存在的、在未来具有危害性的各种因素，以及作为主体的人对这种危害因素可能会带来伤害或安全威胁的判断与认知。因而，风险具有以下几个特性。

一是风险具有客观现实性。也就是说，风险作为尚未对主体的人产生某种伤害或安全威胁，但其存在是不容否定的。如果人或群体能够意识到其存在并采取有效措施规避，就有可能减轻或避免受其威胁和伤害，反之则有可能遭受其伤害。

二是风险具有确定性与不确定性两种属性。风险的确定性是指根据已有经验和知识，可以推断出某类风险发生的必然性；风险的不确定性是指人们无法预知风险的发生，包括是什么样的风险、危害程度、何时何地发生等不确定的因素。

三是从风险阐述类型看，风险可以分为自然风险和人为风险。自然风险（吉登斯称为“外部风险”）是指自然界给人类带来的各种诸如火山、地震、洪涝、台风等伤害和威胁；人为风险是指由人类所进行的各种实践活动所引发的可能性伤害与威胁。

---

① 杨冬雪：《风险社会与秩序重建》，社会科学文献出版社 2006 年版，第 13—14 页。

② ［德］乌尔里希·贝克：《自由与资本主义》，路国林译，浙江人民出版社 2004 年版，第 118 页。

③ 杨冬雪：《风险社会与秩序重建》，社会科学文献出版社 2006 年版，第 15 页。

四是风险具有时空性。风险的时间性，指的是风险是一种尚未发生的危险，或者说是“潜在”的安全威胁。风险的空间性，指的是风险处于变动不居的运动状态之中。

五是风险具有积极和消极的两重可能性。吉登斯指出：“风险一方面将我们的注意力引向了我们所面对的各种风险——其中最大的风险是由我们自己创造出来的——另一方面又使我们的注意力转向这些风险所伴随的各种机会。风险不只是某种需要进行避免或者最大限度减少负面现象；同时也是从传统和自然中脱离出来的；一个社会中充满活力的规制。”①

由此可见，风险同安全问题一样，必将伴随人类始终。毕竟，有人类意识的存在，就会有风险意识的存在。故此，有人类生活的社会，也就成了有风险的社会。也就是说，有人类社会的存在，就会有风险的社会存在。从传统与现代的视角上看，风险可以分为传统社会的风险与现代社会的风险。传统社会的风险及其后果只局限于有限的区域和范围，其所造成的伤害和危险也只涉及少数人。现代社会的风险既是本土的，又是全球的。

然而，究竟何为风险社会？实质上，学者们对此也存在不同认识。在现实主义看来，风险社会是指在现代社会条件下，一些局部、突发性事件或者极权主义、贫富分化和种族歧视等可能会触发的影响较大的潜在性社会灾难，同时也是具有不同文化背景的群体对外在潜在安全威胁的一种心理认知结果，是人们对潜在安全威胁认知的深化，其凸显的恰恰是一种社会文化现象。② 在贝克看来，风险社会是指在现代性社会条件下，风险借助工业化、现代化手段经常引发无法弥补的全球性灾难，这些灾难往往是人们无法准确估算、操作和把握的，其严重性远远超过人们的预警检测和事后处理能力。③ 风险社会的核心问题在于，风险的产生是基于现代化、技术化和经济化进程极端化加剧的必然结果，这些结果通过制度的副作用使之变得更加无法预测，最终导致风险问题的产生。④

---

① ［英］安东尼·吉登斯：《第三条道路——社会主义的复兴》，郑戈译，北京大学出版社2000年版，第6页。

② 杨冬雪：《风险社会与秩序重建》，社会科学文献出版社2006年版，第27—28页。

③ 同上书，第30—31页。

④ ［德］乌尔里希·贝克：《自由与资本主义》，路国林译，浙江人民出版社2004年版，第125页。

由此可见，对于风险社会的界定，同样也存在不同解释。但是有一点可以肯定，风险社会是特指现当代社会条件下，由于科学技术进步等带来的负面效应以及决策失误等所造成的，并为人们所必须面对和共同承担的各种无法预测的伤害与安全威胁。故此，对于风险社会的主要特征，学者们亦形成较为一致的认识。

一是对于社会风险产生的根源，基本上把它看作是人为因素造成的。"我们所面对的最令人不安的威胁是那种'人造风险'，它们来源于科学技术的不受限制的推进。科学理应使世界的可测性增强，但与此同时，科学已造成新的不确定性——其中许多具有全球性，对这些捉摸不定的因素，我们基本上无法用以往的经验来消除"。[①] 也就是说，人类所面临的各种社会风险源自人们的各项决策与行动，其与人类文明的发展进程、现代化的推进以及科学技术发展密切相关。因此，风险社会的产生不是源于自然与传统，而是源于科学技术、现代化以及人自身的各种行为与决策。换句话说，在现代社会中，我们所面临的诸如生态灾难、恐怖主义、食品安全、流行性疾病等风险与威胁，往往是人类自身活动造成的。

二是社会风险产生的影响和后果具有持久性与全球性。譬如，由人类活动所造成的生态灾难、核泄漏与核战争等，其所造成的影响与后果既是持久的，又是全球性的。贝克在针对1984年印度中部城市帕尔市一家杀虫剂工厂发生毒气泄漏，导致2000多人死亡事件的评价时指出，"相对于物质上的贫困，由这些风险引起的第三世界的贫困化对于富裕社会具有传染性。风险的倍增促使世界社会成为了一个危险社区"。[②] 我们现在正面临的全球性风险不能归因于某个具体的个人或团体，我们也不能"正确地安排"它们。全球性风险的产生实质上是现代性脱离控制或难以驾驭的必然结果。[③] 可见，社会风险的产生源自人类现代化进程的"副作用"，而社会风险的持久性与全球性则是源自现代化的全球化与永久性。

我们所处的时代与以往时代不同的是，在工业与现代化等高速发展条件下，我们一次决策上的失误可能会带来无法估量的损失，甚至会断送整个地球上所有生命。这就是我们正经历的时代——风险社会时代。工业化

---

① ［英］安东尼·吉登斯：《现代性的后果》，田禾译，译林出版社2000年版，第115页。

② ［英］大卫·丹尼：《风险与社会》，马缨等译，北京出版集团公司、北京出版社2009年版，第178页。

③ ［英］安东尼·吉登斯：《现代性的后果》，田禾译，译林出版社2000年版，第115页。

与现代化一方面给人类带来巨大的福祉，提升了人们的生活质量与幸福感；但另一方面，这也为人类带来了巨大的风险甚至是灾难，进而使人类进入了一个充满着风险与挑战并存的风险社会。故此，如何有效应对风险社会对人类安全的挑战，也就成为我们必须严肃对待的一个重大的安全问题。

（二）风险社会条件下的人类安全及其伦理观

现代社会是一个面临着前所未有安全挑战的风险社会，人类正生活在“文明的火山口”上。“现代创造的各种世俗好处都是具体而实惠的，貌似立竿见影的灵丹妙药，比如各种技术进步所创造的物质、便利和享受，个人权利所保证的自由，市场化和民主化所制造的半真半假的平等，而现代产生的各种痛苦和危险却比较抽象和隐蔽，就像慢性病一样。”① 现代风险社会的风险主要有：社会政治风险，如政治动乱、恐怖袭击、武器扩散、局部战争、核战争、极端主义；经济风险，如全球性的金融危机、财政危机；科技风险，如核泄漏、生态灾难、食品安全；自然风险，如地震、海啸、温室效应、流行性疾病等。这些风险实质也是当今人类面临的重大安全问题。因此，如何有效消除人类社会面临的各种风险，不仅仅是一个重大的社会问题，而且也是一个重大的安全问题。

从概念上分析，风险与安全虽说是两个不同概念，但两者的关系极为密切。风险是在科学技术迅猛发展的现代社会中，那些业已存在的、在未来具有危害性的各种因素，以及作为主体的人对这种种危害因素可能会带来伤害或安全威胁的判断与认知；是“人们在生产建设和日常生活中遇到能导致人身伤害、财产损失及其他经济损失的自然灾害、意外事故和其他不测事件的可能性”。安全是作为行为主体的人以及由其所组成的各类组织、机构、集团、民族甚至国家等，在自由地追寻或获取自身的价值与利益时，其自身的生存与发展不受来自自然界、社会自身或环境等的威胁、侵害以及由此所达到的一种安定、平和、满足和免予恐惧与担忧的和谐状态。风险与安全都有一个共同的特性，那就是同主体的感知与认识相关，但又不完全依赖主体的感知和认识而存在。此外，风险社会中的各种风险，实质就是危及人类安全的各种潜在的安全威胁，或者说是当今社会条件下人类安全威胁的来源。因此，消除风险社会的风险，实质就是消除

① 赵汀阳：《现代性的终结与全球性的未来》，《文化纵横》2013 年第 4 期。

人类面临的各种安全威胁。

实质上，风险社会的风险来源主要是人为因素造成的，是科学技术进步和制度设计等所产生的负面效应。因此，从某程度上而言，风险社会是人类理性发展的一个“意外”结果（副作用）。风险社会是一个“自反性现代化”的社会，“在这个新阶段中，进步可能会转化为自我毁灭，一种现代化削弱并改变另作一种现代化”①，“在某些领域和生活方式中，现代性降低了总的风险性；但它同时也导入了一些先前年代所知甚少或者全然无知的新的风险参量”。② 现代化条件下的高度信息化给人们带来无限便利与自由，但恐怖主义也可以利用其便利造成更大的恐怖与伤害；“棱镜”事件曝光后，美国宣称其借助科技手段收集其他国家、组织和个人情报，目的是为了保护美国人的安全和反恐，但这显然会对其他国家和组织的安全带来威胁，也使包括美国在内诸多公民个人的隐私安全受到威胁。“技术为人类的选择与行动创造了新的可能性，但也使得这些可能性的处置处于一种不确定的状态。技术产生什么影响、服务于什么目的，这些都不是技术本身所固有的，而是取决于人用技术来做什么”。③ 由此可见，单纯从技术或制度层面解决风险社会中的风险问题，进而实现人类的安全，显然难以达到最终的目。毕竟，人类历史的发展一再证明，纵使有更加进步的技术和完善的制度出现，人类依然会因此而面临层出不穷的“意外”风险，人类由此也会面临诸多新的安全威胁。“在全球化条件下，技术进步会不会导致无法控制的灾难甚至种族灭绝呢？许多人会说，技术本身没有问题，是人有问题，人有可能使用技术导致灾难。理论上说，技术本身的确无过错，但是，技术有可能形成某种无法抗拒的诱惑，或者人类无法自控的巨大能力，以至于导致无法控制的违心后果。科幻想象的具体事情未必真实，但危险确实存在”。④ 因此，要有效规避和消解风险社会的风险，不仅需要从技术和制度层面着手，也需要从安全价值层面去探究，做到两者的有机结合。贝克认为，阶级社会中平等分配财富的价值体

---

① ［德］乌尔里希·贝克、安东尼·吉登斯、斯科特·拉什：《自反性现代化》，赵文书译，商务印书馆2001年版，第5页。

② ［英］安东尼·吉登斯：《现代性与自我认同》，赵旭东、方文译，生活·读书·新知三联书店1998年版，第23页。

③ 高亮华：《技术的伦理与政治意含》，《自然辩证法通讯》1994年第4期。

④ 赵汀阳：《现代性的终结与全球性的未来》，《文化纵横》2013年第4期。

系已被风险社会中防御性的安全价值体系所取代，风险社会的基础和动力是安全，这标志着一个新时代的来临。[①] 要从安全价值角度审视风险社会，消解风险，实质上就是要求我们以何种安全与安全伦理价值去看待人类社会的风险与安全问题。人类安全及其伦理观的历史演变表明，以血缘关系为纽带和维护血缘安全为最大意义上善的“族群”安全及其伦理观，以维护国家安全为最大利益和善的传统安全及其伦理观，以及除国家安全与利益外的其他个体和组织的安全利益为核心和最大善的非传统安全及其伦理观，都无法应对风险社会条件下的安全威胁。也就是说，在人类社会步入风险社会之后，原有的“族群”安全及其伦理观、传统安全及其伦理观以及非传统安全及其伦理观都受到了强有力“挑战”。毕竟，风险社会给人类所带来的安全威胁已经超出了地区范围而具有全球性，在很大程度上具有“类性社会风险”特性。“类性社会风险”是指从人与人之间的“类性关系”出发，对整个人类的存在产生破坏性影响的社会风险。“类性社会风险”一旦发生，对人类就是一种致命性打击，它将摧毁整个人类生命，包括人类所创造的一切物质活动成果和精神活动成果，甚至是整个地球上的一切生命。[②] 风险社会是一个世界性的风险社会，风险社会的风险实质上已作为潜在的安全风险并威胁着全人类的安全与发展。然而，“风险社会理论表明：当代社会风险在责任确立上存在着‘有组织地不负责任’问题，从而使制造风险者逃脱责任，而这种诸如环境污染等新风险又在规避风险的科学技术和管理体制上出现结构困境”。[③] 因此，需要从全球和全人类的安全与安全伦理视角出发，去审视风险社会中安全及其伦理问题，即我们需要从“类安全”及其伦理视角应对风险社会的“挑战”。

显然，风险社会条件下的风险特性使得我们必须抛弃原有的“族群”安全及其伦理观、传统安全及其伦理观和非传统安全及其伦理观的局限，必须从“类安全”及其伦理观视角应对风险社会的“挑战”。风险社会要求我们需要从全球视角，从人的“类”本质特性和“类安全”及其伦理观原则出发，去解决这些安全威胁。实质上，风险社会中的风险的产生具有“不确定性”。这种“不确定性”恰恰是人类理性选择的“意外”结

---

① ［德］乌尔里希·贝克：《风险社会》，何博闻译，译林出版社2004年版，第56页。

② 刘岩：《风险社会理论新探》，中国社会科学出版社2008年版，第154页。

③ 同上书，第185页。

果，它不会随着科学技术的进步以及人类各种制度的完善而完全消失，而往往会随着这些变化产生出“新”的风险。故此，风险社会风险的“不确定性”使得我们就算是按照“类安全”及其伦理观原则和要求去应对风险社会所带来的“挑战”，也只能是最大限度降低风险的发生或减轻其对人类安全的危害，我们依然无法从根本上规避风险社会中风险给我们带来的可能伤害，以及由此所引发的安全威胁。这就是风险社会对人类安全的最大“挑战”。

二 人类安全及其伦理观的理论“挑战”——非人类中心主义

通过对人类安全观演变及其伦理建构轨迹的探寻不难发现，呈现在我们眼前的是一幅幅人类在不断通过各种制度与方式用以维护和保全人类自身安全与发展的画面。这些画面告诉我们，人类一直都在孜孜以求地通过各种方式、制定各种制度、借助各种思想理论以及伦理道德等来维护自身安全与发展，都在固守着这个人类最为根本的利益和价值立场。然而，不管是早期人类的“族群”安全及其伦理观，传统安全及其伦理观，非传统安全及其伦理观，还是“类安全”及其伦理观，它们对安全及其伦理的诉求，似乎都不可避免地、最终被贴上人类中心主义（anthropocentrism）标签，或者说它们都会遭到非人类中心主义（anti - anthropocentrism）的诘问与“挑战”。

实质上，人类中心主义古已有之，其理论之根可以追溯到古希腊的柏拉图与亚里士多德，只不过到了20世纪，随着生态危机所引发的能源安全、环境安全等诸多新的安全及其伦理问题的出现，生态伦理学的产生，以及非人类中心主义的出现并对其形成挑战，才成为当今学术界乃至世界各国不得不热切关注的重要问题。虽说人类中心主义与非人类中心主义似乎以对立面方式并存，但在学术界对于何为人类中心主义仍存在一定的争议。目前，已形成的界定有“强式”人类中心主义和“弱式”人类中心主义；“绝对”人类中心主义和“相对”人类中心主义；本体论人类中心主义、认识论人类中心主义和伦理学人类中心主义；“前达尔文式的人类中心主义”、“达尔文式的人类中心主义”和“现代人类中心主义”；古代的宇宙人类中心主义、中世纪的神学人类中心主义和现代环境伦理学人类中心主义等。[①] 这些对人类中心主义的不同界定表明，对于何为人类中心主义确非铁板一块。然而，从人类中心主义的根源性探寻及其演变历史看，人类中心主义是人类在维护自身安全与发展并与险恶的自然界作斗争过程中，形成的以自我利益与安全为中心的理论与观点，即从本体论上确认人就是宇宙万物的中心，人类中心论也由此得以显现。

人类中心论（人类中心主义）主要有古代宇宙人类中心主义、中世纪神学人类中心主义和现代环境伦理学人类中心主义三种形态。古代宇宙人类中心主义强调人类在空间方位和地缘上处于宇宙的中心；中世纪的神学人类中心主义认为人类是宇宙万事万物的目的，处于宇宙的中心；现代环境伦理学人类中心主义强调人类的整体利益和长远利益应居于首要地位，主张人类的利益是人类与自然环境的根本价值尺度。[②] 由此也就形成了诸如亚里士多德的“以人为中心”论[③]、托勒密的“地球中心”论、笛卡尔的“借助实践使自己成为自然的统治者”、康德的“人是自然界的最高立法者”、洛克的“对自然界的否定就是通往幸福之路”和以 W. H. 墨迪和 J. 帕斯莫尔等为代表的生态伦理人类中心论等，诸多强调捍卫人类利益园区为核心的理论与观点，主张人类地位和价值的优先性与不可挑战性。

与人类中心主义相反，非人类中心主义认为，正是由于人类中心主义主张导致人类对大自然进行掠夺性开发，进而破坏人与自然的和谐发展，导致各种生态危机的爆发，致使人类的利益与安全受到前所未有的威胁。“所谓非人类中心主义，也就是认为非人类存在物也具有目的、内在价值和利益，因而道德的起源、目的和标准乃是为了人类与非人类存在物的共同利益的伦理学说。简言之，也就是认为道德的起源、目的和标准乃是为了人类与非人类存在物的共同利益的伦理学说”。[④]

---

① 李培超：《自然的伦理尊严》，江西人民出版社 2001 年版，第 126 页。

② 杨淑华：《人类中心主义问题研究综述》，《教学与研究》1999 年第 6 期。

③ 亚里士多德认为，“植物的生长就是为了动物，其他一些动物又是为了人类而生存，驯养动物是为了使用和作为食品。野生动物，虽非全部，但其大部分都是为了做食品以及为人们提供衣物或者各类器具……必然是为了人类而创造了所有动物”。参见亚里士多德《政治学》，中国人民大学出版社 1999 年版，第 17 页。

④ 王海明：《论生态伦理学根本问题——人类中心主义与非人类中心主义之我见》，《天津社会科学》2008 年第 5 期。

在非人类中心主义（生物中心主义）看来，人类仅是地球生物圈自然秩序中不可缺少的组成部分，人类与其他生物一样，都是地球生命共同体中的一员。人类与其他物种一起，构成一个相互依赖的系统，每个生物的生存和福利的好坏不仅取决于其环境的物理条件，也取决于它与其他生物的关系。所有生物都把生命作为目的的中心，因此每个都是以自身方式追求自身善的独特的个体。人类并非天生地优于其他生物。因此，我们与它们一样是整个地球生命共同体中的平等成员。[①]“在非人类中心主义看来，工业文明的环境危机实质上是一种价值观危机。正是工业文明的主流价值观——人类中心主义——把人视为自然界的主人，把人的主体性片面地理解为对自然的征服和控制，把自然逐出了伦理王国，人与自然的关系才出现了整体性的空前危机”。[②]

非人类中心主义把当今面临的各种生态危机与生态安全威胁，归咎于人类中心主义的价值诉求与践行。毕竟，从人类中心主义发展历史及其所倡导的价值理念看来，维护人类自身利益包括安全利益，较之于其他主体的利益不仅是至上的，而且也是合乎道德的。非人类中心主义则认为，要解决好人类当今面临的诸多生态危机与生态安全问题，关键在于放弃人类中心主义的主张与伦理价值诉求，要善待人以外其他一切存在物并把它们置于与人类地位相一致的位置，与人类一样共同享有各自应有的平等权利与自由，也只有这样，才合乎道德。可见，按照非人类中心主义的观点，人类安全及其伦理价值向度中所凸显出来的主张人类利益和价值至上性的观点，无疑如人类中心主义一样，理应成为其质疑和诘问的焦点。因此，正如人类中心主义注定要遭到非人类中心主义的挑战一样，人类安全及其伦理观遭到非人类中心主义的诘问与“挑战”也在所难免。毕竟，在非人类中心主义看来，人类与自然界其他物种作为大自然中的一员，理应是平等的，不承认存在人类的利益包括其安全性高于其他物种，甚至为了人类的利益与安全可以牺牲其他物种的利益与安全的人类中心主义的观点。

从非人类中心主义的观点及其伦理价值取向看，以维护人的安全与利益为核心的人类安全及其伦理观，同人类中心主义主张及其伦理价值取向

---

① ［美］保罗沃伦泰勒：《尊重自然：一种环境伦理学理论》，雷毅、李小重、高山译，首都师范大学出版社 2010 年版，第 62—63 页。

② 袁振辉、曹丽丽：《发生主体论：超越人类中心主义和非人类中心主义——环境伦理学的复杂性视野》，《江南大学学报》（人文社会科学版）2007 年第 1 期。

一样，显然是不合时宜的。然而，不管是人类中心主义还是非人类中心主义，其实质上所面临的问题都是一致的，那就是如何正确处理人与非人存在物之间的利益与安全关系。从现实视角看，确实存在着非人类中心主义所强调的那样，在维护好人的利益与安全的同时，也可以做到维护好非人存在物的利益与安全这种状况。但是，在现实生活中，人类的利益与安全的获取与非人存在物之间往往也存在着矛盾，甚至是“非此即彼”的冲突。当非人类中心主义遇到如此境况时，其理论的局限性与困境便会一览无余。

正如王海明教授所言，道德普遍起源于利益共同体的存在与发展的需要，道德的普遍目的就是保障利益共同体的存在与发展。道德的最终目的只能是为了增进人类利益，而不可能是为了增进非人类存在物利益。因为，当人类利益与动植物等非人类存在物的利益发生冲突不可两全时，无疑应该保全其中道德价值较大者，而牺牲其中道德价值较小者：只有这样，其净余额才是正道德价值，才是应该的、道德的。道德的、特殊的直接起源和目的，可以是为了增进动植物等非人类存在物的利益；但道德的终极起源和目的，则只能是为了增进人类的利益。[①] 因此，非人类中心主义理论观点不仅在实际生活中难以得到有效践行，而且其所倡导的伦理价值观实质上也无法与伦理道德产生的根源性相一致。尽管如此，非人类中心主义的理论观点与伦理价值取向，无疑给我们今天面临的生态危机予以警示：不管人类中心主义还是以维护人安全为核心的人类安全及其伦理观，我们无法也不可能无视人之外的其他物种的存在。显然，非人类中心主义对人类中心主义的“非难”是一种“误解”。非人类中心主义所“非难”的人类中心主义实质上是群体中心主义（实然的人类中心主义），它把我们今天所遭受的生态安全危机，归咎于人类中心主义理论指导下人类实践所导致的必然结果，这显然有失偏颇。实然的人类中心主义只不过是少数人或国家群体利益的“放大”，其并非完全意义上的人类中心主义。实然的人类中心主义不过是少数人或国家借“全人类利益”之名，追求个人利益之实罢了。所谓的生态全球危机也只是不平等的国际政治、经济

① 王海明：《论生态伦理学根本问题——人类中心主义与非人类中心主义之我见》，《天津社会科学》2008 年第 5 期。

旧秩序的危机，其实质是群体中心主义的恶果。①

就我们已经历过或者正在经历的生态危机而言，上述观点在很大程度上确实反映了我们面临的真实境遇。同样，人类安全及其伦理观的发展与演变过程中，不管是早期血缘"族群"安全及其伦理观，还是传统安全及其伦理观，它们所强调和维护的人类利益与安全，实质也主要仅限于血缘群体或国家群体的利益与安全，就算是非传统安全及其伦理观，其也无法真正囊括维护全人类的利益与安全。因此，如果真如非人类中心主义所言那样，非要给人类的安全及其伦理观（"族群"安全及其伦理观、传统安全及其伦理观、非传统安全及其伦理观）贴上人类中心主义的标签，那么其也只能是"实然的人类中心主义"。真正的人类中心主义应以人的"类"利益为中心，即把维护以人作为"类存在体"的利益与安全，作为核心命题和道德上的至善，即理应是符合"类安全"及其伦理观的主张。

由此可见，与其说是非人类中心主义对人类的安全及其伦理观形成的"挑战"，倒不如说是实然的人类中心主义对其形成真正的"挑战"。也就是说，人类的安全及其伦理观只有真正做到以人类中心主义的理念为指导，有效践行"类安全"及其伦理观的主张，才能最终实现和维护人类的利益与安全。当然要做到这点，人类还有很长的路要走。

三　小结

"现代的存在方式充满了明知故犯的错误，根本问题在于这样一个道理：任何打破均衡的不当获利策略必定会被普遍模仿，从而形成互相作恶的均衡，甚至形成无法停止的作恶循环。换句话说，一种损人利己的策略必定会被普遍模仿，然后形成反弹报应，最后使所有人的行为策略都陷入自我挫败的状况。……值得注意的是，现代游戏的作恶循环不可能因道德批判和呼吁而改变，只能指望新游戏颠覆旧游戏，使作恶的策略不再能够获利，或者说，只能指望新游戏能够创造强有力的善循环，形成一个革命

① 孙道正：《环境伦理学的哲学困境——一个反拨》，社会科学文献出版社2007年版，第46—50页。

性的新起点，否则传说的人类末日或许就不远了”。[①]“路漫漫其修远兮”，人类面临的安全及其伦理问题除了遭受风险社会中和非人类中心主义的“挑战”外，还会随着时代的发展而发展，并不断受到各方面的“挑战”。故此，一方面，人类需要把以人之为人的“类生命”与“类价值”作为共同理念和价值目标，践行“类安全”及其伦理观，并朝着这个共同的理念和价值目标不断努力，使其实现“善的循环”；另一方面，也需要不断进行制度和理论创新，以不变应万变，最终实现人类的共同繁荣与持久和平，构建和谐世界的宏伟目标。

① 赵汀阳：《游戏改变之时的反思》，http：//news. ifeng. com/exclusive/lecture/special/zhaotingyang/。

第七章 人类安全观视阈下的中国安全战略构建

安全问题不仅仅是有政治社会以来人类关注的重要政治问题，而且也是人类政治社会自始至终关心的伦理问题。人类安全观的演变及其伦理建构表明，人类安全及其伦理观的形成与发展有其特定轨迹与规律，是人们对其所处不同时期的现实安全问题的处理与不断深刻反思的必然结果。这些对当今世界各国在制定和维护自身安全与发展战略上无疑具有重大理论与实践指导意义。自新中国成立至今60多年的时间，中国安全战略在自我发展的历史进程中形成了具有中国特色的发展模式，并在不同的历史阶段中呈现出不同的时代特性。重视和加强中国安全战略的探究，尤其是在新的历史条件下更好地确定中国的安全战略发展方向，构建中国的安全与发展战略，具有重要的理论与现实意义。这不仅有利于我们更加清晰地认识和了解中国在不同时期所面临的国内与国际安全环境中所形成的安全及其伦理观的基本特性，有利于对未来国内与国际的安全环境形成科学的判断，对中国安全战略的构建有一个更加准确、科学的定位，而且还有利于世人更加清晰地了解中国的安全战略意图，明白中国在维护世界和平与发展以及倡导建设共同繁荣、持久和平的和谐世界中所做出的开拓性贡献。同时，这也将进一步表明，中国安全战略的发展与构建顺应了时代发展潮流，符合人类根本利益与安全需求。

一 中国安全战略的形成与发展

新中国的成立为中国安全战略的形成与发展奠定了坚实的基础。从党的第一代领导人到党的第三代领导人，中国的安全战略经历了两个时期：以维护国家的主权、领土安全为重点、以军事安全为核心的形成期；强调国家利益为最高利益和以经济建设、经济与政治安全为中心，强调以和为贵，不断谋求世界的和平以及世界各国的共同发展的发展期。

（一）中国安全战略的形成

新中国成立及其后很长时间面临的国内、国际环境决定了此时期（毛泽东时期）中国的安全战略具有深刻的时代烙印。那就是确立和践行以巩固和维护国家主权和领土安全为核心，以军事安全、政治安全为主要内容，以技术来应对安全挑战为主要方式，具有浓厚的传统安全色彩为主要特征的安全战略。这个时期中国安全战略的确立与践行，与其当时所处的国内、国际安全环境密切相关。新中国成立及其后很长一段时间内所面临的国内与国际环境的特殊性与复杂性，决定了这个时期中国安全战略的内容和价值取向，必须要把以维护国家主权、领土安全、军事安全和政治安全作为安全重点与核心。

实质上，维护国家主权和领土完整的军事斗争与军事安全，一直是这个时期中国安全战略的重中之重。一方面，新中国的成立标志着饱受西方列强百年凌辱的中华民族终于以独立自主的姿态屹立在世界民族之林，中国人民对这来之不易的主权、领土完整以及民族独立自当倍加珍惜。因此，维护国家主权和领土的安全、确保民族独立与人民安全理所当然成为全体中国人民的最高利益。另一方面，新中国成立后面临的首要任务，就是要肃清帝国主义和国民党反动派的残余势力，以实现国家统一和社会政治环境的安定。20 世纪 50 年代的朝鲜战争、60 年代的对印自卫反击战和中苏珍宝岛之战等足以表明，新中国成立及其后很长时间内其所面临的军事威胁与军事安全问题仍十分突出，维护国家主权与领土安全，当然是中国安全战略思想的核心。因此，加强军事斗争和军事建设，维护国家主权、领土安全和军事安全也就顺理成章成为这个时期我国亟待解决的重大安全问题。

毛泽东曾郑重地指出：中国必须独立，中国必须解放，中国的事情必须由中国人民自己作主张，自己来处理，不容许任何帝国主义国家再有一丝一毫的干涉。因而，根据国际以及国内形势的发展而相应地采取各种方式来维护民族的独立，捍卫国家主权、领土安全和政治安全便成了这个时期中国安全战略的灵魂与着重点。这主要表现为以下四个方面。

一是“打扫干净屋子再请客”和“另起炉灶”。旧中国遗留下来的是危及和损害国家主权、领土安全以及民族独立的政治遗产。为此，必须通过“打扫干净屋子再请客”与“另起炉灶”方式，肃清帝国主义以及国民党反动派残余势力，以维护国家的主权、领土安全、政治安全以及民族的独立。本政府代表中华人民共和国全国人民的唯一合法政府。凡愿意遵守平等、互利及相互尊重领土主权等原则的任何外国政府，本政府均愿意与之建立外交关系。[①] 中国当时首要的任务是实现民族独立，维护国家领土与主权安全和政治安全。确保民族独立和人民生命财产安全，维护国家安全以及人民利益就是最大的正义。

二是“一边倒”战略的提出。新中国成立及其后很长一段时间所临的一系列严峻挑战，促使其必须采取“一边倒”的战略方针，以进一步巩固新成立的国家政权，确保国家政权安全和领土安全。这一方面主要表现在国际上以美国为首的西方国家对新生社会主义中国的敌视，并挑起了危及中国国家主权和领土安全的朝鲜战争。另一方面则表现为国内国民党残余势力对社会主义新生政权安全以及人民生命财产安全仍构成威胁。为了维护新生政权以及人民生命财产的安全，毛泽东及时提出了中国属于社会主义阵营，要和苏联为首的社会主义国家团结在一起的“一边倒”安全战略思想。“一边倒”安全战略思想的提出为维护新中国政权的安全，促进经济的发展起到积极作用。当然，“一边倒”安全战略思想的前提是维护我国国家主权、领土安全和政治安全。毛泽东认为，我们“一边倒”是和苏联靠在一起，这种“一边倒”是平等的。

三是在和平共处五项原则的基础上发展与各国的友好关系，反对霸权主义和强权政治。霸权主义和强权政治是危及中国国家安全和导致世界不稳定的根源。凡与国民党反动派断绝关系，并对中华人民共和国采取友好态度的外国政府，中华人民共和国中央人民政府可在平等、互利及互相尊重领土主权基础上，与之谈判，建立外交关系。[②] 毛泽东坚决反对霸权主义和强权政治。不管是对当时处于“两超”地位的美国还是苏联，在危及我国国家主权和领土等的安全问题上绝不让步，并通过灵活的方式，及时地提出三个世界的战略和“一条线”、“一大片”的战略构想，有效地抑制了霸权主义和强权政治，较好地维护了国家的主权和领土的安全。

① 《毛泽东外交文选》，中央文献出版社、世界知识出版社 1994 年版，第 116 页。
② 《中国人民政治协商会议共同纲领》第五十六条。

四是加强军事建设，实行积极防御的军事安全战略。“中国的战略方针是积极防御，绝不先发制人”。[①] 毛泽东深知“枪杆子里出政权”，当然也更懂得“枪杆子护政权”的重要性。重视和加强军事建设和维护军事安全是确保国家主权、领土安全以及民族独立的根本。为此，以毛泽东同志为核心的第一代党中央领导集体，果断做出了独立自主研制“两弹一星”的重大战略决策，并在20世纪60年代和70年代中国社会、经济等方面极端困难的条件下，取得了重大的胜利。这些重大的胜利对于提升我国的国际地位，维护国家领土、主权的安全以及民族的独立起到了十分重要的作用。邓小平说过：“如果六十年代以来中国没有原子弹、氢弹，没有发射卫星，中国就不能叫有重要影响的大国，就没有现在这样的国际地位。这些东西反映一个民族的能力，也是一个民族、一个国家兴旺发达的标志。”[②] 此外，中国自拥有核武器的那一刻起就向世界宣布不首先对其他国家使用核武器，也不会向无核国家使用核武器。这表明中国所奉行的是积极防御的安全与发展战略，是为了捍卫国家主权和领土的安全与维护世界的和平，而不是以此为资本恐吓和侵略他国。这也表明中国安全战略的伦理价值取向是谋求本国和世界的和平与正义，反对霸权主义、强权政治和侵略战争。

（二）中国安全战略的发展

中国安全战略的第二个时期（邓小平、江泽民时期），既是对第一时期（毛泽东时期）以国家安全为核心的安全战略的继承，又根据时代发展的要求，及时对新时期中国安全战略进行了开拓性的调整与创新。

首先，对时代主题做出了科学与准确的判断。邓小平认为：“现在世界上真正的大问题，带全球性的战略问题，一个是和平问题，一个是经济问题或者说发展问题。和平问题是东西问题，发展问题是南北问题。概括起来，就是东西南北四个字。南北问题是核心问题。”[③] 有关这点，江泽民进一步给予继承和肯定。尽管20世纪80年代末90年代初以来，国际形势发生了重大变化，东欧剧变、苏联解体使得两极格局不复存在，世界进入了新旧交替、动荡多变的历史时期。在这种错综复杂因素的影响下，中国也受到了一定程度的冲击。但这并没有影响党的第三代领导集体对时

① 王焰：《彭德怀年谱》，人民出版社1998年版，第595页。

② 《邓小平文选》第三卷，人民出版社1993年版，第279页。

③ 同上书，第105页。

代主题的判断。江泽民指出“和平与发展仍然是当今世界的两大主题”。尽管影响世界和平与发展的因素很多，人们对和平与发展的理解也不完全相同，但“要和平、求合作、促发展已经成为时代的主流”。[①]

其次，对国家安全与发展战略进行调整。邓小平和江泽民同志根据时代发展要求，及时将军事安全的突出性地位作了相应调整，把发展经济、保持经济的快速增长和确保国家经济安全的重要地位加以凸显。这表明我国的安全战略由原来的以军事建设、维护国家军事安全为中心，转向以经济建设、经济安全为中心和提升军事安全、政治安全并重上来。邓小平认为，当今世界和平因素的增长超过了战争因素的增长，在较长时间内不发生大规模的世界大战是有可能的，争取较长时期的和平是有希望的，世界大战是可以避免的。为此，必须把我国的安全战略重点转移到以经济建设为中心，把促进经济的发展和维护国家领土、主权的安全作为安全战略的主要内容和重要抓手。这为改革开放以来我国一系列政策、策略的制定提供了重要的指导原则。江泽民指出，当今世界的主题依然是和平与发展，我们各项工作的首要任务仍是“争取和平，为社会主义现代化建设服务”。故此，我国的安全战略重点应放在经济建设，以及维护国家经济安全、领土主权的安全等方面，我们各项工作应以此为核心。

最后，主张建立一种新型的国家安全与发展战略模式。强调以和为贵，主张不断谋求世界的和平以及世界各国的共同发展，理应成为世界各国共同的安全伦理价值追求。邓小平认为，世界各国应该在和平共处五项原则的基础上发展相互间的友好合作关系，而不应以社会制度和意识形态的异同论亲疏。对于一切国际问题，应根据其自身的是非曲直和中国人民以及世界人民的根本利益，按照是否有利于维护世界和平、发展各国友好关系、促进共同发展的标准，独立自主作出判断。“要反对霸权主义，维护世界和平。国与国之间应通过协商和平解决彼此的纠纷和争端，不应诉诸武力或以武力相威胁，不能以任何借口干涉他国内政，更不能恃强凌弱，侵略、欺负和颠覆别的国家”。[②] 江泽民指出，我们主张建立一个公正合理的国际政治经济新秩序。各国政治上应相互尊重，共同协商，而不应把自己的意志强加于人；经济上应相互促进，共同发展，而不应造成贫

① 江泽民：《十五大报告》，人民出版社1997年版。

② 江泽民：《高举邓小平理论伟大旗帜，把建设有中国特色社会主义事业全面推向二十一世纪》，《十五大以来重要文献选编》（上）人民出版社1997年版，第42—43页。

富悬殊；文化上应相互借鉴，共同繁荣，而不应排斥其他民族的文化；安全上应相互信任，共同维护，树立互信、互利、平等和协作的新安全观，通过对话和合作解决争端，而不应诉诸武力或以武力相威胁，反对各种形式的霸权主义和强权政治。

二　中国安全战略的机遇、挑战与定位

21世纪对中国来说是一个更加充满着机遇与挑战的世纪。随着包括经济、政治以及文化等在内的全球化步伐的日趋加快，风险社会的来临与凸显，世界各国之间的经济、政治以及文化等交流的日益频繁，使得各国原有的社会生活方式和价值观念等形成了整体性的冲击。在维护人类安全与发展的领域内，一方面，原有的以维护国家主权与领土安全为重点，以使用军事武力为标志，以安全的主体作为国家行为体的传统安全及其伦理观的局限性凸显，并受到了较大冲击；另一方面，以维护人的安全与社会安全为重点，以使用非军事武力为标志，以安全的主体多元化（国家以及非国家行为体为主体）的非传统安全及其伦理问题，成为当今世界危及人类安全与发展的比较突出的问题。在传统安全与非传统安全问题交替凸显、大国间博弈风云激荡、国家安全威胁多样化情况下，中国所面临的国内、国际安全环境与以往相比更加复杂多变，中国的安全战略也面临重大机遇与挑战，同时也对中国安全战略的科学定位提出了新的要求。

（一）中国安全战略的机遇与挑战

"当今世界正处于大发展大变革大调整时期，国际形势正发生着极为深刻复杂的变化。世界多极化、经济全球化深入发展，科技革命孕育新的突破，社会信息化影响越来越大，国际社会相互联系、相互依存更加紧密，新兴市场国家和发展中国家不断发展壮大。所有这一切，已经和正在深刻影响和改变着世界格局，并给各国发展和国际关系带来深远影响"。①

首先，随着世界多极化的发展以及国际关系民主化的进程的推进，原有的日趋紧张的国际关系得到了一定程度缓和，但传统安全问题的威胁依

① 习近平：《携手合作　共同维护世界和平与安全——在"世界和平论坛"开幕式上的致辞》，http：//news. xinhuanet. com/politics/2012－07/07/c_ 112383083. htm。

然存在。东欧剧变与苏联解体使两大阵营的对抗不复存在，那些原来将自身安全捆绑在两大阵营战车之上的国家有了独立自主地选择维护自身安全方式的机会；世界朝多极化方向的发展在一定程度也遏制了霸权主义和强权政治，缓解了传统安全方面的张力，这为中国的安全与发展提供了新的机遇。但是，各种危及国家主权及其领土完整安全的因素依然存在，中国是当今世界为数不多的依然没有实现祖国完全统一的国家。霸权主义和强权政治并没因世界多极化以及全球化发展而消失，而是以更加堂而皇之的面目出现。他们往往打着“人权高于主权”以及“防止人道主义灾难”的旗号谋取私利，强行向世界输出其意识形态与社会制度，在中亚等地区策动“颜色革命”，在北非、海湾和阿拉伯地区挑起争端，甚至通过武力方式干涉他国内政，不断挑起局部冲突和战争。此外，传统安全与非传统安全交织凸显使得人类面临的安全及其伦理问题更加复杂化，一些已有的安全热点问题长期没有得到有效解决，一些新的安全挑战和威胁却在不断涌现，人类的安全及其伦理问题依然面临着诸多严峻挑战。

其次，全球化的推进与风险社会的来临与凸显，使得国与国之间的利益关系更加紧密，国家间的文化合作日益拓展和加快，世界不同文明间的互相认同感得到了有效增强，也使得世界各国进一步认识到国家间的利益与安全关系实质上成了“和则两利、斗则俱伤”。“应该看到，当今世界，不同制度、不同类型、不同发展阶段的国家利益交融、相互依存日益紧密。各国不仅利益与共，而且安危与共。在这样的新形势下，安全问题的内涵既远远超越了‘冷战’时期对峙平衡的安全，也超越了传统意义上的军事安全，同时也超越了一国一域的安全。面对复杂多样的安全挑战，任何一个国家都难以置身事外而独善其身，也不可能靠单打独斗来实现所谓的绝对安全。一个国家要谋求自身发展，必须也让别人发展；要谋求自身安全，必须也让别人安全；要谋求自身过得好，必须也让别人过得好”。[①] 显然，全球化与风险社会为世界各国加强彼此间的合作、和平相处与共同发展提供了坚实基础。但是，全球化的迅猛发展导致全球性经济发展失衡越发严重，发展中国家在激烈的国际经济、科技等竞争中总体上处于不利地位的状况并没有得到根本性的改变。在面临发达国家政治、经

---

① 习近平：《携手合作　共同维护世界和平与安全——在“世界和平论坛”开幕式上的致辞》，http：//news. xinhuanet. com/politics/2012 -07/07/c_ 112383083. htm。

济、科技以及文化发展等方面的巨大压力下，在各国发展程度上的不同以及历史文化传统差异条件下，在风险社会给人类带来的社会政治风险、经济风险、科技风险、自然风险不断加大的条件下，世界各国之间的交流与合作变得更加迫切，并呈现出复杂化与多样化的趋势。

再次，改革开放以来，中国成功地开辟了建设有中国特色社会主义的发展道路。中国在经济发展方面取得重大成就的同时，中国的综合国力、国际地位以及影响力也得以迅速提升。2010 年中国经济总量已达到 397983 亿元，位居世界第二。中国的发展与世界日益紧密地联系在一起。中国经济对世界经济增长的贡献率超过 10%，对国际贸易增长的贡献率超过 12%。美国智库认为，中国经济的崛起为“全球经济创造了机遇”。美国总统奥巴马则强调，中国的繁荣是各国发展的源泉。中国已经成为国际体系的重要成员。中国参与解决朝鲜半岛核问题、伊朗核问题、苏丹达尔富尔问题等重大热点问题，妥善应对国际金融危机、气候变化、环境保护、能源安全、公共卫生等全球性问题，加强反恐合作。世界舆论认为，中国“向世界传递和平信息”，“世界需要中国”。[①] 国家统计局副局长谢鸿光指出，综观世界各国，2013 年，全球经济仍然处于缓慢复苏过程中，增长乏力，波动频繁。在持续低迷的国际经济环境下，经济总量位居世界第二的中国能实现 7.7% 的增长。财政部长楼继伟指出，2013 年，中国经济增长对全球经济增长的贡献仍然将近 30%，大大高于中国占全球经济规模的比重，发挥了超过中国经济规模的带动力。[②] “中国谋求的发展，是和平的发展、开放的发展、合作的发展、共赢的发展。国际金融危机和欧洲主权债务危机发生后，中国与国际社会一道，同舟共济、共克时艰，为世界经济稳定、复苏作出重要贡献。在重大国际和地区热点问题上，中国坚持劝和促谈，发挥了建设性作用。中国积极参与维和行动，累计向联合国 30 项维和行动派出各类人员约 2.1 万人次，是派出维和人员最多的联合国安理会常任理事国。中国与国际社会共同努力，积极应对恐怖主义、大规模杀伤性武器扩散、气候变化、粮食和能源安全、重大自然灾害等全球性挑战。中国还参加了 100 多个政府间国际组织，签署了 300 多个

① 张晓彤：《胡锦涛时代观的中国主张》，http://news.sina.com.cn/c/sd/2009-11-23/111319108544.shtml。

② 楼继伟：《去年中国对全球经济增长贡献率近 30%》，http://money.163.com/14/0302/08/9MANORNC00253B0H.html?from=news。

国际公约。实践证明，中国已成为国际体系的积极参与者、建设者、贡献者。中国持续快速发展得益于世界和平与发展，同时中国发展也为世界各国提供了共同发展的宝贵机遇和广阔空间”。[①] 尽管如此，但西方敌对势力对我国的敌视与破坏并未停止。他们不仅在国际上给中国的发展制造各种麻烦，在中国周边拉帮结派围堵和遏制中国，而且还通过各种方式对中国进行意识形态等方面的渗透，在人权、反恐等问题上持双重标准，甚至以不同方式支持“三股势力”对我国进行破坏和分裂活动，以达到其阻碍中国发展，遏制中国崛起的目的。2009 年发生在新疆的“七五”事件表明，包括“东突”分子在内的“三股势力”具有极大的危害性，其罪恶行径已严重危害到我国国家安全和社会安全。2014 年 3 月 1 日发生在昆明火车站的“3 · 1”严重暴力恐怖事件[②]、2014 年 5 月 22 日早晨发生在新疆乌鲁木齐沙依巴克区公园北街早市的“5 · 22”暴力恐怖事件（该爆恐事件造成 31 人死亡，94 人受伤）等再次表明，（东突）民族分裂分子对我国国家和社会安全的危害依然十分严峻。此外，2012 年美国提出所谓的“亚太再平衡战略”，尽管其表面上一再强调欢迎中国发展和崛起，但其种种行为表明，“亚太再平衡战略”实质是针对中国，遏制中国的发展与和平崛起。中国国防部部长常万全访美在与美国国防部部长会谈答记者问时指出：“我们中国是爱好和平的，希望美国‘亚太再平衡战略’不要针对中国并对中国进行‘弱化’。”[③] 正如有的学者所言那样，中国是一个极易受安全问题冲击和影响的国家。从地理上看，中国是世界大国中周边环境最为复杂的国家之一，历史遗留问题与现实问题相互交织，传统安全问题与非传统安全问题并存。从发展阶段看，中国正处于经济社会转型、利益格局调整、社会矛盾多发时期。在经济全球化迅速发展的大背景下，中国与世界各国的联系越来越紧密，世界经济、贸易、金

---

① 习近平：《携手合作　共同维护世界和平与安全——在“世界和平论坛”开幕式上的致辞》，http：//news. xinhuanet. com/politics/2012－07/07/c_ 112383083. htm。

② 新华社昆明 3 月 2 日电　记者从昆明市政府新闻办获悉，昆明“3 · 1”事件事发现场证据表明，这是一起由新疆分裂势力一手策划组织的严重暴力恐怖事件。3 月 1 日 21 时许，昆明火车站广场发生蒙面暴徒砍人事件。截至 2 日 6 时，已造成 29 人死亡、130 余人受伤。民警当场击毙 4 名暴徒、抓获 1 人。“3 · 1”严重暴力恐怖事件，给人民群众的生命财产安全造成极大损失。http：//news. sohu. com/20140302/n395884741. shtml？ adsid＝1。

③ 常万全：《太平洋要义在太平，再平衡关键在平衡》，http：//www. chinanews. com/mil/2013/08－20/5180682. shtml。

融、能源资源供求的波动与走势、国际安全局势的变化，都会对中国的政治安全和经济安全产生直接重大影响。从美国等西方大国的安全战略看，伴随着中国加速崛起，美国等西方大国日益将安全战略的重点转向亚太地区，指向中国。[①] 由此可见，国际安全问题国内化与国内安全问题国际化严重威胁着国家安全。国内外敌对势力对中国国家安全的威胁并没有因为中国的强大，中国对世界和平与发展所做出的重大贡献而减弱。随着改革开放的深入，利益主体多元化、利益固化、思想文化多样化等复杂局面显现，国内一些深层次的矛盾进一步凸显，如不能及时、有效化解，同样会影响我国国家安全和社会的发展与进步。

最后，风险社会与全球化的发展，凸显了有别于传统安全及其伦理问题的非传统安全及其伦理问题，包括环境恶化、能源短缺、严重的传染性疾病蔓延、金融危机、跨国犯罪、难民潮等，这些危及人类安全与发展的各种非传统安全及其伦理问题的解决，单纯依靠传统安全模式的方式显然不行，需要世界各国的通力合作。“冷战”结束后全球化的迅猛发展使得世人的利益更加紧密地联系在一起，人们之间的时空阻隔已为“地球村”所取代。越来越多的国家和人民在享受着全球化所带来的阳光与共同成果的同时，也在承受着全球化所带来的各种风险与灾难。跨国犯罪、生态危机、金融危机、能源资源安全、气候变化、粮食安全、公共卫生安全等全球性问题的凸显，正日益对世界的和平与发展形成重大威胁和挑战。比如2008年4月发生在美国的次贷危机所引发的全球性的金融危机，对全球范围内各国经济造成严重的破坏，使得世界各国都为此付出了沉重的代价。可见，在传统安全与非传统安全交织凸显情况下，要解决好人类的安全与发展问题，仅仅从国家、民族或者地区的视野去应对，难以达到应有效果。“各国必须坚持以合作的胸怀、创新的精神、负责任的态度，同舟共济、合作共赢，共同应对各种问题和挑战，携手营造和谐稳定的国际和地区安全环境”。[②] 毕竟，非传统安全范畴的界定不能忽视这样一个事实，即一方面，越来越多的对国家和人类的生存威胁大都来自战争和军事领域之外；另一方面，非传统安全与传统安全之间并不是泾渭分明，它们往往

---

① 赵晓春：《国际安全问题国内化与国内安全问题国际化研究》，《国际安全研究》2013年第3期。

② 习近平：《携手合作　共同维护世界和平与安全——在“世界和平论坛”开幕式上的致辞》，http：//news. xinhuanet. com/politics/2012 -07/07/c_ 112383083. htm。

交织在一起，传统安全问题会直接带来非传统安全问题。

在熊光楷将军看来，当前传统安全威胁问题在国际上的突出表现有三：一是世界大战没有打起来，但局部战争仍然保持高发态势；二是以新军事变革为核心的国际军事竞争日益激烈；三是核扩散和军备控制形势依然严峻。用大安全观看非传统安全，非传统安全问题日益凸显，主要包括以下六个方面：一是国际金融危机影响深远，金融安全问题特别突出，中国从容应对危机冲击，在世界率先实现经济回升向好，但仍存在一些突出矛盾和问题，转变经济发展方式刻不容缓；二是国际反恐斗争取得进展，但反恐形势仍然严峻，中国也必须重视反恐；三是信息安全是当前非传统安全领域一个突出问题，中国面临的信息安全形势日趋复杂、不容乐观；四是国际油价不断波动，能源安全问题越来越突出，妥善应对能源安全挑战已成为中国实现可持续发展的一大战略问题；五是国际粮价波动增加，粮食安全问题日益凸显，中国始终要把解决好十几亿人口吃饭问题作为治国安邦的头等大事；六是气候变化、食品和公共卫生安全等问题也很突出，中国必须加大力度妥善应对。①

可见，在风险社会、全球化时代和传统安全与非传统安全交织凸显条件下，安全问题对于任何一个国家既是机遇也是挑战。为此，我们要有效应对人类安全与发展所带来的重大威胁和挑战，必须树立科学发展以及“各方共赢：和平、安全、合作”理念，形成并践行新的安全及其伦理观——“类安全”及其伦理观，从人作为“类存在体”的生存与发展的高度，做到以人为本，从观照整个人类利益与安全出发，将整个人类社会的持久安全与可持续发展作为安全与发展的根本伦理价值取向与归宿，“牢固树立互信、互利、平等、协作的新安全观，树立综合安全、共同安全、合作安全新理念，努力为解决老问题寻找新答案，为应对新问题寻找好答案，不断破解人类面临的发展难题和安全困境”②，最终实现人类社会的“优态共存”与“和谐共处”。

（二）中国安全战略的定位

显然，在全球化迅猛发展以及风险社会日益凸显条件下，在人类文明

---

① 熊光楷：《解放军应树立大安全观应对多种威胁》，http：//news. qq. com/a/20100430/000732. htm。

② 习近平：《携手合作　共同维护世界和平与安全——在“世界和平论坛”开幕式上的致辞》，http：//news. xinhuanet. com/politics/2012 -07/07/c_ 112383083. htm。

多样化，传统安全与非传统安全交织凸显以及国内、国际安全复杂化的时代背景下，关乎全人类根本的安全与发展问题显然是诸多问题中最为重要的问题，理所当然要成为当今世界所要关注的焦点。这也是科学发展观这个马克思主义中国化理论成果所要高度关注与着手解决的核心问题。与此同时，中国将高举和平与发展的伟大旗帜，继续坚持走和平发展道路，在实现中华民族伟大复兴的中国梦的伟大历史进程中，与国际社会一道推动建设持久和平、共同繁荣的和谐世界。

科学发展观是以胡锦涛同志为总书记的第四代中央领导集体，根据时代特征和实践要求提出来的，用以解决如何和谐发展的完整理论体系。它是马克思主义中国化的又一新理论成果，是解决当代中国发展面临重大的现实问题的指导思想和理论基石，也是在新的历史条件下，中国有效应对诸多安全及其伦理问题挑战的重要指导原则。

科学发展观的第一要务是发展。发展是解决当今所有问题的关键，当然也是解决我们时代所面临的各种安全及其伦理问题的关键。同时，这也是在新的历史条件下中国安全战略构建的重要内容。中国作为一个负责任的发展中大国，自其成立起便一直肩负起维护世界的和平与发展的历史使命，并提出了处理国际关系的根本准则——和平共处五项原则，为世界的和平与发展做出了重要的贡献。在新的历史条件下，随着风险社会的来临，全球化步伐的加快以及世界多极化的发展，我们面临的安全及其伦理问题更加的复杂多变。诸多危及人类安全及由其所引发的安全伦理问题，不再限于某个国家或地区之内，而是由特定的国家与地区迅速向全球范围内蔓延。如恐怖主义、流行性疾病、金融危机、环境污染以及贫富差距等十分棘手并危及人类安全与发展问题的解决，任何一国单凭自己的力量都无法实现。这需要有一个科学而又切合实际的理论作为指导，通过世界各国之间坦诚而又富有成效的合作方可实现。正如胡锦涛同志所言，“当代中国的前途命运已日益紧密地同世界的前途命运联系在一起”，“必须把坚持独立自主同参与经济全球化结合起来，统筹好国内国际两个大局，为促进人类和平与发展的崇高事业作出贡献”。科学发展观就是更好实现这一重要目标的理论武器。

科学发展观要强调的就是发展，就是建立在科学基础之上的全面、协调、可持续发展，通过发展解决以上人类所面临的包括安全在内的诸多问题。显然，在传统安全与非传统安全交织凸显的历史条件下，要解决人类所面临的诸多问题，最为根本的一条就是发展，通过世界各国的科学发展来实现。科学发展观不仅认为当今世界的主题是和平与发展，而且还强调要实现人类的和平与安全，关键是要做到人与自然以及人与社会等的全面、协调、可持续发展。这在客观上要求我国以及世界其他国家在寻求安全与发展的同时，一方面要正确处理好人与自然的关系，实现人与自然的和谐发展；另一方面要正确协调好人与社会的和谐发展。环境问题是危及当今人类安全与发展的一个不可忽视的全球性问题。环境的进一步恶化不仅影响某一国家、地区人的安全与发展，而且必将危及整个人类的安全与发展，这不是危言耸听，而是我们亟待解决的重大安全与发展问题。科学发展观不仅要求人与自然和谐发展，要求我们在发展经济的同时，不能以违反自然规律、破坏自然生态环境为代价，而且也要求人与社会和谐发展，就是要求我们在寻求社会的不断发展与资源的利用之间保持一个动态的平衡，做到即使人类财富不断增长，以满足人类生活质量不断提升的需求，又能实现经济发展和人口、资源、环境相协调，建设生态文明，基本形成节约能源资源和保护生态环境的产业结构、增长方式、消费模式，从而促进人与社会的和谐发展。

由此可见，在科学发展观指导下中国安全战略的第一要务同样是发展，但是这个发展并非传统意义上发展，而是包括政治、经济、文化以及国防等在内的全面、协调与可持续发展。为此，中国安全战略定位的关键性因素就是如何做到协调好国内外政治、经济文化以及社会等方面因素，通过科学发展来维护和实现国家与人民的安全和社会的和谐发展。这要求我们必须做到以下两点。

一是要避免传统发展强调的单纯依靠高能耗、高投入来拉动经济增长，而忽视资源的节约与环境的保护；避免过分强调国防以及重工业的发展，而忽视经济高增长条件下所带来的经济结构失衡、两极分化以及地区发展的不平衡等。毕竟，这种传统发展观指导下的发展所引发的诸如环境恶化、资源枯竭以及由两极分化加剧和地区发展严重失衡等问题，势必会阻碍社会的发展，使得传统安全和非传统安全问题更加复杂化，最终危及我们自身的安全与发展。为此，我们需要按照统筹兼顾的原则，在寻求安全与发展的同时，保护好生态环境，实现生态方面的安全；协调地区间的平衡发展，消除两极分化，实现社会和谐发展，确保社会发展方面的安全；重视科技强军，实现国防的跨越式发展，不断提高应对危机、遏制战争、打赢战争、维护和平的能力，确保国家领土、主权安全；重视加强与世界的交流合作，努力为我国的安全与发展创造一个良好国际环境。国家与社会的安全与发展需要一个稳定、和谐的国内环境，同时也需要一个和平与合作的国际环境。在全球化迅速发展的今天，任何国家都不可能置身于世界之外寻求自身的安全与发展。为此，我们必须推行积极的多边外交政策，继续坚持推动构建新型大国关系，加强和巩固与世界各国的友好合作关系，包括与大国之间的关系、广大发展中国家的关系以及与周边国家的睦邻友好关系。这不仅可以为我国经济发展和确保经济安全提供更好的平台和广阔的市场，而且还可以通过与世界各国的合作，共同应对人类所面临的各种共同风险与安全威胁。

二是要以人为本。国家与社会的安全和发展战略的根本在于为人的自由而全面发展创造良好的条件。人们为之奋斗的一切，都同他们的利益有关。科学发展观强调发展要以人为本，实质就是要求我国安全战略制定的出发点与归宿，最终应该回到维护人类安全与发展这个根本利益之上。这既是我国社会主义本质的必然要求，也是适应时代发展的潮流，符合人类发展规律性的根本体现。早在1986年联合国的《发展权利宣言》中就指出，“发展是经济、社会、文化和政治的全面进程，其目的是在全体人民和所有个人积极、自由和有意义地参与发展及其带来的利益的公平分配的基础上，不断改善全体人民和所有个人的福利”。在此后的1995年哥本哈根社会发展世界首脑大会通过的《宣言》与《行动纲领》中则进一步提出，“社会发展的最终目的是改善和提高全体人民的生活质量”，“建立一个以人为中心的社会发展框架”。这表明科学发展观指导下的中国国家安全战略定位符合世界发展潮流，也符合人类安全及其伦理观发展的规律，是集科学性、目的性、实践性和规律性于一体的正确抉择。

此外，在“求和平、促发展、谋合作，是不可阻挡的历史潮流”的环境下，中国将继续走和平发展道路，加强与世界各国的合作，实现中华民族伟大复兴的中国梦，并同世界各国一道，建设一个持久和平、共同繁荣的和谐世界。

人类安全及其伦理观的发展轨迹与规律表明，在当前面临的现实条件下，要维护和实现人类利益与安全，建设共同繁荣、持久和平的和谐世界，需要世界各国共同努力，形成并践行“类安全”及其伦理观，坚持走可持续安全与可持续发展的和平之路。奔走在新世纪历史征程上的中国人民曾经蒙受近代以来的百年苦难，深知和平与安全的宝贵。因此，在实现中华民族伟大复兴历史进程中，中国必将一如既往、坚定不移地走和平发展道路。“实现中华民族伟大复兴，是近代以来中国人民最伟大的梦想，我们称之为中国梦，基本内涵是实现国家富强、民族振兴、人民幸福。中华民族历来爱好和平。……中国将坚定不移走和平发展道路，致力于促进开放的发展、合作的发展、共赢的发展，同时呼吁各国共同走和平发展道路。……中国发展壮大，带给世界的是更多机遇而不是什么威胁。我们要实现的中国梦，不仅造福中国人民，而且造福各国人民”。[①] 中国人民要实现中华民族伟大复兴，将永远高举“和平、发展、合作、共赢”的旗帜，坚定不移地奉行独立自主的和平外交政策，与各国一道，共同建设持久和平，共同繁荣的和谐世界。胡锦涛同志指出：“尽管地区动荡不断、局部冲突时有发展，但各国更加重视对话合作，更加重视谈判解决争端”；“尽管强权政治依然存在、国际关系民主化尚未实现，但对话交流、和睦相处已成为国际关系的主流，各国互相尊重、平等相待日益成为国际社会的重要共识”；“尽管世界发展还很不平衡、贫穷和饥饿仍在不少国家肆虐，但国际社会已经制定了减少贫困、促进发展的目标，加强合作、共同发展日益成为各国的普遍选择”。“尽管当今世界还存在着这样那样的矛盾和冲突，不确定不稳定因素有所增加，但和平与发展仍是当今时代的主题，世界要和平、国家要发展、人民要合作是不可阻挡的历史潮流”。“面对纷繁复杂的世界，应更加重视和谐，强调和谐，促进和谐”。“努力建设一个持久和平、共同繁荣的和谐世界，符合世界各国人民的共同福祉”，是实现世界安全稳定繁荣的必由之路，“也是人类社会发展的必然要求”。[②] 习近平同志强调：中国将继续坚持走和平发展道路。中国既通过维护世界和平发展自己，又通过自身发展维护世界和平，同国际社会一道推动建设持久和平、共同繁荣的和谐世界。这既是顺应时代发展潮流和中国根本利益作出的战略抉择，也是中国持续发展的内在需要。中华民族讲信修睦，中国始终奉行和平外交方针，中国将来发展起来了也永远不称霸。中国一贯坚决奉行防御性国防政策，坚定维护国家主权、安全和

① 习近平：《顺应时代前进潮流　促进世界和平发展——在莫斯科国际关系学院的演讲》，《人民日报》2013年3月24日。

② 张晓彤：《胡锦涛时代观的中国主张》，http：//news. sina. com. cn/c/sd/2009 - 11 - 23/111319108544. shtml。

发展。为此，习近平还指出，坚持做到五个“必须”，即必须以发展求安全、必须以平等求安全、必须以互信求安全、必须以合作求安全和必须以创新求安全。[①] 2014 年 4 月 15 日，习近平在主持召开中央国家安全委员会第一次会议首次完整地提出了中国国家安全与发展战略：总体国家安全观，即既重视外部安全，又重视内部安全，对内求发展、求变革、求稳定、建设平安中国，对外求和平、求合作、求共赢、建设和谐世界；既重视国土安全，又重视国民安全，坚持以民为本、以人为本，坚持国家安全一切为了人民、一切依靠人民，真正夯实国家安全的群众基础；既重视传统安全，又重视非传统安全，构建集政治安全、国土安全、军事安全、经济安全、文化安全、社会安全、科技安全、信息安全、生态安全、资源安全、核安全等于一体的国家安全体系；既重视发展问题，又重视安全问题，发展是安全的基础，安全是发展的条件，富国才能强兵，强兵才能卫国；既重视自身安全，又重视共同安全，打造命运共同体，推动各方朝着互利互惠、共同安全的目标相向而行。[②] 中国的安全与发展战略既体现了重视中国自身的安全与发展，也重视世界共同安全与发展的安全理念，努力打造将自身安全与发展和世界安全与发展融为一体的“命运共同体”，建设一个合作共赢、共同繁荣的和谐世界。通过“发展、平等、互信、合作、共赢、创新”的方式来谋求世界的和平与安全，实质上就是要求我们站在人作为“类存在体”的安全视角去审视人类的和平与安全问题，即要求我们要站在“类安全”及其伦理观的思想和理论高度去谋求人类的和平与安全。

由此可见，在新的历史条件下，中国将继续积极参与世界的和平与发展事业，倡导和践行“类安全”及其伦理观，主张和极力提倡通过共同发展、共担责任、平等协商、打造“命运共同体”和加强对话与交流的方式来维护和实现人类的共同安全与发展。中国将积极承担各项应尽的义务，中国人民将与世界各国人民一道，推动实现世界的繁荣与和谐发展，为实现中华民族伟大复兴的中国梦，维护世界的和平、安全、稳定与发展作出更大的贡献。

---

① 习近平：《携手合作 共同维护世界和平与安全——在“世界和平论坛”开幕式上的致辞》，http：//news. xinhuanet. com/politics/2012 -07/07/c_ 112383083. htm。

② 习近平：《坚持总体国家安全观 走中国特色国家安全道路》，《人民日报》2014 年月 16 日。

三 中国安全战略的主要特性与基本范式

新中国成立以来安全战略的构建，实质上始终把以维护国家主权、领土的完整作为基本前提，把以维护和实现人民的安全与发展作为核心与主要内容，把以实现世界的和平发展和构建和谐世界作为最终目标。这既是人类安全及其伦理观发展规律的重要体现，也是“类安全”及其伦理观的精神实质所在。

（一）中国安全战略的主要特性

新中国成立至今60多年的历史进程中，中国的安全战略经历了三个重要发展阶段，并主要表现为两个特性。

一是新中国安全战略始终把以维护国家与民族安全与利益作为根本出发点和主要伦理诉求，始终把维护国家主权和领土安全放在首位。在涉及国家利益和主权、领土安全时，毛泽东认为这“连半个指头都不行”；邓小平亦强调“任何外国不要指望中国做他们的附庸，不要指望中国会吞下损害我国利益的苦果”；江泽民提出了在平等、互利、合作的基础上与各国建立伙伴关系；胡锦涛更是强调“始终把国家主权和安全放在第一位，坚决维护国家政治安全、经济安全、文化安全和国防安全”；习近平指出：“中国将继续妥善处理与有关国家的分歧、摩擦，在坚定捍卫国家主权、安全、领土完整的基础上，共同维护与周边国家关系和地区稳定大局。”习近平说：“我们要坚持走和平发展道路，但绝不能放弃我们的正当权益，决不能牺牲国家核心利益。任何外国不要指望我们会吞下损害我国主权、安全、发展利益的苦果。”这都表明维护国家主权安全和领土安全始终是我国安全战略的首要目标，是贯穿于整个安全战略的主轴。这也是维护我国人民的利益与安全，实现国家发展与繁荣的根本保证。

二是由维护单一的安全向全面安全转变。从毛泽东时期的以维护国家主权、领土安全为主要内容，确保军事安全为核心，到邓小平、江泽民时期的以维护国家主权、领土安全等为主要内容，以经济建设和确保经济安全为中心，到胡锦涛时期维护包括国家主权、领土安全在内的政治安全、经济安全、文化安全以及国防安全等，再到习近平提出的“总体国家安全观”①（即集政治安全、国土安全、军事安全、经济安全、文化安全、社会安全、科技安全、信息安全、生态安全、资源安全、核安全等于一体的国家安全体系）转变。这种转变体现了我国安全战略的发展经由传统安全、非传统安全到“类安全”的发展历程，体现人类安全及其伦理观的发展规律，顺应了时代发展潮流。这同时也表明我们党对国家安全战略发展规律的把握更加准确、科学、全面、系统与深入。

事实上，在新的历史时期，把科学发展观作为我国安全战略构建的指导思想，坚持总体国家安全观，有着深刻理论与实践意义。科学发展观把发展作为第一要义，以人为本作为核心，不仅是科学发展观的核心伦理价值，而且也是我国国家安全的核心价值所在。安全的问题归根结底是人的安全问题，科学发展观强调发展的核心问题是以人为本，强调发展的目的是为了人类自身。因此，科学发展观内在地包含了对人的安全及其伦理问题更加全面的关注，体现了对人的安全本位的伦理关怀。按照科学发展观的要求，我国安全战略必须体现以人为本。坚持总体国家安全观，实质上是对改革开放以来我国以经济建设为中心和维护国家的政治、经济安全等为主要内容的安全与发展战略的继承和进一步发展。改革开放以来，我国在安全战略上的重要调整，就是将原有的以维护国家的主权、领土安全为主要内容，以军事安全和军事斗争为核心的安全战略向以经济建设为中心，以维护国家的政治、经济发展和政治经济安全等为主要内容并重转变，并在此基础上构建起集政治安全、国土安全、军事安全、经济安全、文化安全、社会安全、科技安全、信息安全、生态安全、资源安全、核安全等于一体的中国国家安全与发展战略。这对我国经济的迅速发展，社会生产力的极大解放以及政治与国防安全等的提升必将产生重大影响。

事实上，我们坚持总体国家安全观，倡导“综合安全、共同安全、合作安全”，建设持久和平与共同繁荣的和谐世界，就是要求我国安全战略的构建要以有利于人的自由与全面发展为核心，以维护和发展人的基本权利、提高其生命质量和生活水平为主要内容，以维护和实现人的价值和尊严为伦理价值方向（即以人的“类的生命体”为核心的伦理价值为取向），使人民（包括世界人民）共享安全与发展带来的共同成果。“发展

① 2014年4月15日上午，习近平主持召开中央国家安全委员会第一次会议并发表重要讲话，首次系统提出总体国家安全观。他强调，要准确把握国家安全形势变化新特点、新趋势，坚持总体国家安全观，走出一条中国特色国家安全道路。

为了人民，发展依靠人民，发展成果由人民共享”。发展不只是中国的发展，而且是全世界的共同发展。“中国将继续坚持走和平发展道路。中国既通过维护世界和平发展自己，又通过自身发展维护世界和平，同国际社会一道推动建设持久和平、共同繁荣的和谐世界。这是顺应时代发展潮流和中国根本利益作出的战略抉择，也是中国持续发展的内在需要”。[①] 发展只有建立在以人民利益与安全为出发点和归宿的基础之上，才能称得上是科学的发展。同样，只有坚持总体国家安全观，倡导和践行“综合安全、共同安全、合作安全”，即从“类安全”视角出发，建设持久和平与共同繁荣的和谐世界，才能有效解决人类所面临的各种安全及其伦理问题，人作为“类”整体性安全——“类安全”及其伦理观才能最终得以有效践行和达到其应有的目的。

（二）中国安全战略的基本范式

显然，在全球化与风险社会的条件下，在人类文明多样化，传统安全与非传统安全交织凸显以及国际安全复杂化时代背景下，作为建立在人类文明多样性与共生性为基础、以传统安全与非传统安全问题交织凸显等为现实依据之上，关乎人类生存与发展的“类安全”，理所当然要成为当今世界所要关注的焦点。中国作为一个负责任的发展中大国，自新中国成立特别是改革开放以来便一直肩负起维护世界的和平与发展的历史使命，并提出和践行了处理国际关系的根本准则——和平共处五项原则，为世界和平与发展做出了重大贡献。在涉及整个人类的生存与发展的“类安全”问题上，中国对此已形成了自身的理念、范式与特性，创造性地提出了维护“类安全”的中国范式——建设共同繁荣、持久和平的和谐世界，为国际社会树立了良好典范。

要维护人类的共同安全——“类安全”，建设共同繁荣、持久和平的和谐世界，就是要坚持把人作为“类存在体”的利益与安全作为一切工作的出发点与归宿，坚持互利合作，以合作谋和平，以合作促发展，实现人类的共同繁荣；坚持多边主义和包容精神，维护世界的多样性，国与国之间的和平共处，人与人之间的和睦相处，人与自然和谐的发展。为此，中国政府提出必须致力于实现各国和谐共处、全球经济共同发展以及不同

① 习近平：《携手合作　共同维护世界和平与安全——在“世界和平论坛”开幕式上的致辞》，http：//news. xinhuanet. com/politics/2012 -07/07/c_ 112383083. htm。

文明的和谐进步，建设共同繁荣、持久和平的和谐世界。2005 年 12 月的《中国的和平发展道路》白皮书首次全面系统地向全世界阐述了和平发展道路的内容，强调中国将致力于实现与世界各国互利共赢和共同发展，目标是建设共同繁荣与持久和平的和谐世界。中国将坚定不移地走和平发展道路，建设和谐世界。这既符合时代发展要求，体现了中国人民和世界人民的根本利益，也是维护"类安全"的需要。中国作为一个发展中大国，需要集中精力进行物质文明、精神文明、生态文明以及政治文明建设，这不仅需要一个和谐发展的国内环境，也需要一个和谐发展的国际环境。为此，中国不仅要致力于自身的和谐社会建设，也要加强与周边的睦邻友好关系以及世界各国的友好关系建设，建设和谐世界，为自己的发展创造一个良好的周边与国际环境。

中国传统文化所倡导的人与自然、人与人之间的和谐与统一，以及"和合中庸、礼让为国"的传统特点，形成了中国特色的"和而不同"、"兼容共存"的文化自觉。"伴随战争行为诞生的安全战略文化，是一个国家、一个民族安全战略选择与运筹的底蕴，它虽然不能根本决定国家安全战略的谋划，但它却可以在安全实践中限制一个国家战略行动的选择。中国传统安全战略文化属于典型的合作型安全战略文化，具有崇尚和平、注重防御、文武并用、讲求义战、互利合作的行为特征，这从深层次决定了中国追求和平、谋求互利共赢的安全战略倾向"。[①] 正是这种"和合"的文化传统以及自身国情决定了中国将坚定不移走和平发展道路，积极倡导和建设共同繁荣、持久和平的和谐世界，从而更好地维护整个人类的安全与发展，这实质也体现了中华民族"爱好和平"、"讲信修睦"以及"协和万邦"的优良传统。"中华民族讲信修睦，中国始终奉行和平外交方针，中国将来发展起来了也永远不称霸。中国一贯坚决奉行防御性国防政策，坚定维护国家主权、安全和发展"。[②] 此外，风险社会的来临与凸显，全球化与信息化的迅猛发展，使得当今世界国与国之间的利益关系更加紧密，国与国之间的相互依存度进一步加深。"每个国家在谋求自身发展的同时，要积极促进其他各国共同发展。世界长期发展不可能建立在一

① 车跃丽、王志明：《中国传统安全战略文化与安全战略选择》，《军事历史研究》2012 年第 3 期。

② 习近平：《携手合作　共同维护世界和平与安全——在"世界和平论坛"开幕式上的致辞》，http：//news. xinhuanet. com/politics/2012 -07/07/c_ 112383083. htm。

批国家越来越富裕而另一批国家却长期贫穷落后的基础之上。只有各国共同发展了，世界才能更好发展。那种以邻为壑、转嫁危机、损人利己的做法既不道德，也难以持久。”① 事实证明，不管传统安全问题还是非传统安全问题的解决，都需要世界各国共同努力与合作。倡导建设共同繁荣、持久和平的和谐世界，就是要承认世界应该是民主的世界、和睦的世界、公正的世界和包容的世界。这就要求我们做到“平等互信、包容互鉴、合作共赢”，坚持民主平等，实现协调合作；坚持和睦互信，实现共同安全；坚持公正互利，实现共同发展；坚持包容开放，实现文明对话。

总之，人类只有一个共同的家园，要实现与维护人类共同利益与安全，必须形成并践行“类安全”及其伦理观。只有这样，才能建设一个持久和平、共同繁荣的和谐世界。这是世界各国人民的共同心愿，是中国安全战略的根本体现，是中国走和平发展道路的崇高目标，也是中国践行“类安全”及其伦理观的经典范式。实践证明，在科学发展观指引下，坚持总体国家安全观，中国提出并践行的在国内建构社会主义和谐社会，在世界范围内建设一个全人类共享人类文明成果的和谐世界的宏伟目标，正越发受到世人关注与认同。中国所倡导和坚持的维护世界和平与发展的安全战略是完全正确的，它是集科学性、先进性与前瞻性为一体的安全与发展战略。我们坚信，在中国共产党的正确领导下，以及在中国政府的极力倡导与世界各国人民的共同努力下，在体现“综合安全、合作安全与共同安全”的“类安全”及其伦理观的指导下，建设一个持久和平、共同繁荣的和谐世界必将实现。

① 习近平：《顺应时代前进潮流 促进世界和平发展——在莫斯科国际关系学院的演讲》，《人民日报》2013年3月24日。

参考文献

一　中文参考资料

1.《邓小平文选》第一至三卷，人民出版社1989年版。

2.《江泽民文选》第一至三卷，人民出版社2006年版。

3.《列宁选集》，人民出版社1972年版。

4.《毛泽东选集》第一至五卷，人民出版社1995年版。

5.《马克思恩格斯全集》第2、3、16、46卷，人民出版社1956年版。

6.《马克思恩格斯选集》第1—4卷，人民出版社1995年版。

7.《马克思恩格斯军事文集》第2卷，战士出版社1981年版。

8.《资本论》第1—3卷，人民出版社1995年版。

9. 邴正：《当代人与文化——人类自我意识与文化批判》，吉林教育出版社1998年版。

10. 巴发中：《权力纷争的诱惑》政治卷，中共中央党校出版社1998年版。

11. 白钢：《中国政治制度史》（上、下），天津人民出版社2002年版。

12. 陈义平：《政治人：模铸与发展——中国社会转型期的公民政治分析》，安徽大学出版社2002年版。

13. 陈晓东：《全球安全治理与联合国安全机制改革》，时事出版社2012年版。

14. 曹德本：《中国政治思想史》，高等教育出版社2004年版。

15. 冯友兰：《中国哲学简史》，北京大学出版社1996年版。

16. 法学教材编辑部：《西方法律思想史资料选编》，北京大学出版社1983年版。

17. 樊浩：《中国伦理精神的历史建构》，江苏人民出版社1992年版。

18. 樊浩：《伦理精神的价值生态》，中国社会科学出版社2001年版。

19. 龚群：《当代中国社会伦理生活》，四川人民出版社1998年版。

20. 郭延军：《安全治理：非传统安全的国家能力建设》，经济科学出版社 2011 年版。
21. 高清海、胡海波：《人的“类生命”与“类哲学”》，吉林人民出版社 1998 年版。
22. 国际货币基金组织：《世界经济展望》，中国金融出版社 1997 年版。
23. 何怀宏：《底线伦理》，辽宁人民出版社 1998 年版。
24. 黄建中：《比较伦理学》，（台北）“国立”编译馆 1962 年版。
25. 和平等：《全球化与国际政治》，中央编译出版社 2008 年版。
26. 军事科学院：《马恩列斯军事文选》，战士出版社 1977 年版。
27. 蒋云根：《政治人的心里世界》，学林出版社 2002 年版。
28. 焦国成：《中国伦理学通论》上册，山西教育出版社 1997 年版。
29. 刘学理：《天灾威胁人类生存的 16 大自然灾难》，上海文化出版社 2008 年版。
30. 李建华：《法治社会中的伦理秩序》，中国社会科学出版社 2002 年版。
31. 李建华：《道德情感论——当代中国道德建设的一种视角》，湖南人民出版社 2001 年版。
32. 李少军：《国际政治学概论》，上海人民出版社 2005 年版。
33. 李银河：《社会学精要》，内蒙古大学出版社 2009 年版。
34. 李奇：《道德与社会生活》，上海人民出版社 1984 年版。
35. 李龙：《依法治国方略实施问题研究》，武汉大学出版社 2002 年版。
36. 李瑜青：《人本思潮与中国文化》，东方出版社 1998 年版。
37. 李梅：《权利与正义——康德政治哲学研究》，社会科学文献出版社 2002 年版。
38. 李培超：《自然的伦理尊严》，江西人民出版社 2001 年版。
39. 罗国杰、宋希仁：《西方伦理思想史》（上、下），中国人民大学出版社 1985 年版。
40. 罗国杰、马博宣、余进编：《伦理学教程》，中国人民大学出版社 1985 年版。
41. 罗国杰：《道德建设论》，湖南人民出版社 1997 年版。
42. 罗国杰、夏卫东：《以德治国论》，中国人民大学出版社 2004 年版。
43. 林国治：《政治权力的伦理透视》，兰州大学出版社 2010 年版。
44. 马啸原：《西方政治思想史纲》，高等教育出版社 1997 年版。

45. 孟晓：《政治伦理学》，四川人民出版社 1988 年版。
46. 倪世雄：《当代西方国际关系理论》，复旦大学出版社 2001 年版。
47. 庞中英：《全球治理与世界秩序》，北京大学出版社 2012 年版。
48. 潘中启：《世界秩序：结构、机制与模式》，上海人民出版社 2004 年版。
49. 秦亚青：《理性与国际合作：自由主义国家关系理论研究》，世界知识出版社 2008 年版。
50. 秦亚青：《西方国际关系理论经典导读》，北京大学出版社 2009 年版。
51. 全增嘏：《西方哲学史》（上、下），上海人民出版社 1983 年版。
52. 宋希仁：《当代外国伦理思想》，中国人民大学出版社 2000 年版。
53. 孙道正：《环境伦理学的哲学困境——一个反拨》，社会科学出版社 2007 年版。
54. 孙嘉明、王勋：《全球社会学：跨国界现象的分析》，清华大学出版社 2006 年版。
55. 苏长和：《全球公共问题与国际合作：一种制度的分析》，上海人民出版社 2006 年版。
56. 施惠龄：《制度伦理研究论纲》，北京师范大学出版社 2003 年版。
57. 唐凯麟、龙兴海：《个体道德论》，中国青年出版社 1993 年版。
58. 唐凯麟：《西方伦理学名著提要》，江西人民出版社 2000 年版。
59. 唐代兴：《利益伦理》，北京大学出版社 2002 年版。
60. 田野：《国际关系中的制度选择：一种交易成本的视角》，上海人民出版社 2006 年版。
61. 万斌：《万斌文集》第 1—4 卷，杭州出版社 2004 年版。
62. 万俊人：《伦理学新论》，中国青年出版社 1993 年版。
63. 万俊人：《现代西方伦理学史》（上、下），北京大学出版社 1990 年版。
64. 魏英敏：《当代中国伦理与道德》，昆仑出版社 2001 年版。
65. 王逸舟：《全球政治和中国外交》，世界知识出版社 2003 年版。
66. 王逸舟：《恐怖主义溯源》，社会科学文献出版社 2010 年版。
67. 王斯德：《世界通史》，华东师范大学出版社 2001 年版。
68. 王惠岩：《政治学原理》，吉林大学出版社 1985 年版。
69. 王浦劬：《政治学基础》，北京大学出版社 1995 年版。

70. 王焰:《彭德怀年谱》,人民出版社 1998 年版。
71. 王铁崖:《国际法》,法律出版社 1995 年版。
72. 韦正翔:《软和平:国际政治中的强权与道德》,河北大学出版社 2001 年版。
73. 吴灿新:《政治伦理学新论》,中国社会科学出版社 2000 年版。
74. 许启贤:《伦理道德与社会文明》,中国劳动出版社 1995 年版。
75. 夏伟东:《道德本质论》,中国人民大学出版社 1991 年版。
76. 萧公权:《中国政治思想史》,新星出版社 2005 年版。
77. 徐大同:《西方政治思想史》第 1—4 卷,天津人民出版社 2005 年版。
78. 余潇枫:《哲学人格》,吉林教育出版社 1998 年版。
79. 余潇枫等:《非传统安全概论》,浙江人民出版社 2006 年版。
80. 余潇枫:《中国非传统安全研究报告》(2011—2012),社会科学文献出版社 2012 年版。
81. 余潇枫等:《人格之境——类伦理学引论》,浙江人民出版社 2006 年版。
82. 余华青:《权术论》,陕西人民出版社 1990 年版。
83. 余时英:《中国思想传统的现代诠释》,江苏人民出版社 2004 年版。
84. 俞可平:《全球化:全球治理》,社会科学文献出版社 2003 年版。
85. 杨国荣:《善的历程——儒家价值体系的历史衍化及其现代转换》,上海人民出版社 1994 年版。
86. 杨华:《东欧剧变纪实》,世界知识出版社 1990 年版。
87. 杨冬雪:《风险社会与秩序重建》,社会科学文献出版社 2006 年版。
88. 刘岩:《风险社会理论新探》,中国社会科学出版社 2008 年版。
89. 姚新中:《道德活动论》,中国人民大学出版社 1991 年版。
90. 姚大志:《人的形象——心理学与道德哲学》,吉林教育出版社 1999 年版。
91. 阎学通:《中国国家利益分析》,天津人民出版社 1996 年版。
92. 阎学通:《美国霸权与中国安全》,天津人民出版社 2000 年版。
93. 阎学通等:《中国与亚太安全——“冷战”后亚太国家的安全战略走向》,时事出版社 1999 年版。
94. 夏建平:《认同与国际合作》,世界知识出版社 2006 年版。
95. 章海山:《马克思主义伦理思想发展的历程》,上海人民出版社 1991

年版。
96. 章士嵘：《西方思想史》，东方出版中心2004年版。
97. 朱贻庭：《中国传统伦理思想史》，华东师范大学出版社1989年版。
98. 朱宁：《变乱中的文明》，中国人民大学出版社2000年版。
99. 赵敦华：《基督教哲学1500年》，商务印书馆1994年版。
100. 赵汀阳：《论可能生活——一种关于幸福和公正的理论》，中国人民大学出版社2004年版。
101. 赵长峰：《现实与理想：全球化背景下的国际合作与和谐世界》，中国社会科学出版社2011年版。
102. 赵国华：《生殖崇拜文化论》，中国社会科学出版社1990年版。
103. 赵英：《新的国家安全观——战争之外的对抗与抉择》，云南人民出版社1992年版。
104. 周辅成：《西方伦理名著选辑》（上、下），商务印书馆1987年版。
105. 周荣耀：《"9·11"后的大国战略关系》，中国社会科学出版社2003年版。
106. 周谷城：《中国通史》（上、下），上海人民出版社1957年版。
107. 周少来：《人性政治与制度》，中国社会科学出版社2004年版。
108. 周建明、张曙光：《美国安全战略解读》，新华出版社2002年版。
109. 张建中：《中国共产党执政方略研究》，山东人民出版社2003年版。
110. 张贵洪：《国际关系研究导论》，浙江大学出版社2003年版。
111. 张光直：《中国青铜时代》，生活·读书·新知三联书店1983年版。
112. 张宏生：《西方法律思想史》，北京大学出版社1983年版。
113. 张文木：《中国新世纪战略安全》，山东人民出版社2000年版。
114. 张幼文、周建明等：《经济安全：金融全球化的挑战》，上海人民出版社1999年版。
115. 子彬：《国家的选择与安全：全球化进程中国家安全观的演变与重构》，上海三联书店2005年版。
116. ［澳］克雷格·A. 斯奈德：《当代安全与战略》，徐纬地等译，吉林人民出版社2001年版。
117. ［奥］凯尔森：《法与国家的一般理论》，沈宗灵译，中国大百科全书出版社1996年版。
118. ［奥］弗洛伊德：《图腾与禁忌》，杨庸一译，中国民间文艺出版社

1986 年版。
119. [澳大利亚] 约瑟夫·A. 凯米莱里、吉米·福尔克：《主权的终结》，李东燕译，浙江人民出版社 2002 年版。
120. [埃及] 萨米尔·阿明：《世界一体化的挑战》，社会科学文献出版社 2003 年版。
121. [德] 康德：《实践理性批判》，韩水法译，商务印书馆 1999 年版。
122. [德] 康德：《实践理性批判》，关文运译，商务印书馆 1960 年版。
123. [德] 康德：《永久和平论》，何兆武译，上海世纪出版集团 2005 年版。
124. [德] 康德：《法的形而上学原理——权利的科学》，沈叔平译，商务印书馆 2001 年版。
125. [德] 康德：《纯粹理性批判》，邓晓芒译，人民出版社 2004 年版。
126. [德] 康德：《道德形而上学原理》，苗力田译，上海人民出版社 1986 年版。
127. [德] 叔本华：《伦理学的两个基本问题》，任立、孟庆时译，商务印书馆 1996 年版。
128. [德] 叔本华：《作为意志和表象的世界》，石冲白、杨一之译，商务印书馆 1982 年版。
129. [德] 马克斯·韦伯：《韦伯文集》（上、下），中国广播电视出版社 2000 年版。
130. [德] 马克斯·韦伯：《经济与社会》上卷，林荣远译，商务印书馆 1997 年版。
131. [德] 马克斯·韦伯：《马克斯·韦伯社会学文集》，阎克文译，人民出版社 2010 年版。
132. [德] 马克斯·韦伯：《学术与政治》，冯克利译，生活·读书·新知三联书店 2005 年版。
133. [德] 恩斯特·卡西尔：《神话思维》，中国社会科学出版社 1992 年版。
134. [德] 石里克：《伦理学问题》，张国珍、赵又春译，商务印书馆 1997 年版。
135. [德] 弗里德里希·包尔生：《伦理学体系》，何怀宏、廖申白译，中国社会科学出版社 1988 年版。

136. ［德］孔汉思·库舍尔：《全球伦理》，何光沪译，四川人民出版社1997年版。
137. ［德］黑格尔：《法哲学原理》，范扬、张企泰译，商务印书馆1982年版。
138. ［德］黑格尔：《哲学史讲演录》第1—4卷，贺麟、王太庆译，商务印书馆1959年版。
139. ［德］尼采：《权力意志》，张念东等译，商务印书馆1991年版。
140. ［德］施路赫特：《信念与责任——马克斯·韦伯论伦理、思想与社会》第1辑，李康译，上海人民出版社2001年版。
141. ［德］戈森：《人类交换规律与人类行为准则的发展》，陈秀山译，商务印书馆1997年版。
142. ［德］乌尔里希·贝克：《风险社会》，何博闻译，译林出版社2004年版。
143. ［德］乌尔里希·贝克：《自由与资本主义》，路国林译，浙江人民出版社2004年版。
144. ［德］乌尔里希·贝克、安东尼·吉登斯、斯科特·拉什：《自反性现代化：现代社会秩序中的政治、传统与美学》，赵文书译，商务印书馆2001年版。
145. ［法］卢梭：《社会契约论》，何兆武译，商务印书馆2003年版。
146. ［法］孟德斯鸠：《论法的精神》，张雁深译，商务印书馆1995年版。
147. ［法］莫里斯·迪韦尔热：《政治社会学——政治学要素》，杨祖功等译，华夏出版社1987年版。
148. ［法］孔多塞：《人类精神进步史表纲要》，何兆武、何冰译，生活·读书·新知三联书店1998年版。
149. ［法］迪尔凯姆：《社会学研究方法论》，胡伟译，华夏出版社1988年版。
150. ［法］弗雷德里克：《主流——谁将打赢全球文化战争》，刘成富等译，商务印书馆2012年版。
151. ［古希腊］柏拉图：《理想国》，郭斌和、张竹明译，商务印书馆1986年版。
152. ［古希腊］柏拉图：《柏拉图对话集》，王太庆译，商务印书馆2004

年版。
153. ［古希腊］亚里士多德：《亚里士多德选集》政治卷，中国人民大学出版社 1999 年版。
154. ［古希腊］亚里士多德：《亚里士多德选集》伦理学卷，中国人民大学出版社 1999 年版。
155. ［古希腊］亚里士多德：《政治学》，吴寿彭译，商务印书馆 1965 年版。
156. ［古希腊］色诺芬：《回忆苏格拉底》，吴永泉译，商务印书馆 1984 年版。
157. ［荷兰］斯宾诺莎：《政治论》，冯炳昆译，商务印书馆 1999 年版。
158. ［荷兰］斯宾诺莎：《神学政治论》，温锡增译，商务印书馆 1963 年版。
159. ［加］威尔加金里卡：《当代政治哲学》（上、下），刘莘译，上海三联书店 2004 年版。
160. ［加］阿米塔夫·阿查亚：《人的安全：概念及应用》，李佳译，浙江大学出版社 2010 年版。
161. ［加］阿米塔夫·阿查亚：《建构安全共同体：东盟与地区秩序》，王正毅等译，上海人民出版社 2004 年版。
162. ［美］乔治索罗斯：《开放社会——改革全球资本主义》，商务印书馆 2001 年版。
163. ［美］小约瑟夫·奈：《理解国际冲突：理论与历史》，张小明译，上海世纪出版集团 2005 年版。
164. ［美］入江昭：《全球共同体》，社会科学文献出版社 2009 年版。
165. ［美］罗伯特·杰维斯：《国际政治中的直觉与错误知觉》，秦亚青译，世界知识出版社 2003 年版。
166. ［美］布热津斯基：《大失控与大混乱》，中国社会科学出版社 1994 年版。
167. ［美］彼得·卡赞斯坦：《国家安全的文化：世界政治中的规范与认同》，北京大学出版社 2009 年版。
168. ［美］亚历山大·温特：《国际政治的社会理论》，秦亚青译，上海人民出版社 2000 年版。
169. ［美］阿尔文·托夫勒、海迪·托夫勒：《未来的战争》，新华出版社 1998 年版。
170. ［美］路易斯·亨利·摩尔根：《古代社会》，杨东莼、马雍等译，中央编译出版社 2007 年版。
171. ［美］安·马库森、肖恩·科斯蒂冈：《国家的性格：政治怎样制造和破坏繁荣、家庭和文明礼貌》，上海世纪出版集团、上海人民出版社 2001 年版。
172. ［美］汉斯·摩根索：《国家间政治》第七版，徐昕、郝望、李保平译，北京大学出版社 2006 年版。
173. ［美］约翰·米尔斯海默：《大国政治的悲剧》，上海世纪出版集团、上海人民出版社 2003 年版。
174. ［美］保罗·肯尼迪：《大国的兴衰》，中国经济出版社 1989 年版。
175. ［美］默里·布克金：《自由生态学：等级制的出现与消解》，山东大学出版社 2008 年版。
176. ［美］大卫·A. 鲍德温：《新现实主义和新自由主义》，浙江人民出版社 2001 年版。
177. ［美］约翰·斯坦布鲁纳：《全球安全原则》，新华出版社 2001 年版。
178. ［美］肯尼思·沃尔兹：《国际政治理论》，胡少华等译，中国人民公安大学出版社 1992 年版。
179. ［美］约瑟夫·熊彼特：《资本主义、社会主义与民主》，吴良健译，商务印书馆 1999 年版。
180. ［美］西摩·马丁·李普塞特：《一致与冲突》，张华青等译，上海人民出版社 1995 年版。
181. ［美］西摩·马丁·李普塞特：《政治人——政治的社会基础》，张绍宗译，上海人民出版社 1997 年版。
182. ［美］列奥·施特劳斯、约瑟夫·克罗波西：《政治哲学史》（上、下），李天然等译，河北人民出版社 1998 年版。
183. ［美］艾伯特·奥·赫希曼：《欲望与利益——资本主义走向胜利前的政治争论》，李新华、朱进东译，上海文艺出版社 2003 年版。
184. ［美］A. 麦金太尔：《德性之后》，龚群、戴扬毅等译，中国社会科学出版社 1995 年版。
185. ［美］麦金太尔：《谁之正义？何种合理性?》，万俊人等译，当代中国出版社 1996 年版。
186. ［美］斯塔夫里阿诺斯：《全球通史》（上、下），吴象婴、梁赤民译，上海社会科学院出版社 1999 年版。
187. ［美］弗洛姆：《弗洛姆文集》，改革出版社 1997 年版。
188. ［美］约翰·罗尔斯：《正义论》，何怀宏等译，中国社会科学出版社 1998 年版。
189. ［美］托马斯·内格尔：《人的问题》，万以译，上海译文出版社 2000 年版。
190. ［美］保罗·库尔兹：《21 世纪的人道主义》，肖峰译，东方出版社 1998 年版。
191. ［美］杜维明：《东亚价值与多元现代性》，中国社会科学出版社 2001 年版。
192. ［美］大卫·戈伊科奇、约翰·卢克、蒂姆·马迪根：《人道主义问题》，杜丽燕等译，东方出版社 1997 年版。
193. ［美］查特尔·墨菲：《政治的回归》，王恒、臧佩洪译，江苏人民出版社 2001 年版。
194. ［美］乔尔查农：《社会学与十个大问题》，汪丽华译，北京大学出版社 2009 年版。
195. ［美］乔治·H. 米德：《心灵、自我与社会》，赵月瑟译，上海译文出版社 1992 年版。
196. ［美］尼布尔：《道德的人与不道德的社会》，蒋庆等译，贵州人民出版社 1998 年版。
197. ［美］阿尔温·托夫勒：《权力变移》，周敦仁等译，四川人民出版社 1991 年版。
198. ［美］约翰·肯尼思、加尔布雷思：《权力的分析》，陶远华、苏世军译，河北人民出版社 1988 年版。
199. ［美］约瑟夫·奈：《美国定能领导世界吗》，何小东、盖玉云等译，军事译文出版社 1992 年版。
200. ［美］约瑟夫·奈：《理解国际冲突：理论与历史》，上海世纪出版集团、上海人民出版社 2002 年版。
201. ［美］约瑟夫·奈：《美国霸权的困惑：为什么美国不能独断专行》，郑志国等译，世界知识出版社 2002 年版。

202. ［美］约瑟夫·奈：《硬权力与软权力》，门洪华译，北京大学出版社2005年版。
203. ［美］约瑟夫·奈：《权力大未来》，王吉美译，中信出版社2012年版。
204. ［美］丹尼斯·朗：《权力论》，陆震纶、郑明哲译，中国社会科学出版社2001年版。
205. ［美］R. T. 诺兰：《伦理学与现实生活》，姚新中等译，华夏出版社1988年版。
206. ［美］乔治·萨拜因：《政治学说史》，盛葵阳等译，商务印书馆1986年版。
207. ［美］J. P. 蒂洛：《伦理学——理论与实践》，孟庆时等译，北京大学出版社1985年版。
208. ［美］塞缪尔·亨廷顿：《变革中的政治秩序》，张岱云译，华夏出版社1988年版。
209. ［美］D. P. 约翰逊：《社会学理论》，南开大学社会学系译，国际文化出版公司1988年版。
210. ［美］罗伯特·诺齐克：《无政府、国家与乌托邦》，美国纽约基础图书出版公司1974年版。
211. ［美］J. M. 凯利：《西方法律思想简史》，王笑红译，法律出版社2002年版。
212. ［美］梯利：《西方哲学史》，葛力译，商务印书馆2000年版。
213. ［美］康芒斯：《制度经济学》，于树生译，商务印书馆1962年版。
214. ［美］保罗·沃伦泰勒：《尊重自然：一种环境伦理学理论》，雷毅、李小重、高山译，首都师范大学出版社2010年版。
215. ［美］约翰·鲁尔克：《世界舞台上的政治》，白云真等译，世界图书出版公司2011年版。
216. ［挪威］托布约尔·克努成：《国际关系理论史导论》，余万里、何宗强译，天津人民出版社2004年版。
217. ［挪］G. 希尔贝克、N. 伊耶：《西方哲学史——从古希腊到二十世纪》，童世骏等译，上海译文出版社2004年版。
218. ［苏］涅尔谢相茨：《古希腊政治学说》，蔡拓译，商务印书馆1991年版。

219. [苏] 谢苗诺夫：《婚姻与家庭的起源》，蔡俊生译，科学出版社 1983 年版。
220. [新加坡] 梅利卡拉贝诺·安东尼：《安全化困境：亚洲的视角》，浙江大学出版社 2010 年版。
221. [意] 托马斯·阿奎那：《阿奎那政治著作选》，马清槐译，商务印书馆 1991 年版。
222. [意] 尼科洛·马基雅维利：《君主论》，潘汉典译，商务印书馆 1985 年版。
223. [英] 马丁·阿尔布劳：《全球时代——超越现代性之外的国家和社会》，高湘泽等译，商务印书馆 2001 年版。
224. [英] 巴里·布赞：《新安全论》，浙江人民出版社 2003 年版。
225. [英] 威廉·葛德文：《政治正义论》，何慕李译，商务印书馆 1980 年版。
226. [英] 齐格·蒙特鲍曼：《全球化：人类的后果》，郭国良、徐建华译，商务印书馆 2001 年版。
227. [英] 格雷厄姆·沃拉斯：《政治中的人性》，朱曾汶译，商务印书馆 1995 年版。
228. [英] 罗素：《西方哲学史》（上、下），马元德译，商务印书馆 1963 年版。
229. [英] 罗素：《权力论》，吴友三译，商务印书馆 1991 年版。
230. [英] 爱德华·泰勒：《原始文化》，连树声译，广西师范大学出版社 2005 年版。
231. [英] 大卫·休谟：《人性论》（上、下），关文运译，商务印书馆 1997 年版。
232. [英] 迈克尔·奥克肖特：《哈佛演讲录——近代欧洲的政治与道德》，顾玫、方刚译，上海文艺出版社 2003 年版。
233. [英] 亚当·斯密：《道德情操论》，蒋自强等译，商务印书馆 1998 年版。
234. [英] 亚当·斯密：《国富论》，杨敬年译，陕西人民出版社 2001 年版。
235. [英] 阿克顿：《自由与权力》，侯健、范亚峰译，商务印书馆 2001 年版。

236. ［英］迈克尔·欧克肖特：《政治中的理性主义》，张汝伦译，上海译文出版社 2003 年版。
237. ［英］戴维·米勒：《社会正义原则》，应奇译，江苏人民出版社 2001 年版。
238. ［英］哈耶克：《自由秩序原则》（上、下），邓正来译，生活·读书·新知三联书店 1997 年版。
239. ［英］罗德·里克·马丁：《权力社会学》，丰子义等译，生活·读书·新知三联书店 1992 年版。
240. ［英］约翰·密尔：《功利主义》，商务印书馆 1957 年版。
241. ［英］托马斯·霍布斯：《利维坦》，黎思复、黎延弼译，商务印书馆 1985 年版。
242. ［英］约翰·洛克：《人类理解论》，关文运译，商务印书馆 1981 年版。
243. ［英］约翰·洛克：《政府论》（上、下），叶启芳、瞿菊农译，商务印书馆 1983 年版。
244. ［英］A. R. 拉德克利夫·布朗：《原始社会的结构与功能》，潘蛟、王贤海等译，中央民族大学出版社 1999 年版。
245. ［英］巴里·布赞、理查德·利特尔：《世界历史中的国际关系——国际关系研究的再建构》，高等教育出版社 2004 年版。
246. ［英］杰里米·边沁：《政府片论》，沈叔平等译，商务印书馆 1995 年版。
247. ［英］杰里米·边沁：《道德与立法原理导论》，时殷弘译，商务印书馆 2000 年版。
248. ［英］A. J. M. 米尔恩：《人的权利与人的多样性》，夏勇等译，中国大百科全书出版社 1995 年版。
249. ［英］彼得·斯坦、约翰·香德：《西方社会的法律价值》，王献平译，中国人民公安大学出版社 1990 年版。
250. ［英］安东尼·吉登斯：《现代性的后果》，田禾译，译林出版社 2000 年版。
251. ［英］大卫·休谟：《宗教的自然史》，徐晓宏译，上海人民出版社 2003 年版。
252. ［英］萨柏恩、许德派：《近代国家观念》，王检译，商务印书馆

1957 年版。
253. ［英］吉登斯：《社会的构成》，李康、李猛译，生活·读书·新知三联书店 1998 年版。
254. ［英］安东尼·吉登斯：《第三条道路——社会主义的复兴》，郑戈译，北京大学出版社 2000 年版。
255. ［英］大卫·丹尼：《风险与社会》，马缨等译，北京出版集团公司、北京出版社 2009 年版。
256. 《春秋繁露》，岳麓书社 1997 年版。
257. 《管子》，北京燕山出版社 1996 年版。
258. 《韩非子》，《韩非子浅解》，中华书局 1960 年版。
259. 《汉书》，中华书局 1962 年版。
260. 《论语》，载《论语译注》，中华书局 1980 年版。
261. 《老子》，载《老子校注》，中华书局 1987 年版。
262. 《孟子》，载《孟子译注》，中华书局 1960 年版。
263. 《墨子》，载《墨子校注》，中华书局 1987 年版。
264. 《史记》，国际文化出版公司 1998 年版。
265. 《尚书》，四川人民出版社 1982 年版。
266. 《说文解字》，中华书局 1963 年版。
267. 《四书集注》，岳麓书社 1985 年版。
268. 《孙子兵法》，江苏古籍出版社 2002 年版。
269. 《荀子》，《荀子集解》，中华书局 1988 年版。
270. 《庄子》，《庄子集释》，中华书局 1993 年版。

二 外文参考文献

1. Alan Colllins, *Contemporary Security Studies*. Oxford: Oxford University Press, 2007.
2. A More Secure World: *Our Shared Responsibility*, *Report of the Secretaty - Generla's HIGH - level Panel on Threats, Challenges and Change*. New York: United Nations, 2004.
3. Acharya, A. *Promating Human Security*: *Ethical*, *Norm Ative and Educational Frameworks in South East Asia*. Paris: United Nations Seientific, Cultural and Educational Organiaztion, 2007.
4. Blank Authority Text People, Power, and Politics: An Introduction to Politi-

cal Science; John C. Donivan, Richard E. Morgan, Christian P. Potholm Random House, c1986.

5. Barbara MacKinnon, *Ethics: Theory and Contemporary Issues.* Peking University Press, 2003.

6. Barry Davies, *Terrorism: Inside a World Phenomenon.* London: Virgin Books Ltd. , 2003.

7. Dennis F. Thompson, *Political Ethics and Public Office.* Harvard University Press, 1987.

8. D. D. Raphael Hobbes, *Moral and Politics.* George Allen & Unwin Ltd. , 1977.

9. Edward A. Kolodziej, *Security and International Relations.* Cambridge: Cambridge University Press, 2005.

10. Hakan Seckinelgin and Hideaki Shinoda, *Ethics of International Relations.* New York: Palgrave Publishers Ltd. , 2001.

11. Hans J. *Morgenthau*, *Politics among Nations: The Struggle for Power and Peace.* Boston: The McGraw – Hill Companies, Inc. , 1993.

12. Jeremy Bentham, *An Introduction to the Principles of Morals and Legislation Holmes Beach, Fla.* . Gaunt, the Clarendon Press. Oxford. 2001.

13. Leo. Strauss, Natural Right and History, Chicago and Landon: The University of Chicago Press.

14. MacFarlane, N. and Khong Yuen Foong, *Human Security and the UN: A Critical History.* Indiana University Press, 2006.

15. Outhwaite, William, *The Sociology of Politics.* Martell. E. Elgar, c1998.

16. Patrick G. Amsterdam, Political Opportunities, *Social Movements and Democratization.* New York: JAI, 2001.

17. Paul Taylor, *International Organization in the Age of Globalization.* New York: London, Continuum, 2003.

18. Richard A. Posner, *Catastrophe: Risk and Response.* Oxford: Oxford University Press, 2004.

19. Robert C. Johnson, A Policy Framework for World Security, in *World Security: Trend & Challenges at Century' s End*, ed. , Ichael T. Klare and Daniel C. Thomas, St. Martine' s Press, 2000.

20. Ralf Emmers, Mely Caballero – Anthony, Amitav Acharya Compiled, Studying Non – Traditional Security in Asia, Published by Marshall Cavendish Academic, 2006.

21. Robert C. Johanson, "*A Policy Framework for World Security*", in Michael T. Klare and Daniel C. Thomas, eds., *World Security: Trend and Challenges at Century's End*, New York: St. Martin's Press, 1991.

22. Sigmund Freud, *Group Psychology and the Analysis of the Ego*, *in* J. Strachey, ed., *The Standard Edition of the Complete Psychological Works of Sigmund Freud*. London: Hogarth Press, 1921. Vol. 18,

23. Shively, W. Phillips, Power and Choice: An Introduction to Political Science. Donovan, John, C. International Political Economy; Perspectives on global Power and Wealth; Jeffry A. Frieden, David A. Lake St. Martins Pr., 1991.

24. Saul Newman, the Place of Power in Political Discourse. *International Political Science Review* (2004) Vol. 25, No. 2.

25. Samuel P. Huntington, *Who Are We? The Challenges to American's National Identity*. New York: Simon &Schuster, 2004.

26. Stephen M. Walt, "The Renaissance of Security Studies". *International Studies Quarterly* 35, No. 2.

27. Sean M. Lynn – Jones and Steven E. Miller, *The Perils of Anarchy*, *Contemporary Realism and International Security*. Cambridge: The MIT Press, 1995.

28. Thucydides, *History of the Peloponnesian War*. Penguin Group, 1972, p. 158.

29. Terryt Terriff, Security Studies Today. Cambridge: Polity Press, 1999.

30. The National Strategy to Secure Cyberspace, the White House, February 14, 2003.

31. United Nations Human Development Report, 1994, New York: United Nations Development Programme, 1994.

后 记

安全及其伦理问题一直是人类所关注的最为根本性的问题之一，自始至终是人类存在与发展的永恒主题。安全及其伦理问题的解决一方面依赖人类所拥有的物质力量的足够强大，即人类能够为维护自身的安全提供足够的物质保障；另一方面则取决于人类在多大程度上达成安全共识，或者说取决于人类在多大程度上形成并践行“类安全”及其伦理观。当今世界依然是一个发展十分不平衡、强权与正义共存、竞争与合作并举、机遇与挑战共生的世界。故此，无论从理论还是实践上看，人们所面临的安全及其伦理问题仍尚未得到有效解决，这也是本书试图探究的初衷。由于作者水平有限，其中的不足与遗憾在所难免。恳请各位同人不吝赐教。

在此，我要对浙江大学非传统安全与和平发展研究中心主任余潇枫教授、湖南城市学院校党委书记李建华教授和苏州科技学院吕耀怀教授表示由衷的感谢，他们的无私帮助和谆谆教导使我感到无比的温暖和感动。感谢复旦大学桑玉成教授、林尚立教授、沈丁立教授以及本课题匿名评审专家所提出的宝贵意见。感谢全国哲学社会科学规划办和本课题组成员对本课题研究的支持，感谢本书责任编辑的辛勤付出。最后也对本书所参考文献的作者一并表示感谢。

作者

2015 年 9 月于杭州